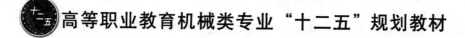高等职业教育机械类专业"十二五"规划教材

焊接结构生产

胡福志　马春雷　主　编

路汉刚　杨淼森　杨　硕　副主编

崔元彪　主　审

胡福志　马春雷　主　编

路汉刚　杨淼森　杨　硕　副主编

崔元彪　主　审

U0310721

中国铁道出版社

CHINA RAILWAY PUBLISHING HOUSE

内 容 简 介

本书根据教育部制定的焊接结构生产课程教学大纲以及由人力资源和社会保障部制定的《焊工国家职业标准》编写而成的。全书根据教学改革的需要，采用项目引领、任务驱动的形式进行编写，以项目为主线、以能力为本位，将理论知识分层次穿插于相互关联又不完全相同的几个具体的教学任务之中，以任务引导理论，以任务阐述理论。

本书分为五个项目，全面介绍焊接结构生产的相关工艺过程。全书具体内容包括焊接结构基础知识、焊接应力与变形的控制、焊接结构的生产过程、焊接结构生产工艺规程的编制、焊接结构生产的组织与安全技术。

本书适合作为高职院校焊接技术及自动化、焊接质量检测技术、机械设计与制造等相关专业的学生用书，也可供相关领域技术人员参考。

图书在版编目（CIP）数据

焊接结构生产/胡福志，马春雷主编 . —北京：中国铁道出版社，2014.1

高等职业教育机械类专业"十二五"规划教材

ISBN 978 - 7 - 113 - 16909 - 1

Ⅰ. ①焊… Ⅱ. ①胡… ②马… Ⅲ. ①焊接结构 – 焊接工艺 – 高等职业教育 – 教材 Ⅳ. ①TG44

中国版本图书馆 CIP 数据核字（2013）第 257187 号

书　　名：**焊接结构生产**

作　　者：胡福志　马春雷　主编

策　　划：何红艳		读者热线：400 - 668 - 0820	
责任编辑：何红艳		特邀编辑：王佳琦	
编辑助理：耿京霞			
封面设计：付　巍			
封面制作：白　雪			
责任印制：李　佳			

出版发行：中国铁道出版社（100054，北京市西城区右安门西街 8 号）

网　　址：http://www.51eds.com

印　　刷：北京新魏印刷厂

版　　次：2014 年 1 月第 1 版　　　　2014 年 1 月第 1 次印刷

开　　本：787 mm×1 092 mm　1/16　　印张：19　字数：459 千

印　　数：2 000 册

书　　号：ISBN 978 - 7 - 113 - 16909 - 1

定　　价：36.00 元

高等职业教育机械类专业"十二五"规划教材

编审委员会

为深入贯彻落实《国家中长期教育改革和发展规划纲要（2010—2020 年）》，推动体制机制创新，深化校企合作、工学结合，进一步促进高等职业学校办出特色，全面提高高等职业教育质量，提升其服务经济社会发展能力，根据《教育部关于推进高等职业教育改革创新引领职业教育科学发展的若干意见》（教职成〔2011〕12 号）的要求，黑龙江省高职高专焊接专业教学指导委员会（简称黑龙江高职焊接教指委）于 2012 年 7 月 23 日召开了高等职业教育焊接专业教材建设研讨会。黑龙江高职焊接教指委委员、黑龙江省数所高职院校焊接专业负责人、机械工业哈尔滨焊接技术培训中心领导出席了本次会议。会议重点讨论了高职焊接专业高端技能型人才的定位问题，以及焊接专业特色教材的开发与建设问题，最终确定了 12 本高职焊接专业系列教材（列入"高等职业教育机械类专业'十二五'规划教材"）的教材定位、编写特色，并初步确定了每本教材的主要内容、编写大纲、编写体例等。本次会议得到了中国铁道出版社和哈尔滨职业技术学院的大力支持，在此表示衷心的感谢。

黑龙江省是我国重要的老工业基地之一，哈尔滨是全国闻名的"焊接城"。作为老工业基地，黑龙江省拥有悠久的焊接技术发展历史，在焊接工艺、焊接检测、焊接生产管理等领域具有深厚的历史积淀，始终处于我国焊接技术发展的前沿。黑龙江省开设焊接技术及自动化专业的高等职业学校有十几所，培养了数以万计的优秀焊接技术人才，为地方经济的繁荣和发展做出了突出的贡献，也为本系列教材的编写提供了有利的条件和支持。

在黑龙江高职焊接教指委、黑龙江省各相关高职院校、机械工业哈尔滨焊接技术培训中心、中国铁道出版社等单位的不懈努力下，本系列教材将陆续与读者见面。它凝聚了全体编写者与组织者的心血，体现了广大编写者对教育部"质量工程"精神的深刻体会和对当代高等职业教育改革精神及规律的准确把握。

本系列教材体系完整、内容丰富，具有如下特色。

（1）锤炼精品。采用最新国家标准，反映产业技术升级，引入企业新技术、新工艺，使教材知识内容保持先进性；邀请企业一线技术人员加入编写队伍，并邀请行业专家对稿件进行审读，保证教材的实用性和科学性。

（2）强化衔接。在教学重点、课程内容、能力结构以及评价标准等方面，与中等职业教育焊接技术应用专业有机衔接。

（3）产教结合。体现相关行业的发展要求，对接焊接岗位需求。教材不仅体现了职业教育的特点和规律，也能满足生产企业对高端技能型人才的知识和技能需求。

（4）体现标准。以教育部最新颁布的《高等职业学校专业教学标准（试行）》为依据，对原有知识体系进行优化和整合，体现教学改革和专业建设的最新成果。

（5）创新形式。采用最新的、符合学生认知规律和职业教育规律的编写体例，注重教材的新颖性、直观性和可操作性，开发与纸质教材配套的网络课程、虚拟仿真实训平台、主题素材库以及相关音像制品等多种形式的数字化配套教学资源。

教材的生命力在于质量与特色，衷心希望参与本系列教材开发的相关院校、行业企业及出版单位能够做到与时俱进，根据教育部高等职业教育改革和发展的形势及产业调整、专业技术发展的趋势，不断对教材内容和形式进行修改和完善，使之更好地适应高等职业学校人才培养的需要。同时，希望出版单位能够一如既往地依靠业内专家，与科研、教学、产业一线人员不断深入合作，争取出版更多的精品教材，为高等职业学校提供更优质的教学资源，为职业教育的发展做出更大的贡献。

衷心希望本套教材能充分发挥其应有的作用，也期待在这套教材的影响下，一大批高素质的高端技能型人才脱颖而出，在工作岗位上建功立业。

黑龙江省高职高专焊接专业教学指导委员会主任

2013 年春于哈尔滨

　　本书根据教育部制定的焊接结构生产课程教学大纲以及由人力资源和社会保障部制定的《焊工国家职业标准》编写而成的。全书根据教学改革的需要，采用项目引领、任务驱动的形式进行编写，以项目为主线、以能力为本位，将理论知识分层次穿插于相互关联又不完全相同的几个具体的教学任务之中，以任务引导理论，以任务阐述理论；在每一个任务模块之后，安排一定的综合练习内容进行选做，突出了技能性和实践性，以指导学生巩固并加深对所学知识的理解，培养学生分析问题和解决问题的能力。

　　本教材围绕焊接结构生产的工艺过程，内容分为焊接结构基础知识、焊接结构生产过程和焊接结构生产组织三大部分五个项目。焊接结构基础知识部分设置两个项目，主要介绍典型焊接结构的基本构件、焊接接头的基本知识、焊接结构生产的工艺过程、焊接应力与变形的基本知识、控制焊接应力和焊接变形的措施、焊接接头脆性断裂和疲劳破坏等基础理论知识；焊接结构生产过程部分设置二个项目，主要介绍焊接结构零件加工、焊接结构装配、焊接、装配－焊接工艺装备、焊接结构工艺规程的编制和典型焊接结构的生产工艺；焊接结构生产组织部分设置一个项目，主要介绍焊接结构生产车间的设计以及生产的组织形式、安全技术等知识。

　　本教材力求贴近工程实际，注重实践教学环节，以生产工艺过程设置教学内容，主要体现出如下特点：

　　(1) 以项目展开教学，突出"结合具体产品，基于生产过程"的理念。按照焊接结构零件加工工艺（矫正、预处理、划线、放样、下料、成形、装配及焊接等）过程进行介绍，以压力容器和梁柱等典型焊接结构为例介绍其生产工艺，既突出了焊接结构生产的特点，又能使学生很好地感受生产过程。

　　(2) 理实合一，理论和实践有机结合、交替进行，基础理论知识的学习为后续实践内容的学习打下基础。在学习焊接结构基础知识的基础上，按照焊接结构生产的工艺流程，将相关工序理论知识与生产工艺过程紧密结合起来，实规教、学、做一体化的教学模式。

　　(3) 本教材贯彻"必需、适用、够用"的原则，对焊接结构基础知识部分进行了精选和整合，并列举了大量的生产实例，力争做到易懂、好学。

　　(4) 突出能力培养。通过对项目四的学习，加深对焊接结构生产各工艺工作原理的理解与掌握；项目五中介绍的焊接结构生产组织、管理等内容紧密结合职业岗位的职能及标准，旨在培养学生焊接结构生产组织与管理的能力。

　　本书由胡福志（黑龙江农业经济职业学院）、马春雷（黑龙江农业工程职业学院）任主编，路汉刚（黑龙江农业经济职业学院）、杨淼淼（哈尔滨职业技术学院）、杨硕（黑龙江农业经济职业学院）任副主编。具体编写分工：胡福志编写绪论及项目 2；路汉刚编写项目 1、项目 5；马春雷编写项目 3 中任务 1～3；杨淼淼编写项目 3 中任务

4～6；杨硕编写项目4。全书由胡福志负责统稿和定稿。哈尔滨华德学院崔元彪审阅了全书并提出了许多宝贵意见和建议，在此深表感谢！

尽管我们在教材建设方面尽了最大努力，但由于水平有限，书中仍可能存在某些疏漏和不妥之处，恳请各教学单位和广大读者在使用本书的过程中提出宝贵意见（编者电子邮箱：mdjhfz@163.com），以便修订时进行修改，使本书不断完善。

编　者

2013 年 5 月

CONTENTS | 目 录

绪　　论

焊接作为现代工业生产中重要的金属连接手段，与其他连接方法相比，具有很多优点，焊接结构被广泛地应用于国民经济的各个领域。焊接技术在机械制造业中具有重要的地位，是国家经济建设各个领域不可缺少的工艺技术手段。

一、焊接结构的应用和特点

焊接结构是将各种成型材料，采用焊接方法制成能够承受一定载荷的复合结构。随着焊接技术的发展和进步，焊接结构的应用越来越广泛，几乎已经渗透到国民经济的各个领域，如汽车制造、石油化工、压力容器、矿山机械、船舶制造、起重设备、航空航天、建筑结构、核动力设备等。随着焊接技术向机械化、自动化方向的发展，焊接结构的应用领域和范围将日益扩大。目前各国的焊接结构用钢量均已占其钢材消费量的 60% ～ 80%，甚至更多。

近年来，我国在大型焊接钢结构的开发与应用方面取得了举世瞩目的成就。例如，2008 年北京奥运会主会场——国家体育场（鸟巢），东西向结构高度为 68 m，南北向结构高度为 41 m，钢结构最大跨度长轴 333 m，短轴 297 m，由 24 榀门式桁架围绕着体育场内部的碗状看台区旋转而成，结构组件相互支撑，形成网格状构架，堪称世界建筑奇迹，如图 0-1 所示；具有"世界第一拱"美誉的上海卢浦大桥主桥，全长 3 900 m，主跨 550 m，用钢量达 35×10^4 t，焊缝长度为 582 km，是世界跨度最大的全焊钢结构拱桥，如图 0-2 所示；长江三峡水利工程的水轮机转轮直径 10.7 m，高 5.4 m，质量达 440 t，是世界上最大、最重的不锈钢焊接转轮，如图 0-3 所示；壁厚 200 ～ 280 mm、内径 2 m、筒体部件长 20 多米、质量达 560 t 的热壁加氢反应器如图 0-4 所示；西气东输管道全长约 4 000 km，管子对接焊缝 35 万条，对接焊缝总长 1 100 多千米，如图 0-5 所示；还有我国制造的 100 万千瓦超临界大型火力发电机组锅炉、30 万吨级超大型油轮、"神舟号"系列飞船以及微电子技术的元件等等，都是采用焊接技术制造完成的。

图 0-1　国家体育场（鸟巢）局部结构

图 0-2　上海卢浦大桥

图 0-3　世界上最大、最重的不锈钢焊接转轮　　　图 0-4　壁厚 280 mm 的大型热壁加氢反应器

图 0-5　西气东输管道

　　焊接结构之所以得到如此广泛的应用，是因为用焊接方法制造的金属结构与采用其他方法制造的金属结构相比具有一系列优点。

1. 焊接结构的优点

　　与采用铆接、铸造及锻造等方法制成的金属结构相比，焊接结构具有下列优点。

　　（1）焊接接头的强度高。由于铆接接头需要在母材上钻孔，因而削弱了接头的工作截面，使其接头强度低于母材。而焊接接头的强度、刚度一般可与母材相等或相近，能够承受母材所能承受的各种载荷的作用。

　　（2）焊接结构设计的灵活性大。通过焊接，可以方便地实现多种不同形状和不同厚度的钢材（或其他材料）的连接，甚至可以将不同种类的材料连接起来，通过与其他工艺方法联合使用，使焊接结构的材料分布更广泛、更合理，材料应用更恰当。

　　（3）焊接接头的密封性好。焊缝处的气密和水密性能是其他连接方法所无法比拟的，特别是在高温、高压容器结构上，只有焊接才是最理想的连接形式。

　　（4）焊接结构重量相对较轻。焊接结构可以减轻结构的重量，提高产品的质量，适用于大型或重型的简单产品结构的制造，如船体、桁架、球形容器等，在制造时一般先将几何尺寸大、形状复杂的结构进行分解，对分解后的零件或部件分别进行加工，然后通过总体装配焊接形成一个整体结构。

（5）焊前准备工作简单，节省制造工时。

（6）结构的变更与改型快，而且容易。

（7）焊接结构成品率高。

2. 焊接结构的不足

（1）在焊接过程中，焊缝处容易产生各类焊接缺陷，如果修复不当或缺陷漏检，在使用中则会产生过大的应力集中，从而降低整个焊接结构的承载能力。

（2）焊接结构对于脆性断裂、疲劳破坏、应力腐蚀和蠕变破坏等都比较敏感。

（3）焊接结构中存在残余应力和残余变形，这不仅影响焊接结构的外形尺寸和外观质量，同时会给后续的加工带来很多麻烦，甚至直接影响焊接结构的强度。

（4）焊接会改变材料的部分性能，使焊接接头附近变成一个不均匀体，即具有几何的不均匀性、力学的不均匀性、化学的不均匀性以及微观组织的不均匀性。

（5）对于一些高强度的材料，因其焊接性能较差，所以更容易产生焊接裂纹等缺陷。

为了设计和制造出优质的焊接结构，关键要做到以下几点。

（1）合理地设计结构，正确地选择材料。

（2）采用适宜的焊接设备并制订正确的焊接工艺。

（3）具备良好的焊接技术及严格的质量控制。

二、课程的性质及内容

焊接结构生产是高等职业院校焊接专业的一门主干课程，其主要任务是使学生了解焊接结构生产的基本知识，掌握生产焊接结构的基本技能，培养学生分析问题解决问题的能力，为从事焊接生产及其他相关的工作打下基础。其内容包括焊接结构的基本知识和焊接结构生产工艺过程的专业理论知识，并以焊接结构基本构件、焊接接头、焊接应力与变形为基础，全面介绍了焊接结构备料加工工艺、装配与焊接工艺、装配焊接工艺装备、焊接生产工艺规程、典型焊接结构的生产工艺、焊接结构生产的组织与安全技术等方面的知识。

三、教学目标及学习方法

1. 教学目标

通过学习本课程，学生应达到以下能力目标的要求。

（1）了解组成焊接结构的基本构件；掌握焊接接头、焊缝的种类及焊缝代号的识别方法；掌握简单焊接接头静载强度的计算方法；熟悉焊接接头的设计和选用原则。

（2）熟悉焊接应力与变形的概念、产生的原因、分布规律；掌握控制和消除残余应力与变形的措施；熟悉焊接接头疲劳破坏和脆性断裂的相关知识。

（3）掌握焊接结构生产中常用的备料和成形加工方法；能够对简单结构进行放样处理；掌握焊接结构的装配方法与装配工艺；掌握焊接结构的焊接工艺；了解工艺评定的意义及评定程序；熟悉焊接结构生产中常用工艺装备的功用、结构特点、适用范围和使用要求，并能够根据结构制造需要选用相应的装焊工艺装备等。

（4）具备对一般焊接结构进行工艺性审查、焊接工艺过程分析的能力；了解工艺规程包含的内容以及编制工艺规程的步骤和程序，并在此基础上编制简单的焊接结构生产工艺规程；能够从使用性能和工艺性能方面大致分析焊接结构的合理性；了解桥式起重机桥架、压力容器、船舶结构、桁架结构等典型焊接结构的制造过程。

（5）了解焊接结构生产车间的组成及设计方法；熟悉焊接结构生产的组织形式；认识安全生产的重大意义；掌握焊接生产中存在的安全问题以及应采取的措施。

2. 学习方法

焊接结构生产是一门实践性很强的焊接专业技术课，本课程是对其他焊接专业知识的综合应用。在讲授过程中，可以根据教学需要，本着"必需、够用、有用"的原则取舍内容。在教学过程中，应根据教学进度组织学生进行必要的参观，或通过多媒体教学手段使学生对典型焊接结构的生产全过程有一定的感性认识。在组织课堂教学时，要注意紧密联系焊接专业其他课程的内容，重点讲授焊接专业知识在焊接结构制造中的应用，以培养学生对焊接专业知识的综合应用能力。在讲授过程中，还要注意结合焊接技术的发展，为学生介绍一些新技术、新工艺等，开阔学生的视野和思路。

项目 ❶ 焊接结构基础知识

知识目标

（1）了解机械零、部件、压力容器、梁柱及船舶等焊接结构基本构件的组成及特点。

（2）掌握焊接接头的基本知识。

（3）了解焊接结构生产的一般工艺流程。

技能目标

（1）掌握常用焊接接头的基本形式、表示方法，能够识读焊缝代号和焊接结构图。

（2）掌握简单焊接接头静载强度的计算方法及焊接接头的设计和选用原则。

　　焊接结构是由若干零件或部件按设定的形状和位置用焊接的方法连接而成。由于焊接结构使用功能的不同，所用的材料种类、结构形状、尺寸精度、焊接方法和焊接工艺也不相同，这就使得焊接结构形式多样，种类繁多。

　　焊接结构基本知识是焊接结构生产的基础，通过对焊接结构基本知识的了解，使读者能够读懂、看懂焊接结构生产的内容。

　　本项目主要介绍的内容：焊接结构基本构件的概念、分类方法、结构特点和有关设计要点；焊接接头的基本知识及设计原则；焊接结构生产工艺过程的基本知识。

任务 1　焊接结构的基本构件

学习目标

　　了解焊接结构基本构件的概念、分类方法、结构特点、工作条件和生产过程要点等基本知识。

任务分析

　　焊接作为一种材料连接的工艺方法，已经在机械制造业中得到了广泛的应用，许多传统的铸、锻制品，由于毛坯加工量大，零、部件受力不理想等原因逐步被焊接产品或铸－焊、锻－焊结构产品所代替。

相关知识及工作过程

1.1.1　机器零、部件焊接结构

　　在重型机器中，许多过去用铸造或锻造制作的大小型机械零件，如机座、机身、机床

横梁及齿轮、飞轮等，越来越多地改用焊接方法来制造。设计这类机械零件的焊接结构，最容易受传统铸造或锻造的结构形式的影响，因此要在受力分析的基础上结合焊接工艺特点进行设计，保证机械加工后的尺寸精度和使用性能等。

1. 轮体焊接结构

机器传动机构中有许多旋转体结构，如齿轮、飞轮、带轮、滑轮等统称为轮。组成轮体结构的轮缘、轮辐和轮毂是按它们在轮体内所处的位置、作用和结构特征来划分的。如图 1-1 所示。轮体的制造主要是确定这三者的构造形式以及它们之间的连接关系。

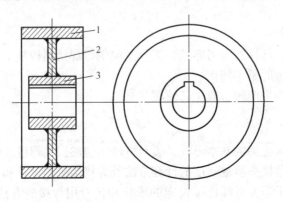

图 1-1　单辐板焊接轮体的组成
1—轮缘；2—轮辐；3—轮毂

（1）轮缘。位于基体外缘，起支承与夹持工作部件的作用，轮缘是齿轮和带轮的工作面。带轮靠摩擦传力，其轮缘工作应力不高，用低碳钢制造。齿轮的齿缘工作应力很大，轮齿磨损严重。为了提高齿轮的使用寿命，轮缘应该用强度高耐磨性好的合金钢制造，但需要解决异种钢的焊接工艺问题。

（2）轮辐。位于轮缘和轮毂之间，主要起支撑轮缘和传递轮缘与轮毂之间扭矩的作用，它的构造对轮体的强度和刚度以及对结构质量有很大的影响。轮辐为焊接结构，所用的材料一般选用焊接性较好的普通结构钢，如 Q235A 钢和 Q345 钢等。

轮辐的结构形式可归纳为辐板式和辐条式两种。辐板式结构简单，能传递较大的扭转力矩。焊接齿轮多采用辐板式结构，如图 1-2（a）所示。根据齿轮的工作情况和轮缘的宽度采用不同数目的辐板，当轮缘宽度较小时采用单辐板，加放射状肋板以增加刚度；当轮缘较宽或存在轴向力时，则采用双辐板的结构，在两辐板间设置辐射状隔板，构成一个刚性强的箱格结构，辐板上开窗口以便焊接两辐板间的焊缝。从强度、刚度和制造工艺角度看，同样直径的轮体，用双辐板的结构要比用带有放射状肋板的单辐板结构优越。因为双辐板构成封闭箱形结构，具有较大的抗弯和抗扭刚度，抗震性能也比较强。

图 1-2（b）所示是辐条式焊接带轮。采用辐条式轮辐的目的是为了减轻结构的重量，支承轮缘的不是圆板，而是若干均匀分布的支臂。一般用于大直径低转速而且传递力矩较小的带轮、导轮和飞轮。辐条是承受弯矩的杆件，要按受弯杆件校核强度。

（3）轮毂。轮体与轴相连部分。转动力矩通过轮毂与轴之间的过盈配合或键进行传递。轮毂的结构是个简单的圆筒体，其内径与轴的外径相适应。有些轮体要求轮毂的长度较大，这样给内孔加工带来困难，也不易保证与轴的装配质量，因此，可采用分段焊接组合式的轮毂结构。轮毂的工作应力一般不高，所以材料的强度应等于或略高于轮辐所用材料的强度，如 Q235A 钢等。

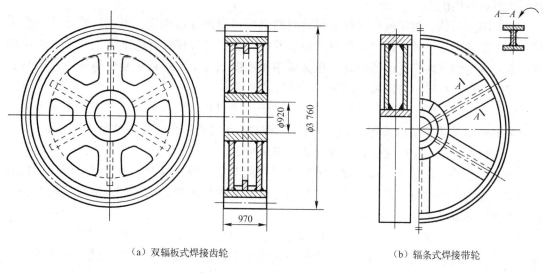

（a）双辐板式焊接齿轮　　　　　　　　　　（b）辐条式焊接带轮

图 1-2　焊接齿轮

2. 切削机床的焊接机身

切削加工是一种精度较高的工艺过程，因此必须要求机床的机身具有很大的刚度。过去，由于铸铁价格低，铸件适于成批生产，并且具有良好的减振性能，所以铸铁机床机身一直占有明显的优势。随着现代工业和新型加工技术的发展，为提高机身的整体工作性能，减轻结构重量，缩短机身的生产周期和降低制造成本，机床机身逐步改用焊接结构。尤其是对于单件小批生产的大型、重型及专用机床，大量采用焊机结构后经济效果十分明显。

图 1-3（a）所示是普通卧式车床的焊接机身，主要由箱形床腿、加强筋、导轨、纵梁及斜板等零、部件组成。如图 1-3（b）所示，机身断面结构形式是通过纵梁和斜板实现的，它把整个方箱断面分割成两个三边形的断面，下方三边形完全闭合，这样的断面结构具有较大的抗弯扭刚度。

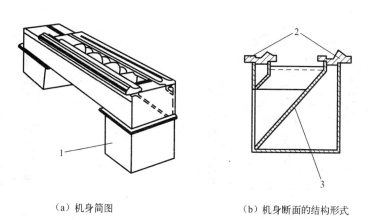

（a）机身简图　　　　　　　　　　（b）机身断面的结构形式

图 1-3　卧式车床的焊接机身示意图

1—箱形床腿；2—导轨；3—斜板

在切削机床中采用焊接机身时，需要考虑以下几个方面的问题。

（1）经济效益问题。焊接机身经济效益与生产批量有关，它特别适用于单件小批量生产的大型或专用机床。

（2）刚度问题。焊接机身一般采用轧制的钢板和型钢焊接而成，形状特殊的部分也采用一些小型锻件或铸件。焊接机身应用最多的材料主要是焊接性好的低碳钢和低合金结构钢。由于钢材的弹性模量比铸铁高，在保证相同刚度条件下，焊接机身比铸铁机身的自重轻很多。因此焊接机身可以满足切削加工时的刚度要求。

（3）减振性问题。机身的减振性不仅取决于所选材料，而且还与结构本身有关。故可以分为材料减振性和结构减振性两个方面。焊接机身钢质材料的减振性低于铸铁，因此，必须从结构上采取措施以保证焊接机身结构的减振性。

（4）尺寸稳定性问题。由于焊接机身中存在较严重的焊接残余应力，这对焊接结构的尺寸稳定性有影响，特别是切削机床的机身，对尺寸的稳定性要求更高，故焊接机身在焊后必须进行热处理来消除残余应力。

（5）机械加工问题。机床焊接结构与建筑、石油化工和船舶工业所采用的焊接结构不同，焊后需要进行一定的机加工。尽管机身采用的低碳钢焊接性好，但机械加工性能不如铸铁和中碳钢，所以在研究机身焊接结构工艺性时，还应该考虑机械加工工艺性问题。

3. 减速器箱体焊接结构

减速器箱体是安装各种传动轴的基础部件，由于减速器工作时各轴传递转矩要产生比较大的反作用力，并作用在箱体上，因此要求箱体应具有足够的刚度，以确保各传动轴的相对位置精度。如果箱体刚度不足，不仅使减速器的传动效率低，而且还会缩短齿轮的使用寿命。采用焊接结构箱体能获得较大的强度和刚度，且结构紧凑，质量较轻。

减速器箱体结构形式繁多，在小批量生产时，采用焊接减速器箱体较为合理。焊接减速器箱体一般制成剖分式结构，即把一个箱体分成上下两个部分，分别加工制造，然后在剖分面处通过螺栓将两个半箱体连成一个整体。如图1-4所示，为一个单壁剖分式减速器箱体的焊接结构。为了增加焊接箱体的刚度，通常在壁板的轴承支座处用垂直筋板加强，并与箱体的壁板焊接成一个整体。小型焊接箱体的轴承支座用厚钢板弯制而成，大型焊接

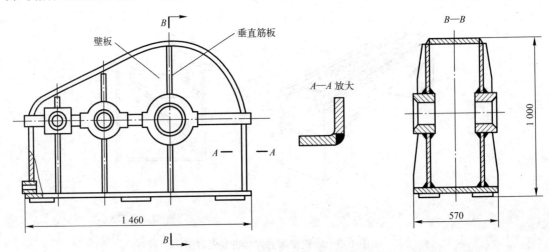

图1-4　剖分式减速器箱体焊接结构

箱体的轴承支座可以采用铸件或锻件。轴承支座必须具有足够的厚度，以保证机械加工时有一定的加工余量。焊接箱体的下半部分由于承受传动轴的作用力较大并与地面接触，因此必须采用较厚的钢板制作。

由于工作条件比较平稳的减速器，箱体焊接时可以不必开坡口，焊脚尺寸也可以小一些。但对于承受反复冲击载荷的减速器箱体应该开坡口以增加焊缝的工作断面。焊接减速器箱体多用低碳钢制作，为保证传动稳定性，焊后需要进行热处理以消除残余应力。

承受大转矩的重型机器的减速器箱体，还可以采用双层壁板的焊接结构，并在双层壁板间设置加强筋以提高焊接箱体的整体刚度。

1.1.2　压力容器焊接结构

压力容器是能承受一定压力作用的密闭容器，按我国国家质量技术监督局 2009 年颁发的《固定式压力容器安全技术监察规程》的规定，其所监督管理的压力容器定义是指最高工作压力 $P \geqslant 0.1\,MPa$，容积大于或等于 25 L，工作介质为气体、液化气体或最高工作温度大于等于标准沸点的液体容器。主要用于供热、供电、贮存和运输各种工业原料及产品，完成工业生产过程必需的各种物理和化学过程。基于压力容器承受压力大、使用环境恶劣和密封性强的要求，焊接技术成为制造压力容器的最佳方法。焊接压力容器一旦出现事故，危害极大、损失严重，因此对焊接容器的设计、制造、使用和维护，各个国家产品质量监督部门和技术部门都有严格的要求和规定。

1. 压力容器的分类及应用

（1）按照设计压力分类。

① 低压容器（代号 L），$0.1\,MPa \leqslant P < 1.6\,MPa$。

② 中压容器（代号 M），$1.6\,MPa \leqslant P < 10\,MPa$。

③ 高压容器（代号 H），$10\,MPa \leqslant P < 100\,MPa$。

④ 超高压容器（代号 U），$P \geqslant 100\,MPa$。

工作温度为常温、工作压力为常压的容器称为常温常压容器，又称为一般容器。

（2）按照在生产工艺过程中的作用原理分类。

① 反应压力容器（代号 R），主要用于完成介质的物理、化学反应的压力容器，例如，各种反应器、反应釜、聚合釜、合成塔、交换炉、煤气发生炉等。

② 换热压力容器（代号 E），主要用于完成介质的热量交换的压力容器，例如，各种热交换器、冷却器、冷凝器、蒸发器等。

③ 分离压力容器（代号 S），主要用于完成介质的流体压力平衡缓冲和气体净化分离的压力容器，例如，各种分离器、过滤器、集油器、洗涤器、吸收塔、铜洗塔、干燥塔、汽提塔、分汽缸、除氧器等。

④ 储存压力容器（代号 C，其中球罐代号 B），主要用于储存、盛装气体、液体、液化气体等介质的压力容器，例如，各种形式的储罐、缓冲罐、消毒锅、印染机、烘缸、蒸锅等。

在一种压力容器中，如同时具备两个以上的工艺作用原理时，应当按照工艺过程中的主要作用来划分品种。

（3）按照介质特性分类。我国国家质量技术监督局 2009 年颁发的《固定式压力容器安全技术监察规程》中把压力容器划分为：第一组介质压力容器、第二组介质压力容器。这两类压力容器是根据介质特性，综合考虑设计压力和容积大小等因素进行划分的。

2. 压力容器的结构形式

压力容器的结构形式虽然很多，但最基本的结构是一个密闭的焊接壳体。根据压力容器壳体的受力特点，最适合的形状是球形，但球形容器制造相对比较困难，成本高，因此在工业生产中，中、低压容器多数采用圆筒形结构。圆筒形容器由筒体、封头、法兰、密封元件、开孔接管以及支座等六大部件组成，并通过焊接构成一个整体，如图 1-5 所示。

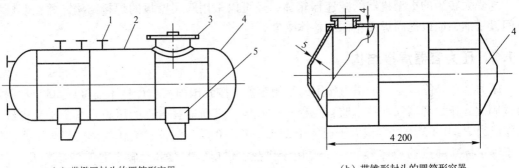

（a）带椭圆封头的圆筒形容器　　　　　（b）带锥形封头的圆筒形容器

图 1-5　圆筒形压力容器

1—接管；2—筒体；3—人孔及法兰；4—封头；5—支座

一般用途的压力容器工作压力低，焊接结构比较简单。图 1-6 所示载货汽车的刹车储气筒，采用 Q235 钢材制成。筒体由钢板弯制，纵向焊缝采用埋弧焊一次完成，两封头采用冲压成形工艺，封头与筒体之间采用对接接头。为了保证焊接质量，在焊缝底部设置残留垫板。

对于大型储运容器，在结构和设计上有许多特别的地方。如铁路运输石油产品用的储罐，如图 1-7 所示。油管承受的内压力不高，但在运输车辆启动和刹车时有较大的惯性力，因此要求罐体应有适当的厚度，以保证其刚度。油罐罐体一般用低碳钢制造，筒体由上下两部分组成，上半部分占整个筒体的 3/4，由 8 ～ 12 mm 厚的钢板成形后拼焊而成。筒体下部分占 1/4，要求有较大的刚度，采用较厚的钢板弯制。筒体上、下两部分用对接纵焊缝连接。封头为椭圆封头，热压成形，与筒体之间采用对接焊缝连接。

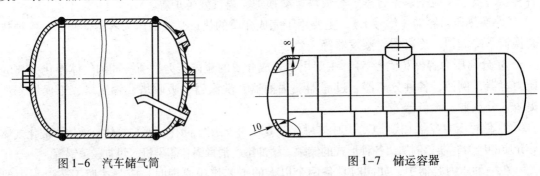

图 1-6　汽车储气筒　　　　　　　　　图 1-7　储运容器

3. 压力容器的焊接

压力容器的运行条件复杂而又苛刻，其焊接接头承受着与受压壳体相同的各种载荷、温度和工作介质的物理化学作用，不仅应具有与壳体基体材料相等的静载强度，而且应具有足够的塑性和韧性，以防止这些受压部件在加工过程中以及在低温和各种应力的共同作用下产生脆性断裂。在一些特殊的应用场合，接头还应具有抗工作介质腐蚀的性能。因此，对焊接接头性能要求的总原则是等强度、等塑性、等韧性和等腐蚀性。

由于上述力学性能的特点，在制造压力容器时应全面考虑质量控制环节。例如，在选择材料时，应首先选用焊接性良好的材料；在强度计算和结构设计时应注意合理选取焊缝强度系数，开孔补强形式；焊接接头形式的设计应避免应力集中，保证焊缝的强度性能；焊缝的布置应有较好的可达性和可检验性。鉴于压力容器可能经受各种形式载荷和恶劣的工作环境，对有些受压部件及其焊接接头应着重分析其抗断裂性、抗疲劳性能并考虑焊接热影响区性能的变化和焊接残余应力对其不利的影响。对于长期经受高温高压作用的部件，应顾及蠕变、回火脆性和蠕变疲劳交互作用引起的破坏。对于在氢介质和腐蚀介质下工作的容器应仔细分析氢脆、应力腐蚀、腐蚀疲劳等可能产生的严重后果，并从选材和结构设计上采取相应的防范措施。

1.1.3 船舶焊接结构

现在船舶的船体已采用全焊接结构，这对减轻船体自重、缩短船舶的制造周期和改善航运性能具有重要作用。

船体结构是具有复杂外形和空间结构的全焊接结构，如图1-8所示。按其结构特点，从下到上可以分为主船体和上层建筑两部分，两者以船体最上层贯通首尾的甲板为界。上层建筑由左右侧壁、前后端壁和上甲板围成，形成各种用途的舱室。船体的主体部分是由船壳（船底和舷侧）和上甲板围成的具有流水线形水密性的空心结构，是保证船舶具有所需浮力、航海性能和船体强度的关键部分，一般用于布置动力装置、装载货物、贮存燃油和淡水以及布置各种舱室。

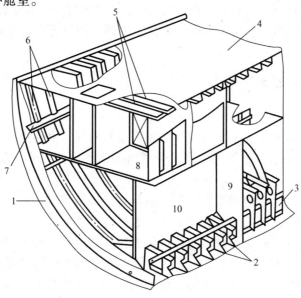

图1-8 船体结构

1—外板；2—肋板；3—中内龙骨；4—上甲板；5—横梁；6—肋骨和加强肋骨；
7—舷侧纵桁；8—下甲板；9—横隔壁；10—纵隔壁

船体基本上都是由一系列板材和骨架相互连接和相互支持所组成。骨架是板材的支撑结构，可增强壳板的承载能力，提高其抗失稳能力。壳板与骨架焊在一起，也提高了骨架自身的强度和刚度。船体内的骨架沿船长和船宽两个方向布置，分别称为纵骨架和横骨架，纵横交叉的骨架将壳板分成许多板格，从而保证了整个板架具有很好的抗弯性能和局部稳定性。按板架在船体上的位置分别有甲板板架、舷侧板架、船底板架、纵舱壁板架和横舱壁板架等。

这些板架把整个船体分隔成许多空间封闭的格子，构成一个箱格结构，即便甲板上有舱口存在，也使得整个船体具有很强的抗扭性能和总体的稳定性。船体首尾的壳体也是利用这种箱格结构来获得很好的强度、刚度、稳定性、抗震和耐冲击等性能。

船舶结构受力复杂，在建造、下水、运营和船坞修理等状态下都承受不同的载荷。船舶结构主要是根据运营状态受载条件下进行强度设计的，在这种状态下，船体主要承受重力和水压力。重力指空船重力（船体结构、舾装设备、动力装置等）和装载重力（货物、旅客、燃油、水等），水压力由吃水深度决定，因水深相同处压力相同，所以平底水压力呈矩形分布，舷侧呈三角形分布。

垂直向上总压力之和称为浮力。在静止的水中整个船体重力和浮力大小相等，方向相反，作用在一条垂直线上。但船体各区段的重力和浮力并不平衡，例如，在船体首尾区段内装载货物，虽然总浮力和总重力仍然平衡，但首尾区段重力大于浮力，这样就出现了重力与浮力沿船长分布不均匀，使船发生纵向弯曲，会出现中间上拱的中拱弯曲；反之，出现中垂弯曲。在波浪中航行的船舶，当波峰在船中部或波谷在穿中部，浮力沿船长分布发生最严重的不均匀，船体弯曲的最厉害，分别产生严重的中拱和中垂。在意外状态下（如碰撞、搁浅、触礁等），载荷更有很大不同。

局部结构的变形和破坏有时也会引起整个船体断裂事故。例如，舱口的应力集中、舷侧结构在横舱壁之间内凹、外板及甲板骨架变形、支柱压弯等，都可造成局部变形和破坏。

船体强度要考合理设计，但正确选材和优良的建造质量无疑也是保证船体结构强度的重要条件。

1.1.4　梁、柱、桁架焊接结构

1. 梁

焊接梁是在一个或两个主平面内承受弯矩作用的构件，由钢板或型钢焊接而成。根据主体结构工作条件的要求，焊接梁主要承受弯曲载荷和剪切载荷，有时还同时承受扭转、轴向力等组合载荷的作用。

焊接梁通常多应用于载荷和跨度都较大的场合，如吊车梁、墙架梁、工作平台梁、楼盖梁等。其主要截面形式有工字形和箱形，一般称为工字梁与箱形梁，由于焊接梁的腹板厚度相对高度较薄，为了防止失稳，通常在梁上加有竖向和水平方向的加强板。从受力的角度考虑，工字梁结构主要用于只在一个主平面内承受弯矩作用的场合；而箱形梁则适用于在两个主平面内承受弯矩及附加轴向力作用的场合。因为箱形梁的截面是封闭的，具有较好的抗弯扭能力和耐腐蚀能力，所以一般重型的、大跨度的桥式起重机桥架，大多采用箱形梁结构。

梁的组成方法很多，如利用钢板拼焊而成的板焊结构梁，利用轧制型材（包括工字钢、槽钢或角钢等）焊接而成的型钢结构梁，还可以利用钢板和型钢焊接成组合梁。图 1-9 列举了几种梁的构造。

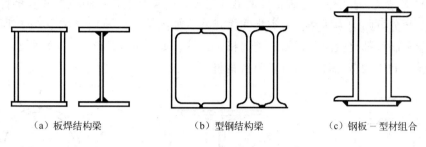

（a）板焊结构梁　　　　　（b）型钢结构梁　　　　　（c）钢板-型材组合

图 1-9　梁的构造

焊接梁在工作中其载荷分布是不均匀的。对于大载荷、大跨度的重型梁，为了节省材料，减轻自重，其界面沿着梁长方向也进行了相应的改变而形成变截面梁。变截面梁是通过改变翼缘板的宽度、厚度或腹板的高度、截面积来实现的。图 1-10 列举了几种变截面梁的外形。

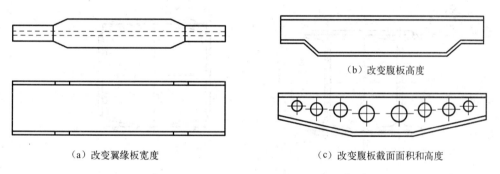

（b）改变腹板高度

（a）改变翼缘板宽度　　　　　　　　　（c）改变腹板截面面积和高度

图 1-10　变截面焊接梁

梁的用途广泛，在钢结构中梁是最主要的一种构件形式，是组成各种建筑钢结构的基础，同时又是机器结构中的重要组成部分。图 1-11 是跨度（梁长）为 12 m 的吊车梁。吊车梁是架在车间跨间柱子上，供桥式起重机行走的钢梁。该梁采用工字形截面，而且每隔 1.5 m 设置一加强肋板，可承受 50 ～ 750 kN 的载荷。

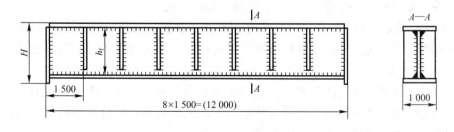

图 1-11　焊接吊车梁结构示意图

2. 柱

焊接柱是由钢板或型钢经焊接成形的受压构件，并将其所受到的载荷传递至最底端受力处。按焊接柱的受力特点不同可分为轴心受压柱和偏心受压柱。轴心受压柱如工作平台支承柱、塔架、格架结构中的压杆等；偏心受压柱是在受压的同时又承受纵向弯曲的作用，如厂房和高层建筑的框架柱、门式起重机的门架支柱等。

如图 1-12 所示为几种常见焊接柱的截面形式。焊接柱的截面组成方式有多种，从柱的结构形式上区分可归纳为两类：一类为实腹式柱，如图 1-12（a）、（b）、（c）所示，此种形式的构造和制作都比较简便；另一类为格构式柱，如图 1-12（d）、（e）所示，此种形式的截面开展，制作稍费工时，但可以节省钢材。

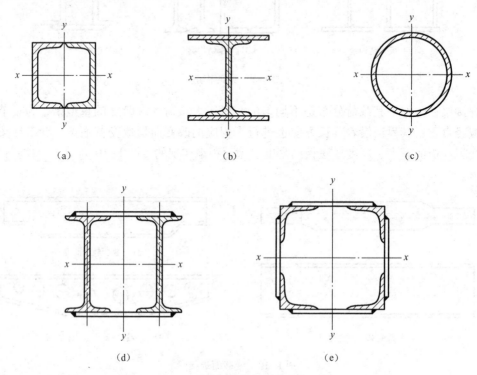

(a)　　　　　　　　　　(b)　　　　　　　　　　(c)

(d)　　　　　　　　　　　　　　(e)

图 1-12　常用焊接柱的截面形式

图 1-13 是焊接实腹式柱与格构式柱的结构形式图。其中图 1-13（a）是主体为板焊工字梁形式的轴心或小偏心受压的实腹式柱结构；图 1-13（b）是主体由两根槽钢通过缀条连接焊合而成的轴心受压或小偏心受压的格构式柱。

焊接柱主要由柱头、柱身（主体）、柱脚三部分构成。

（1）柱头。如图 1-14（a）所示，一般由垫板、顶板、加强肋和安装定位螺栓等组成。顶板与柱端焊合为一体，并通过螺栓与梁连接在一起，顶板的厚度可根据承受载荷的需要而确定，一般为 16～30 mm。垫板放置在顶板与梁之间，可用于调整梁的水平。

（2）柱脚。如图 1-14（b）所示，其端头采用角焊缝与柱底板焊合，目的是增加与基础的接触面积，减小接触压力。底板与基础的连接可根据基础的材料而确定，钢基础多采用焊接的方式，水泥基础多采用铰接方式。

3. 桁架

桁架是指由直杆在节点处通过焊接相互连接组成的承受横向弯曲的格构式结构。桁架结构的组成是由许多长短不一、形状各异的杆件通过直接连接或借助辅助元件（如连接板）焊接而成节点的构造。

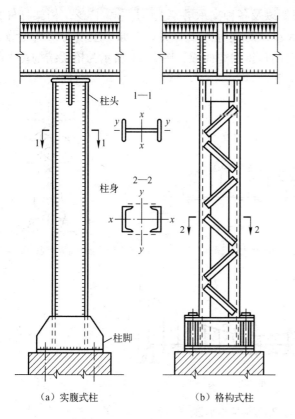

（a）实腹式柱　　　（b）格构式柱

图1-13　焊接柱的结构形式

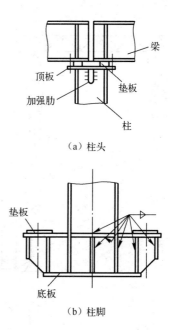

（a）柱头

（b）柱脚

图1-14　典型柱头与柱脚的构造

桁架的受力状态较为复杂，主要与桁架承受载荷作用点及其作用方向有着密切的关系。当载荷作用在桁架的各节点位置时，各杆件基本上只承受轴向心力的作用而形成轴心拉杆或轴心压杆；当载荷作用在节点之间位置时，这些杆件除承受轴向心力的作用外，还会承受横向弯曲的作用而形成拉弯杆件或压弯杆件。桁架的组成及受力状态如图1-15所示。图1-15（a）属于节点承载状态，图1-15（b）属于节点间承载状态，图1-15（c）、（d）、（e）为其他桁架结构的组成方式。

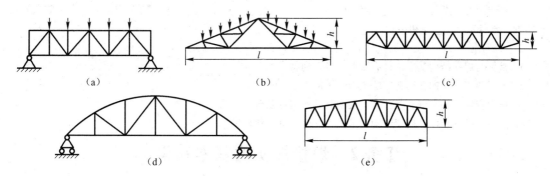

（a）　　　　　　　　　　（b）　　　　　　　　　　（c）

（d）　　　　　　　　　　（e）

图1-15　桁架的组成及受力特点

桁架结构具有材料利用率高、质量轻、节省钢材、施工周期短及安装方便等优点，尤其是在载荷不大而跨度很大的结构上优势更为明显。因此，在主要承受横向载荷的梁类结构（如桥梁等）、机器的骨架、起重机臂架以及各种支承塔架上应用非常广泛。桁架杆件材料的选用，与其工作条件、承受载荷的大小及跨度等因素有关。例如，屋顶桁架是在静载状态下工作的，其杆件将近90%是由成对的角钢组焊而成。图1-16所示为桁架结构在工程上应用的几种示例。

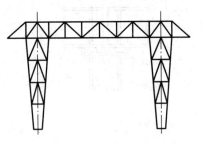
（a）龙门起重机臂架

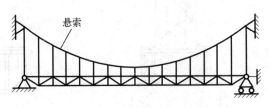
（b）拱式桥梁桁架

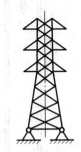
（c）悬挂高压电缆的塔式桁架

悬索

（d）大跨度吊梁组合桁架

图1-16　桁架的应用示例

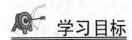 **综合练习**

一、填空题

1. 按照生产工艺过程的作用原理分类，压力容器可以分_____、_____、_____、_____。

2. 梁的受力特点是_____。焊接梁的组成形式有_____、_____、_____三种。

3. 从受力角度考虑，工字梁结构主要用于_____场合，箱形梁结构主要用于_____场合。

4. 柱的受力特点是_____，焊接柱由_____、_____、_____三部分组成，其常见截面形式有两种，分别为_____和_____。

二、简答题

1. 常见的焊接结构基本构件有哪些？各有何特点？

2. 不同的焊接结构在制造方法上有何不同？

3. 压力容器的基本概念是什么？说明其基本组成及分类形式。

4. 列举几种梁、柱、桁架结构的形式，并分析其工作环境。

任务2　焊接接头的基本知识

学习目标

通过学习，掌握焊接接头的组成、基本形式，焊缝基本形式、表示符号及表示方法，了解焊缝应力分布和静载强度的相关知识，对焊接结构中的焊接接头能够进行初步识别。

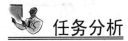 **任务分析**

焊接接头的组成对焊接接头的应力分布及静载强度有很大的影响，所以不同的焊接接头，其工作要求与状态是不同的。焊接接头的表示对焊接工作人员来讲是焊接接头的语言，应有统一的标准来规定。

 相关知识及工作过程

1.2.1 焊接接头的组成

在焊件须连接的部位，用焊接方法制造而成的接头称为焊接接头。随着新的焊接接头和焊接方法的不断出现，焊接接头的类型更加繁多，其中应用最为广泛的就是熔焊焊接接头。

熔焊焊接接头是在高温移动热源局部加热、快速冷却条件下形成的。根据化学成分、金相组织、力学性能的不同特征，接头一般由焊缝金属、熔合区、热影响区三部分组成，如图1-17所示。

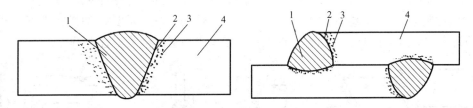

图1-17 熔化焊焊接接头的组织

1—焊缝金属；2—熔合区；3—热影响区；4—母材

该类接头采用高温热源进行局部加热而形成，焊缝金属是由焊接填充材料及部分母材熔融凝固形成的铸造组织，其化学成分与母材不同或基本相同，但组织很可能不同于母材。近缝区受焊接热循环和热塑性变形的影响，组织和性能都发生了变化，特别是熔化区的组织和性能变化更为明显。因此，焊接接头是一个不均匀体。此外，焊接接头因焊缝的形状和布局不同会引起不同程度的应力集中，再加上焊接接头残余应力与变形和高刚性就构成了焊接接头的基本属性。

1.2.2 焊接接头的基本形式

焊接接头的基本形式有四种：对接接头、搭接接头、T形（十字）接头和角接接头，如图1-18所示。选用接头形式时，应该熟悉各种接头的优缺点。

1. 对接接头

两焊件表面构成大于或等于135°、小于或等于180°夹角，即两板相对端面焊接而形成的接头。

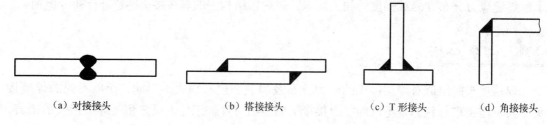

（a）对接接头   （b）搭接接头   （c）T形接头   （d）角接接头

图 1-18　焊接接头的基本形式

对接接头从力学角度看是比较理想的接头形式，也是最广泛应用的接头形式之一。与其他类型的接头相比，对接接头的受力状况较好，应力集中程度较小。焊接时，为了保证焊接质量、较少焊接变形和焊接材料消耗，根据板厚或壁厚的不同，往往需要把被焊工件的对接边缘加工成各种形式的坡口，进行坡口对接焊，对接接头常用的坡口形式有 I 形、V 形、单边 V 形、带钝边 U 形，双 V 形、带钝边双 U 形等。

2. 搭接接头

两板件部分重叠起来进行焊接所形成的接头。

搭接接头的应力分布不均匀，疲劳强度较低，不是理想的接头类型。但由于其焊前准备和装配工作简单，在结构中仍然得到广发应用。搭接接头有很多连接形式。不带搭接件的搭接接头，一般采用正面角焊缝、侧面角焊缝或正面、侧面联合角焊缝连接，有时也用塞焊缝、槽焊缝连接，如图 1-19 所示。塞焊缝、槽焊缝可单独完成搭接接头的连接，但更多的是用在搭接接头角焊缝强度不足或反面无法施焊的情况。额外添加搭接件（盖板或套管）的搭接接头由于它的受力状态不理想，对于承受动载的接头不宜采用。

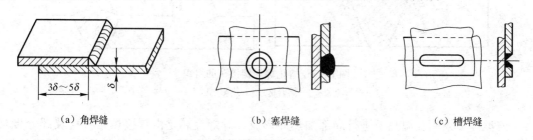

（a）角焊缝   （b）塞焊缝   （c）槽焊缝

图 1-19　搭接接头的基本形式

3. T形（十字）接头

将互相垂直的被连接件用角焊缝连接起来的接头如图 1-20 所示。

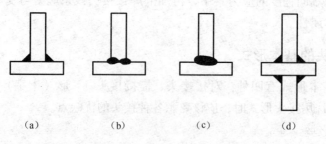

（a）   （b）   （c）   （d）

图 1-20　T形（十字）接头的基本形式

T形（十字）接头是一种典型的电弧焊接头，能承受各种方向的力和力矩。这种接头也有多种类型，有不焊透和焊透的，有不开坡口和开坡口的。不开坡口的 T 形及十字接头通常都是不焊透的，开坡口的 T 形及十字接头是否焊透要看坡口的形状和尺寸。T 形及十字接头常用的坡口形式有单边 V 形、带钝边单边 V 形、双单边 V 形、带钝边双单边 V 形等。开坡口焊透的 T 形及十字接头，其强度可按对接接头计算，特别适用于承受动载的结构。

4. 角接接头

两板件端面构成直角的焊接接头。

角接接头多用于箱形构件上，常见的如图 1-21 所示。其中图 1-21（a）是最简单的角接接头，但其承载能力差；图 1-21（b）采用两面焊缝从内部加强的角接接头，承载能力较大；图 1-21（c）和图 1-21（d）开坡口易焊透，有较高的强度，而且在外观上具有良好的棱角，但应注意层状撕裂问题；图 1-21（e）和图 1-21（f）易装配，省工时，是最经济的角接接头；图 1-21（g）是保证接头具有准确直角的角接接头，并且刚性大，但角钢厚度应大于板厚；图 1-21（h）是最不合理的角接接头，焊缝多而且不容易施焊，结构的总质量也较大，浪费大量材料。

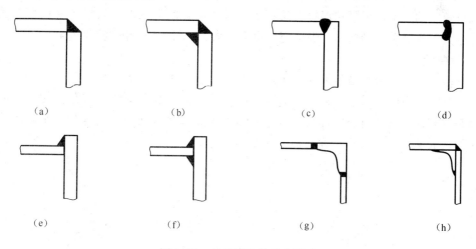

（a）	（b）	（c）	（d）
（e）	（f）	（g）	（h）

图 1-21　角接接头的基本形式

1.2.3　焊缝的基本形式

焊缝是构成焊接接头的主体部分，对接焊缝和角焊缝是焊缝的两种基本形式。

1. 对接焊缝

焊接接头可采用卷边、平对接或加工成 V 形、U 形、X 形、K 形等坡口。各种坡口尺寸可根据国家标准（GB/T 985.1—2008 和 GB/T 985.2—2008）或根据具体情况确定。

对接焊缝开坡口的根本目的是为了焊透金属，以便确保接头的质量及经济性。坡口形式的选择主要取决于板材厚度、焊接方法和工艺过程。通常要考虑以下几个方面。

（1）便于施焊。这是选择坡口形式的重要依据之一，也是保证焊接质量的前提。一般而言，要根据构件能否翻转，翻转难易，或内外两侧的焊接条件而定。对不能翻转和内径较小的容器、转子及轴类的对接焊缝，为了避免大量的仰焊或不便从内侧施焊，宜采用 V

形或 U 形坡口。

（2）降低焊接材料的消耗量。对于同样厚度的焊接接头，采用 X 形坡口比 V 形坡口能节省较多的焊接材料、电能和工时，构件越厚，节省越多，成本也越低。

（3）坡口易加工。V 形和 X 形坡口可用气割或等离子弧切割，亦可用机械切削加工。对于 U 形或双 U 形坡口，一般需用刨边机加工。在圆筒体上应尽量少开 U 形坡口，因其加工困难。

（4）减小或控制焊接变形。采用不适当的坡口形状容易产生较大的变形。如平板对接的 V 形坡口，其角变形就大于 X 形坡口。因此，如果坡口形式适宜，工艺合理，可以有效地减小或控制焊接变形。

以上只是列举了选择坡口的一般规则，具体选择时，则需要根据具体情况综合考虑。例如，从节约焊接材料出发，U 形坡口较 V 形坡口好，但加工费用高；双面坡口明显地优于单面坡口，同时焊接变形小，但双面坡口焊接时需要翻转焊件，增加了辅助工时，所以在板厚小于 25 mm 时，一般采用 V 形坡口，受力大而要求焊接变形小的部位应采用 U 形坡口；利用焊条电弧焊焊接 6 mm 以下钢板时，选用 I 形坡口就可得到优质焊缝；用埋弧焊焊接厚度 14 mm 以下的钢板，采用 I 形坡口也能焊透。

坡口角度的大小与板厚和焊接方法有关，其作用是使电弧能深入根部使根部焊透。坡口角度越大，焊缝金属量越多，焊接变形也会增大，一般坡口角度选 60° 左右。

2. 角焊缝

按其截面形状可分为横角焊缝、凹角焊缝、凸角焊缝和不等腰角焊缝四种，如图 1-22 所示。按其承载方向可分为三种：焊缝与载荷相垂直的正面角焊缝、与载荷相平行的侧面角焊缝和与载荷倾斜的斜向角焊缝。应用最多的角焊缝是截面为直角等腰的平角焊缝，一般可用腰长 K 来表示其大小，通常称 K 为焊脚尺寸。

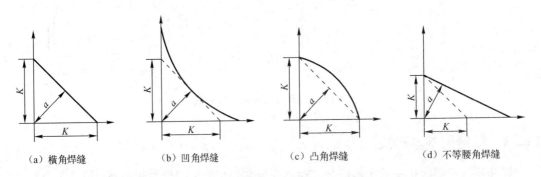

（a）横角焊缝　　　（b）凹角焊缝　　　（c）凸角焊缝　　　（d）不等腰角焊缝

图 1-22　角焊缝截面形状及其计算断面

各种截面形状角焊缝的承载能力与载荷性质有关。静载时，如母材金属塑性良好，角焊缝的截面形状对承载能力没有显著影响；动载时，凹角焊缝比平角焊缝的承载能力高，凸角焊缝的最低。不等腰角焊缝，长边平行于载荷方向时，承受动载效果较好。角焊缝的实际受力情况在具体结构上是比较复杂的，但工程上为了安全可靠和计算简便，常假定角焊缝是在平均切应力作用下断裂的，并假定其断裂面是在角焊缝截面的最小高度 a 处。

1.2.4 焊缝符号及其表示方法

焊缝及接头的形式通常是用焊缝符号来表示的。我国的焊缝符号是由国家标准 GB/T 324—2008 规定的。

1. 焊缝符号的组成内容

（1）基本符号。表示焊缝横截面的基本形式或特征，标准中规定了 20 种基本符号，如表 1-1 所示。标注双面焊焊缝或接头时，基本符号可以组合使用。

表 1-1 焊缝基本符号

焊 缝 名 称	焊缝横截面形状	符 号	焊 缝 名 称	焊缝横截面形状	符 号
卷边焊缝（卷边完全熔化）		 八	I 形焊缝		 ‖
V 形焊缝		 V	单边 V 形焊缝		 ∨
带钝边 V 形焊缝		 Y	带钝边单边 V 形焊缝	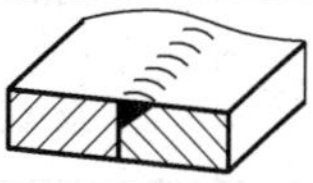	 ⊬
带钝边 U 形焊缝		Y	带钝边 J 形焊缝		⊬
封底焊缝		 ⌣	角焊缝		 △
塞焊缝或槽焊缝		 ⊓	堆焊缝	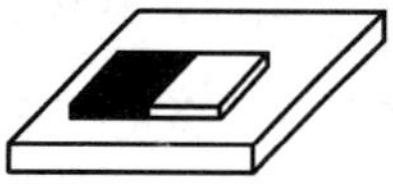	 ⌒⌒
点焊缝	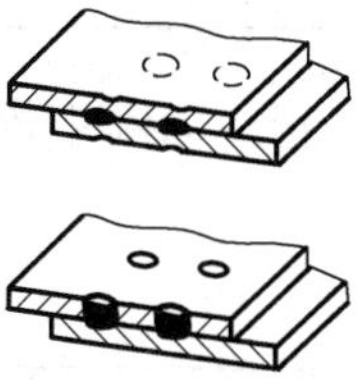	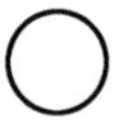 ○	陡边 V 形焊缝		 ⋁
陡边单 V 形焊缝	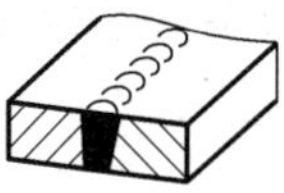	 ⋀	端焊缝		 ‖‖
缝焊缝	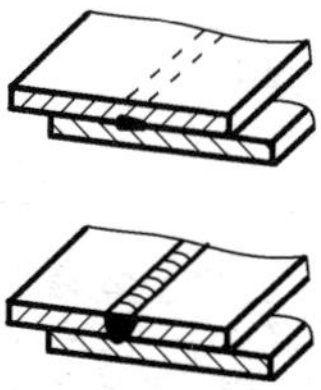	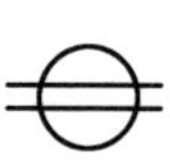 ⊖	平面连接（钎焊）	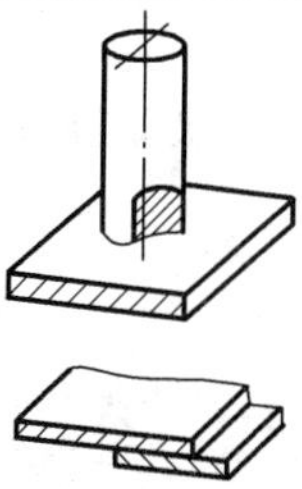	 ＝

焊缝名称	焊缝横截面形状	符 号	焊缝名称	焊缝横截面形状	符 号
斜面连接（钎焊）		//	折叠连接（钎焊）		⊇

（2）补充符号。用来补充说明有关焊缝或接头的某些特征（诸如表面形状、衬垫、焊缝分布、施焊地点等）。标准中规定了 10 种辅助符号，如表 1-2 所示。

表 1-2　焊缝补充符号

序 号	名 称	符 号	说 明
1	平面	─	焊缝表面通常经过加工后平整
2	凹面	⌣	焊缝表面凹陷
3	凸面	⌢	焊缝表面凸起
4	圆滑过渡	⎠⎝	焊趾处过渡圆滑
5	永久衬垫	[M]	衬垫永久保留
6	临时衬垫	[MR]	衬垫在焊接完成后拆除
7	三面焊缝	⊏	三面带有焊缝
8	周围焊缝	○	沿着工件周边施焊的焊缝 标注位置为基准线与箭头线的交点处
9	现场焊缝	⚑	在现场焊接的焊缝
10	尾部	＜	可以表示所需的信息

（3）焊缝尺寸符号。表示坡口和焊缝各特征尺寸的符号，标准中规定了 16 个尺寸符号，见表 1-3。

表 1-3　焊缝尺寸符号

符 号	名 称	示 意 图	符 号	名 称	示 意 图
δ	工件厚度		c	焊缝宽度	
α	坡口角度		K	焊脚尺寸	
β	坡口面角度		d	点焊：熔核直径； 塞焊：孔径	

续表

符 号	名 称	示 意 图	符 号	名 称	示 意 图
b	根部间隙		n	焊缝段数	$n=2$
p	钝边		l	焊缝长度	l
R	根部半径	R	e	焊缝间隙	e
H	坡口深度	H	N	相同焊缝数量	$N=3$
S	焊缝有效厚度	S	h	余高	h

图 1-23 所示为焊缝尺寸符号及数据的标注位置。

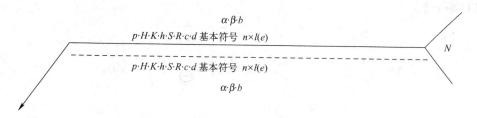

$$\alpha \cdot \beta \cdot b$$
$$p \cdot H \cdot K \cdot h \cdot S \cdot R \cdot c \cdot d \text{ 基本符号 } n \times l(e)$$
$$p \cdot H \cdot K \cdot h \cdot S \cdot R \cdot c \cdot d \text{ 基本符号 } n \times l(e)$$
$$\alpha \cdot \beta \cdot b$$
$$N$$

图 1-23 焊缝尺寸符号及数据的标注位置

（4）指引线。表示指引焊缝位置的符号，一般由带有剪头的指引线（简称箭头线）和两条基准线（一条为实线，另一条为虚线）两部分组成，如图 1-24 所示。当需要说明焊接方法时，可以在基准线末端增加尾部符号。常用的焊接方法代号如表 1-4 所示。

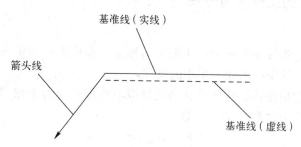

基准线（实线）

箭头线

基准线（虚线）

图 1-24 指引线的画法

表 1-4　焊接方法表示代号

焊 接 方 法	代　号	焊 接 方 法	代　号
电弧焊	1	电阻焊	2
焊条电弧焊	111	点焊	21
埋弧焊	12	缝焊	22
熔化极惰性气体保护焊	131	闪光焊	24
钨极惰性气体保护焊	141	气焊	3
压焊	4	氧－乙炔焊	311
超声波焊	41	氧－丙烷焊	12
摩擦焊	42	其他焊接方法	7
扩散焊	45	激光焊	751
爆炸焊	441	电子束焊	76

2. 识别焊缝代号的基本方法

（1）根据箭头的指引方向了解焊缝在焊件上的位置。

（2）看图样上焊件的结构形式（即组焊焊件的相对位置）识别出接头形式。

（3）通过基本符号可以识别焊缝形式（即坡口形式）、基本符号上下标有坡口角度及对接间隙。

（4）通过基准线的尾部标注可以了解采用的焊接方法、对接的质量要求以及无损检验要求。

3. 焊缝代号应用实例

如图 1-25 所示的焊缝代号，表达的含义：焊缝坡口采用带钝边的 V 形坡口，坡口间隙为 2 mm。钝边高度为 3 mm，坡口角度为 60°。采用焊条电弧焊焊接，反面封底焊，反面焊缝要求打磨平整。

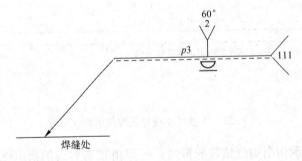

图 1-25　焊缝代号表示示例

1.2.5　电弧焊接头的工作应力分布

1. 应力集中

在外力的作用下，焊接接头部位产生的应力称为工作应力。为了表示焊接接头工作应力分布的不均匀程度，这里引入应力集中的概念。

所谓应力集中，是指在接头几何形状突变处或不连续处应力突然增大的现象。应力集中的大小，常以应力集中系数 K_T 表示，即

$$K_T = \sigma_{max}/\sigma_m$$

式中　σ_{max}——截面中最大应力值；

　　　σ_m——截面中平均应力值。

由于焊缝形状和分布的特点，焊接接头工作应力的分布是不均匀的。在焊接接头中产生应力集中的原因有以下几点。

（1）焊缝中存在工艺缺陷。焊缝中经常产生工艺缺陷，如气孔、夹渣、裂纹、未焊透和咬边等，都会在其周围引起应力集中，其中裂纹和未焊透引起的应力集中最为严重。

（2）焊缝外形不合理。如对接焊缝余高过大，角焊缝为凸出形等，在焊趾处都会形成较大的应力集中。

（3）焊接接头设计不合理。如接头截面的突变，加盖板的对接接头等，均会造成严重的应力集中。焊缝布置不合理，如只有单侧焊缝的T形接头，也会引起应力集中。

2. 电弧焊接头的工作应力分布

不同的焊接接头在外力作用下，其工作应力分布都不一样。

（1）对接接头。在焊接结构生产中，通常使对接接头的焊缝略高与母材金属板面，超出母材表面连接上面的那部分焊缝金属的最大高度称为余高。由于余高造成了构件表面不平滑，在焊缝与母材金属的过渡处引起应力集中。图1-26为对接接头的工作应力分布及应力集中情况。

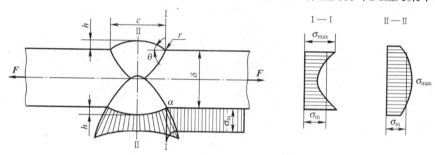

图1-26 对接接头的工作应力分布

应力集中系数 K_T 的大小取决于焊缝宽度 c、余高 h、焊趾角 θ 及转角半径 r。在其他因素不变的情况下，余高 h 增加，焊缝宽度 c 减少，θ 角增大，r 减小等都会使 K_T 增加。

由余高带来的应力集中对动载结构的疲劳强度是十分不利的，所以要求其越小越好。在承受动载荷情况下，焊接接头的焊缝余高 h 应趋于零。对重要的动载构件，有时采用削平余高 h 或增大转角半径 r 的措施来降低应力集中，以提高接头的疲劳强度。

对接接头外形的变化与其他接头相比是不大的，所以它的应力集中较小，而且易于降低和消除。因此，对接接头是最好的接头形式，不但静载可靠，而且疲劳强度也较高。

（2）T形（十字）接头。由于T形（十字）接头焊缝向母材过渡处形状变化较大，造成工作应力分布极不均匀，在角焊缝的过渡处和根部都有很大的应力集中，如图1-27所示。

图1-27（a）是未开坡口T形（十字）接头中正面焊缝的应力分布状况。由于整个厚度没有焊透，焊缝根部应力集中很大，在焊趾截面 B—B 上应力分布也不均匀，B 点的应力集中系数 K_T 值随角焊缝的形状而变。K_T 随 θ 角减小而减小，也随焊脚尺寸 K 的增大而减小。

图1-27（b）是开坡口并焊透的T形（十字）接头，由于焊趾角 θ 的大幅度降低而使焊缝向母材金属过渡平缓，消除了焊趾截面的应力集中，这种接头的应力集中程度大大降低。由此可见，保证焊透是降低T形（十字）接头应力集中的重要措施之一。因此，在焊接结构生产中，对重要的T形（十字）接头必须开坡口或采用深熔焊接法进行焊接。

在T形（十字）接头中，应尽量避免在其板厚方向承受高拉应力，因轧制板材常有夹层缺陷，尤其厚板更易出现层状撕裂，所以应尽可能将其焊缝形式由承载状态转化为非承载状态。若两个方向都受拉力，则宜采用圆形、方形或特殊形状的轧制、锻造插入件，把角焊缝变成对接焊缝，如图 1-28 所示。

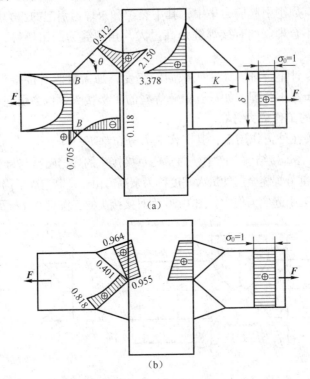

图 1-27　T 形（十字）接头的应力分布

注：图中数字表示应力集中系数 K_T 值。

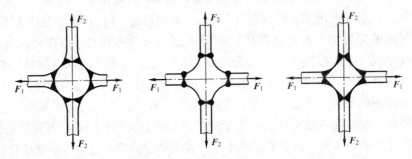

图 1-28　几种插入件形式的十字接头

（3）搭接接头。搭接接头使构件形状发生了较大的变化，其应力集中比对接接头的情况要复杂得多。在搭接接头中，根据搭接角焊缝受力的方向，可以将搭接角焊缝分为正面角焊缝、侧面角焊缝和斜向角焊缝三种。

① 正面搭接角焊缝的工作应力分布。正面搭接角焊缝中各截面的应力分布如图 1-29 所示。由图可知，在角焊缝的根部 A 点和焊趾 B 点都有较大的应力集中，其数值与许多因素有关，如焊趾 B 点的应力集中系数就是随角焊缝的斜边与水平边的夹角 θ 而变的，减小其夹角 θ、增大熔深及焊透根部等都可降低应力集中系数。

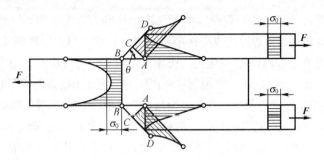

图 1-29　正面搭接角焊缝的应力分布

搭接接头的正面角焊缝受偏心载荷作用时，在焊缝上会产生附加弯曲应力，导致弯曲变形，如图 1-30 所示。为了减少弯曲应力，两条正面角焊缝之间的距离 l 应不小于其板厚 δ 的 4 倍。

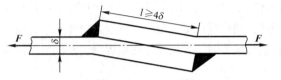

图 1-30　正面搭接接头的弯曲变形

② 侧面搭接角焊缝的工作应力分布。侧面搭接角焊缝应力分布更为复杂，在焊缝中既有正应力，又有切应力，切应力沿焊缝长度上的分布极不均匀，它与焊缝尺寸、断面尺寸和外力作用点的位置等因素有关。

在侧面搭接接头中，外力作用如图 1-31（a）所示的情况最为普遍。形成这种两端应力大，中间应力小的主要原因，是因为搭接板材不是绝对刚体，在受力时本身会产生弹性变形，这种弹性位移的结果，势必有部分外力功转化为弹性变形能，因而通过搭接区段内各截面的外力是不同的。

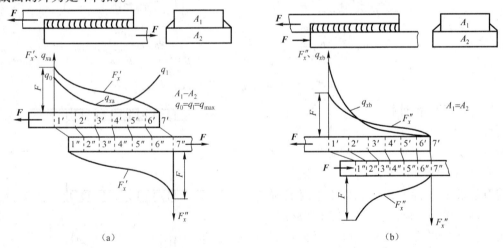

图 1-31　侧面搭接焊缝变形分布示意图

对于图 1-31（a）的情况，上板的截面通过的力 F_x' 从左到右逐渐由 F 降低到零，下板的截面通过的力 F_x'' 从左到右逐渐由 0 升到 F。两块板的弹性变形也随之从左到右相应地减少和增大。这样两块板上各对应点之间的相对位移就不是均匀分布的，两端高而中间低，因而夹在两板中的焊缝所传递的切力 q_{xa} 也是两端高中间低。对于图 1-31（b）的情况，上板受拉，拉力 F_x' 从左到右逐渐降低，下板受压，压力 F_x'' 从左到右也逐渐降低。这样两板各对应点的相对位移从左到右逐渐降低，因而焊缝传递的切力 q_{xb} 以左端为最高，向右逐渐减少。

　　侧面搭接角焊缝应力集中的严重程度主要与搭接长度 L 有关，即焊缝越长，应力分布越不均匀。因此，一般规定侧面角焊缝构成搭接接头的焊缝长度不得大于焊脚长的 50 倍。如果两个被连接件的断面不相等（$A_1 \neq A_2$），切应力的分布并不对称于焊缝中点，最大应力值位于小截面一侧的端部，如图 1-32（a）所示。它说明这种接头的应力集中比截面相等的搭接接头更严重。

　　③ 联合角焊缝的工作应力分布。既有侧面角焊缝又有正面角焊缝的搭接接头称为联合角焊缝。在只有侧面角焊缝焊成的搭接接头中，母材金属断面上的应力分布也不均匀，例如，横截面 I-I［见图 1-32（a）］的焊缝附近就有最大正应力 σ_{max} 分布，其应力集中非常严重。增添正面角焊缝后的应力分布如图 1-32（b）所示。在 I-I 截面上的正应力分布较为均匀，最大切应力 τ_{max} 降低，致使在 I-I 截面两端点上的应力集中得到改善。由于正面角焊缝承担一部分外力，以及正面角焊缝比侧面角焊缝刚度大、变形小，所以侧面角焊缝的切应力也得到改善。为此，在设计搭接接头时，如增添正面角焊缝，不但可以改善应力分布，还可以缩短搭接长度。

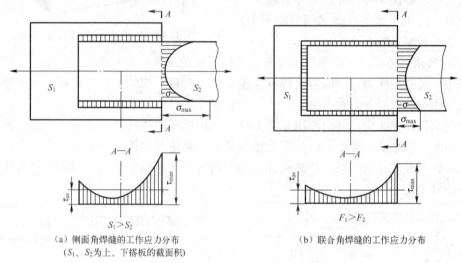

（a）侧面角焊缝的工作应力分布
（S_1、S_2 为上、下搭板的截面积）

（b）联合角焊缝的工作应力分布

图 1-32　侧面角焊缝与联合角焊缝搭接接头的应力分布

　　综合上述，各种接头电弧焊后，都有不同程度的应力集中。实践证明，并不是在所有情况下应力集中都影响强度。当材料具有足够的塑性时，结构在静载破坏之前就有显著的塑性变形，应力集中对其强度无影响。例如，侧面搭接接头在加载时，如果母材和焊缝金属都有较好的延性，起初焊缝工作于弹性极限内，其切应力的分布是不均匀的，如图 1-33 所示。继续加载，焊缝的两端点达到屈服强度（τ_s），则该处应力停止上升，而焊缝中段各点的应力尚未达到 τ_s，故应力随着加载继续上升，

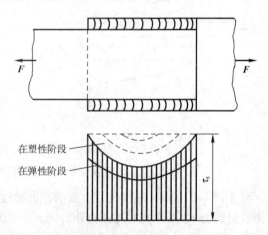

图 1-33　侧面搭接接头的工作应力均匀化

到达屈服强度的区域逐渐扩大，应力分布曲线变平，最后个点都达到 τ_s。如再加载，直至使焊缝全长同时达到强度极限，最后导致破坏。这说明接头在塑性变形的过程中能发生应

力均匀化，只要接头材料具有足够的延性，应力集中对静载强度就没有影响。

1.2.6　焊接接头的静载强度计算

1. 工作焊缝与联系焊缝

任何一个焊接结构都有若干条焊缝，根据其传递载荷的方式和重要程度，一般可分为两种。

（1）工作焊缝。焊缝与被连接的元件是串联的，它承担着传递全部载荷的作用，即焊缝一旦断裂，结构就立即失效，这种焊缝称为工作焊缝，如图 1-34（a）、(b）所示，其应力称为工作应力。

（2）联系焊缝。焊缝与被连接的元件是并联的，它仅传递很小的载荷，主要起元件之间相互联系的作用，即焊缝一旦断裂，结构不会立即失效，这种焊缝称为联系焊缝，如图 1-34（c）、(d）所示，其应力称为联系应力。

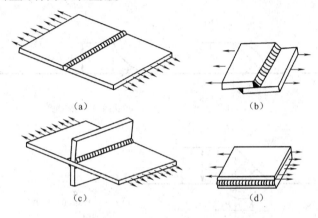

图 1-34　工作焊缝和联系焊缝

在结构设计时无须计算联系焊缝的强度，只计算工作焊缝的强度。对于具有双重性的焊缝，它既有工作应力又有联系应力，则只计算工作应力，而不考虑联系应力。

2. 强度计算的基本做法

（1）强度计算的基本公式。焊接接头的强度计算和其他结构的强度计算相同，均需要计算在一定载荷作用下产生的应力值。目前，焊接接头的静载强度计算方法仍然采用许用应力法。而接头的强度计算实际上是计算焊缝的强度，焊缝强度条件的计算方法从根本上说与材料力学中计算方法是相同的，只是计算对象为焊缝金属。因此，强度计算时的许用应力值均为焊缝的许用应力。

焊接接头静载强度计算的基本公式一般可表达为

$$\sigma \leqslant [\sigma'] \quad 或 \quad \tau \leqslant [\tau']$$

式中　　$[\sigma']$ 或 $[\tau']$ ——焊缝的许用应力；

　　　　　σ 或 τ ——焊缝中平均工作应力。

（2）简化计算的基本做法。在焊接接头中不仅存有复杂的残余应力，而且工作应力分布也较为复杂，尤其是角焊缝构成的 T 形接头和搭接接头等形成的应力分布非常复杂，如在焊趾和焊根处都会出现不同程度的应力集中现象。要精确地计算这些焊缝上的应力是困难的，常用的计算方法都是在一些假设的前提下进行的，称之为简化计算法。在静载条件下为了计算方便，通常作如下的假设。

① 残余应力对于接头的静载强度没有影响。

② 焊趾处和余高等处的应力集中，对于接头的静载强度没有影响。

③ 接头的工作应力是均布的，以平均应力计算。

④ 正面角焊缝与侧面角焊缝的强度没有差别。

⑤ 焊脚尺寸的大小对于角焊缝的强度没有影响。

⑥ 角焊缝都是在切应力的作用下被破坏的，按切应力计算强度。

⑦ 忽略焊缝的余高和少量的熔深，以焊缝中最小断面为计算断面（又称危险断面）。

各种接头的焊缝计算断面如图 1-35 所示，图 1-35（a）为该断面的计算厚度。

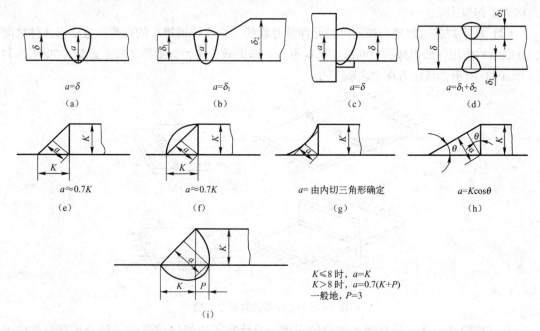

图 1-35　各种焊缝的计算断面（a 为计算厚度）

3. 电弧焊接头的静载强度计算

1）对接接头的静载强度计算

计算对接接头的静载强度时，可以不考虑焊缝的余高。焊缝计算长度取实际长度，计算厚度取两板中较薄者。如果焊缝的许用应力与基本金属的相等，可不必进行强度计算。只需根据钢材的强度，选用相应强度的焊接材料，并焊透钢板获得优质的焊缝即可。

全部焊透的对接接头各种受力情况如图 1-36 所示，包括拉伸力 F、压缩力 F'、剪切力 Q、板平面内弯矩 M_1、垂直板面弯矩 M_2 等。其各种受力情况的相应强度计算公式如表 1-5 所示。

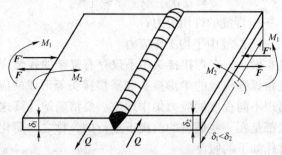

图 1-36　对接接头的受力情况

表1–5 焊接接头强度计算基本公式

接 头 形 式		受 力 条 件	计 算 公 式		图 注
对接接头		受拉	$\sigma = \dfrac{F'}{l\delta_1} \leqslant [\sigma_l']$		图1–36
		受压	$\sigma = \dfrac{F'}{l\delta_1} \leqslant [\sigma_a']$		
		受剪切	$\tau = \dfrac{F}{l\delta_1} \leqslant [\tau']$		
		受板平面内弯矩（M_1）	$\sigma = \dfrac{6M_1}{\delta_1 l^2} \leqslant [\sigma']$		
		受垂直板面弯矩（M_2）	$\sigma = \dfrac{6M_2}{\delta_1^2 l} \leqslant [\sigma_l']$		
T形接头（无坡口）		$F\,/\!/$焊缝	$\tau_合 = \sqrt{\tau_M^2 + \tau_Q^2}$	$\tau_M = \dfrac{3FL}{0.7Kl^2}$, $\tau_Q = \dfrac{F}{1.4Kl}$	图1–38
		$M\perp$板面	$\tau = \dfrac{M}{W}$, $W = \dfrac{l\left[(\delta+1.4K)^3 - \delta^3\right]}{6(\delta+1.4K)}$		图1–39
搭接接头	正面焊缝	受拉、压	$\tau = \dfrac{F}{1.4Kl} \leqslant [\tau']$		图1–40
	侧面焊缝	受拉、压	$\tau = \dfrac{F}{1.4Kl} \leqslant [\tau']$		
	正侧联合搭接焊缝	受拉、压	$\tau = \dfrac{F'}{0.7K\sum l} \leqslant [\tau']$, $\sum l = 2l_1 + l_2$		
		受弯矩	分段法 $\tau = \dfrac{M}{0.7Kl(h+K) + \dfrac{0.7Kh^2}{6}} \leqslant [\tau']$		图1–42
			轴惯性矩法 $\tau_{max} = \dfrac{M}{I_x}y_{max} \leqslant [\tau']$ I_x—焊缝对 x 轴的惯性矩		图1–43
			极惯性矩法 $\tau_{max} = \dfrac{M}{I_p}r_{max} \leqslant [\tau']$ $I_p = I_x + I_y$, I_y 为焊缝对 y 轴的惯性矩		图1–44
	双焊缝搭接	长焊缝小间距	$F\perp$焊缝 $\tau_合 = \tau_M + \tau_Q$	$\tau_M = \dfrac{3FL}{0.7Kl^2}$, $\tau_Q = \dfrac{F}{1.4Kl}$	图1–45（a）
			$F\,/\!/$焊缝 $\tau_合 = \sqrt{\tau_M^2 + \tau_Q^2}$		图1–45（b）
		短焊缝大间距	$F\,/\!/$焊缝 $\tau_合 = \tau_M + \tau_Q$	$\tau_M = \dfrac{FL}{0.7Klh}$, $\tau_Q = \dfrac{F}{1.4Kl}$	图1–45（c）
			$F\perp$焊缝 $\tau_合 = \sqrt{\tau_M^2 + \tau_Q^2}$		图1–45（d）
	开槽焊	受剪切	$[F] = 2\delta l\,[\tau']\,m$, $0.7 < m \leqslant 1.0$		图1–46（a）
	塞焊		$[F] = h\dfrac{\pi}{4}d^2\,[\tau']\,m$, $0.7 < m \leqslant 1.0$		图1–46（b）

对于不完全焊透的对接接头，在强度计算时其计算厚度一般低于实际焊透深度，如不封底的对接焊缝的计算厚度为较薄板的 5/8。

2）T形（十字）接头静载强度计算

T形（十字）接头的强度与焊角尺寸有关，一般根据焊缝强度等于被连接件强度的等强度原则确定焊缝尺寸。普通角焊缝构成的 T 形（十字）接头，焊角尺寸 K 为较薄钢板厚度的 3/4，

坡口焊缝熔深 P 等于钢板厚度，如图 1-37 所示。

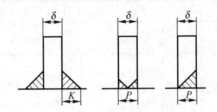

图 1-37　等强度角焊缝和坡口角焊缝

根据载荷作用的方式不同，T 形（十字）接头静载强度可选用以下两种计算方法。

（1）载荷平行于焊缝的 T 形（十字）接头的形式，如图 1-38 所示，首先将作用力 F 平移到焊缝根部平面，并同时附加力偶。产生最大应力的危险点是在焊缝的最上端，该点同时有两个切应力起作用，一个是由 $Q = F$ 引起的 τ_Q；一个是由 $M = FL$ 引起的 τ_M。τ_Q 和 τ_M 是互相垂直的。如果 T 形接头开坡口并焊透，强度按对接接头计算，焊缝截面积等于母材截面积（$A = \delta h$）；若不开坡口，该点的合成应力可按表 1-5 中的公式计算。

（2）弯矩与板面垂直的 T 形（十字）接头的形式及应力分布如图 1-39 所示。在纯弯矩载荷作用下，弯矩所在平面垂直于焊缝。根据强度计算的假设，按切应力计算强度，其强度计算式如表 1-5 所示。

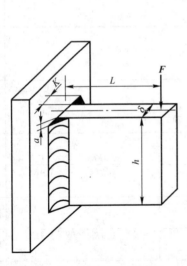

图 1-38　载荷平行于焊缝

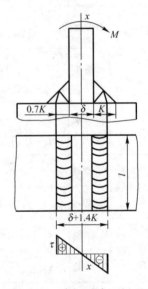

图 1-39　弯矩垂直于板面

3）搭接接头静载强度计算

（1）受拉、压载荷作用的搭接接头形式如图 1-40 所示，其接头强度计算公式如表 1-5 所示。

【实例】将 $100\,\mathrm{mm} \times 100\,\mathrm{mm} \times 10\,\mathrm{mm}$ 的角钢用角焊缝搭接在一块钢板上，如图 1-41 所示。受拉伸时要求与角焊缝等强度，试计算接头的焊脚尺寸 K 和焊缝长度 l 应该是多少？

解：由手册查得角钢截面积 $A = 19.2\,\mathrm{cm}^2$，许用应力 $[\sigma] = 160\,\mathrm{MPa}$，焊缝的许用切应

力 $[\tau'] = 100\ \text{MPa}$，角钢的重心距 $e = 28.4\ \text{mm}$。

角钢的允许载荷：

$$[F] = A \cdot [\sigma] = 19.2 \times 10^{-4} \times 160 \times 10^{6} = 307\ 200\ (\text{N})$$

假定接头上各段焊缝中的切应力都达到焊缝许用切应力值，即 $\tau = [\tau']$。若取 $K = 10\ \text{mm}$，用焊条电弧焊，则所需焊缝总长度为

$$\sum l = \frac{[F]}{0.7 K[\tau']} = \frac{307\ 200}{0.7 \times 10 \times 10^{-3} \times 100 \times 10^{6}} = 439\ (\text{mm})$$

角钢一端的正面角焊缝 $l_3 = 100\ \text{mm}$，则侧面角焊缝总长为 339 mm，考虑到两侧角焊缝均匀受力及合力作用线应当通过角钢重心，根据平衡原理，可列出平衡方程组：

$$\begin{cases} l_1 + l_2 = 339 \\ l_1 z_0 = l_2 (l_3 - e) \end{cases}$$

即

$$\begin{cases} l_1 + l_2 = 339 \\ 28.4\ l_1 = (100 - 28.4) l_2 \end{cases}$$

解方程组得 $l_1 = 243\ \text{mm}$，$l_2 = 97\ \text{mm}$。取 $l_1 = 250\ \text{mm}$，$l_2 = 100\ \text{mm}$。

上面实例说明在求出焊脚值和焊缝长后，还必须合理布置焊缝，才能达到受力均衡，保证接头强度。

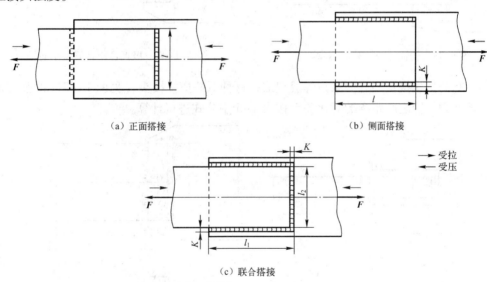

（a）正面搭接　　　　　　　　　（b）侧面搭接

（c）联合搭接

图 1-40　各种搭接接头受力情况

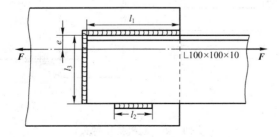

图 1-41　合理布置焊缝

（2）受弯矩作用的搭接接头若在焊缝平面内受弯曲力矩时，其强度计算方法有分段计算法（见图 1−42）、轴惯性矩法（见图 1−43）、极惯性矩法（见图 1−44）三种，其接头强度计算公式如表 1−5 所示。在三种计算法中，以极惯性矩法较为准确，但计算过程较为复杂。轴惯性矩法和分段计算法计算结果大致相同，且计算简便。所以，一般较简单的接头均用分段计算法。当接头焊缝布置较复杂时，则采用极惯性矩法和轴惯性矩法较方便。

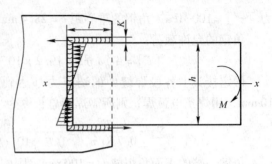

图 1−42　分段计算法示意图

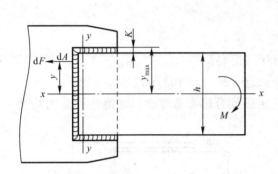

图 1−43　轴惯性矩计算法示意图

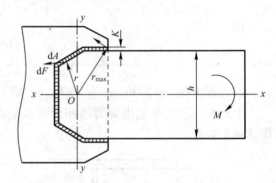

图 1−44　极惯性矩计算法示意图

（3）有的搭接接头只有两条角焊缝组成，这种双缝搭接接头（见图 1−45）的强度应根据焊缝长度和焊缝之间距离的对比关系按表 1−5 中公式进行计算。

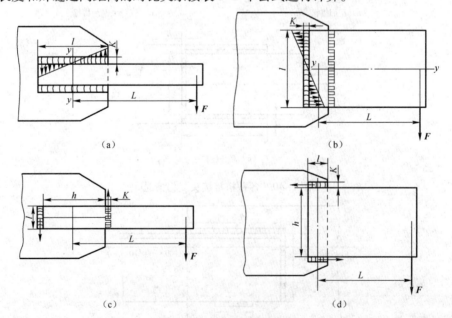

(a)　　　　　　　　　　　　　(b)

(c)　　　　　　　　　　　　　(d)

图 1−45　双缝搭接接头

（4）开槽焊接头及塞焊接头的构造如图1-46所示。其强度按工作面承受的剪切力计算，即剪切力作用于基本金属与焊缝金属的接触面上，所以其承受能力取决于焊缝金属与母材实际接触面积的大小。开槽焊焊接面积与开槽长度l及板厚δ成正比；塞焊焊缝金属的接触面积与焊点直径d的平方及点数n成正比。此外，焊缝金属接触面积的大小，还受焊接方法及可焊到性的影响，所以常在计算公式中乘以系数m。当槽或孔的可焊到性差时，取$m=0.7$；当槽或孔的可焊到性好或采用自动焊等熔深较大的焊接方法时，取$m=1.0$。其计算公式常以最大容许载荷$[F]$表示，如表1-5所示。

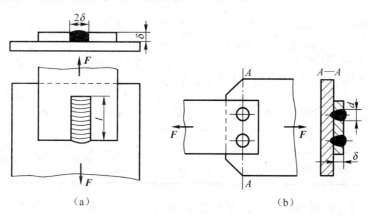

图1-46　开槽焊、塞焊接头

4）电弧焊焊缝许用应力

焊缝许用应力的大小与焊接工艺和材料、焊接检验方法的精确程度等许多因素有关。随着焊接技术及焊接检验技术的不断发展与改进，使焊接接头的可靠性不断提高，焊缝的许用应力值也相应增大。确定焊缝的许用应力有以下两种方法。

（1）焊缝系数法。即按母材的许用应力乘一个系数，确定焊缝的许用应力，这个系数就是焊缝强度系数。在一般机器制造结构中焊缝强度系数主要根据焊接方法和焊接材料来确定。能获得较高质量的焊接方法（如埋弧焊）和焊接材料（如低氢型焊条）所焊接的焊缝，应采用较高的系数（系数最大值为1），如表1-6所示。

表1-6　电弧焊与气焊接头焊缝强度系数

序　　号	接 头 形 式	接头类别	无损探伤检查比例		
			100%	>25%	0%
1	双面焊及其他形式质量等同的对接接头	A、B、C、D	1.0	0.85	0.70
2	带衬垫的单面焊对接接头	A、B、C、D	0.90	0.80	0.65
3	不带衬垫单面焊局部焊透对接接头	A、B、C	—	—	0.60
4	双面焊搭接接头	A、B、C	—	—	0.55
5	单面焊搭接接头＋塞焊	B、C	—	—	0.50

在锅炉与压力容器制造行业，由于焊缝与母材等强是焊接材料选择的基本原则，且通过焊接工艺评定实验可以证实每种焊接接头的强度不低于相匹配母材强度的下限位，因此，

不论采用何种焊接方法，只要正确选择焊接材料和焊接工艺参数，焊缝性能都能达到与母材性能相等，锅炉受压元件强度计算中推荐采用的焊缝强度系数如表1-7所示，可见焊缝强度系数与焊缝形式和焊缝无损探伤的比率有关。应当指出，焊缝强度系数只为强度计算时所用，不能作为确定焊缝质量等级的依据。

表1-7　锅炉受压元件强度计算中推荐采用的焊缝强度系数

序　号	焊缝形式	受压部分焊缝类别	无损探伤检查比例		
			100%	20%～50%	0%
1	双面全焊透对接接头和T形接头	A、B、D	1.0	0.90	0.70
2	单面全焊透对接接头和T形接头（焊缝背面成形）	A、B、D	1.0	0.90	0.70
3	带衬垫单面焊对接接头和T形接头	A、B、D	0.90	0.80	0.65
4	不带衬垫单面焊局部焊透对接接头	A、B、D	0.80	0.70	0.60
5	双面焊搭接接头	A、B、C	—	—	0.55
6	全焊透压力焊对接接头	A、B	焊接参数监控 0.90	抽样断口检查 0.80	0.65

（2）采用已规定的具体数值。这类方法多为各类产品行业为了方便和技术上的统一所用，一般根据产品特点、工作条件、所用材料、工艺过程和质检方面制订出焊缝的许用应力具体数据。

1.2.7　焊接接头的设计和选用原则

1. 焊接接头设计的一般原则

焊接结构的破坏往往起源于焊接接头区，除了受材料选择、焊接结构制造工艺的影响外，还与焊接接头的设计有关。在焊接结构设计时，为做到正确合理地选择焊接接头的类型、坡口形状和尺寸，主要应该综合考虑以下四个方面的因素。

（1）设计要求。保证接头满足使用要求。

（2）焊接的难易与焊接变形。焊接容易实现，变形能够控制。

（3）焊接成本。接头准备和实际焊接所需费用低，经济性好。

（4）施工条件。制造施工单位具备完成施工要求所需的技术、人员和设备条件。

接头类型的确定主要取决于设计条件——结构特点、受力状态和板厚等。如前所述，接头类型共有十种，如对接接头、搭接接头、T形接头、十字接头、角接接头等，这些接头又可采用各种坡口形式，如I形坡口、V形坡口、U形坡口、Y形坡口、X形坡口等。在两种或多种可选接头中选择一种接头，则一方面要考虑设计条件，例如，考虑是承载还是联系接头，如果是承载接头，则要求这种接头的焊缝必须具有与母材相等的强度，这时就必须采用能够完全焊透钢板的方法焊接开坡口焊缝，即全熔透焊缝。若是联系接头，这种接头的焊缝要承受的力是很小的，这时焊缝就不一定要求焊透或全长焊接；另一方面，这种选择主要考虑接头的准备和焊接成本。影响焊接准备和焊接成本的主要因素是坡口加工、焊缝填充金属量、焊接工时及辅助工时等。

在设计焊接接头时，除了上述必须考虑的设计要求和经济性外，不能忘记要为施工提供方便，应充分考虑到所设计的接头焊接容易、焊接变形可以控制、施工条件不难具备等，鉴于这些，设计人员在选择接头类型时，应征求焊接工程师的意见。

2. 焊接接头的设计要点

（1）应尽量使接头形式简单、结构连续，且不设在最大应力作用截面上。这是因为接头处的几何形状的改变、装配间隙及焊接缺陷，均会引起焊缝中局部区域严重的应力集中，其实际值往往比设计值大几倍。

（2）要特别重视角焊缝的设计，不宜选择过大的焊脚尺寸。这是因为大尺寸角焊缝的单位面积承载能力较低，见表1-8，而焊接材料的消耗却与焊脚尺寸的平方成正比。正面角焊缝的刚度比侧面角焊缝的刚度大，实际强度也比侧面角焊缝的大。

表1-8　角焊缝的强度

焊脚尺寸 K/mm	焊缝金属面积 A/mm^2	角焊缝计算厚度 a/mm	承载能力 p/MPa	
			正面角焊缝	侧面角焊缝
4	11	2.8	433	326
8	45	5.6	360	270
12	101	8.4	332	250
16	179	11.2	324	243
20	280	14.0	315	236
30	630	21.0	315	236

（3）尽量避免在厚度（z向）方向传递力，如果必须采用在厚度方向传力的接头形式时，应采用具有良好 z 向断面收缩率的钢材。

（4）接头的设计要便于制造和检验。

（5）一般不考虑残余应力对接头强度的影响，但是，对于焊缝和母材在工作时缺乏塑性变形能力的接头、承受严重载荷的接头，还是应当考虑残余应力对接头实际强度的影响。

3. 常见不合理的焊接设计及改进

焊接接头的设计原则及其不合理设计及改进方案实例如表1-9所示。

表1-9　常见不合理的焊接设计及改进

接头设计原则	不合理的设计	改进的设计
焊缝应布置在工作时最有效的地方，用最少的焊接量得到最佳的效果		
焊缝的位置应便于焊接及检验		
在焊缝的连接板端部应当有较缓的过渡		

续表

接头设计原则	不合理的设计	改进的设计
加强肋等端部的锐角应切去	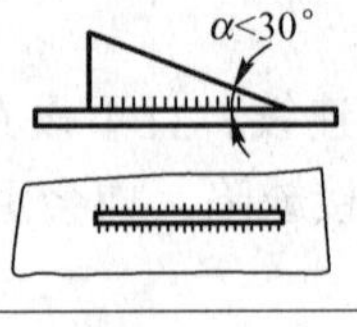	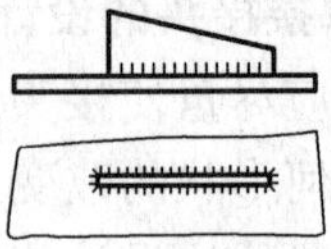
焊缝不应过分密集	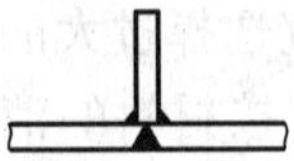	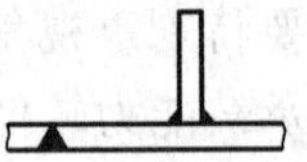
避免交叉焊缝	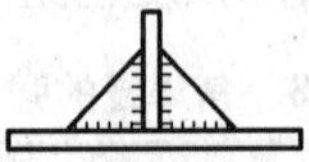	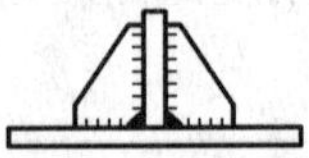
焊缝布置尽可能对称并靠近中性轴	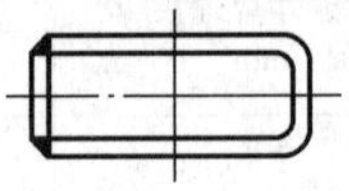	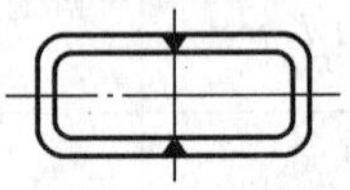
受弯曲作用的焊缝未焊侧，不要位于受拉应力处	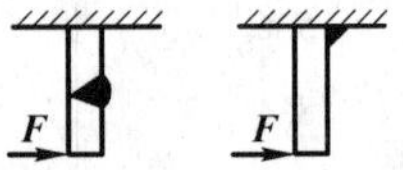	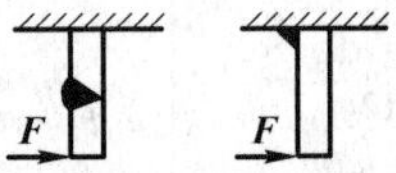
避免将焊缝布置在应力集中处，对于动载结构尤应注意	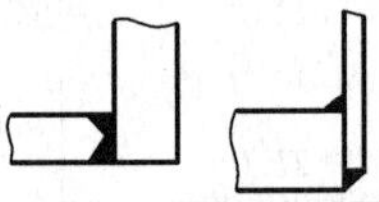	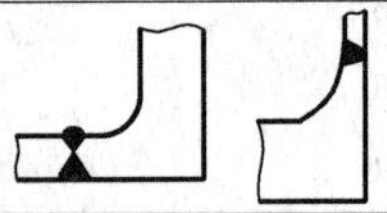
避免将焊缝布置在应力最大处	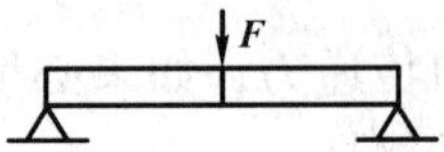	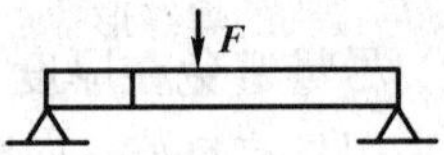
自动焊时，焊缝位置应使焊接设备的调整次数及工件的翻转次数最少	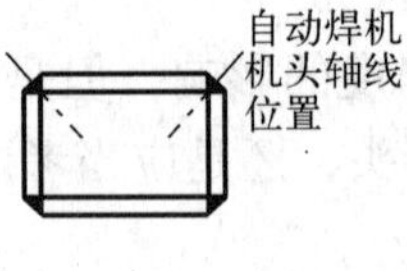	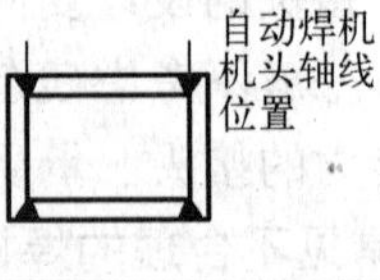
钎焊接头应尽量增加钎焊面，可将对接改为搭接，搭接长度为板厚的4～5倍	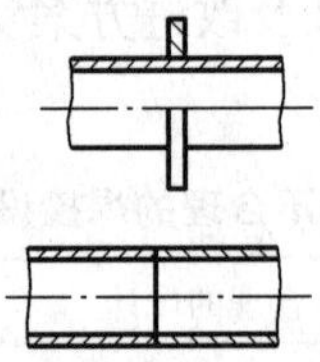	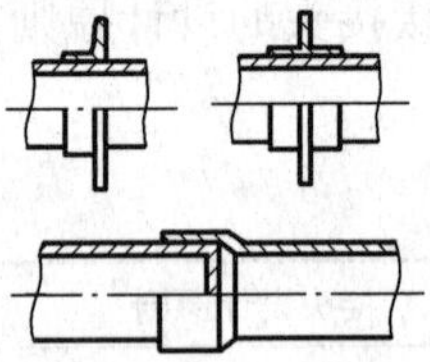

 综合练习

一、填空题

1. 熔焊焊接接头是由_____、_____和_____三部分组成的。

2. 焊接接头的基本形式有_____、_____、_____和_____四种。

3. 对接接头常用的坡口形式有_____、_____、_____、_____、_____等多种。

4. 焊缝的两种基本形式是_____和_____。

5. 一个全面完整的焊缝代号应该包括_____、_____、_____、_____、_____等部分。

6. 焊缝代号可以表示出_____、_____、_____以及焊缝的某些特征或其他要求。

二、简答题

1. 什么是焊接接头？由哪几部分组成？

2. 焊接接头主要有哪些基本形式？各有何使用特点？

3. 为什么说对接接头是最好的接头形式？

4. 选择焊缝的坡口形式，通常需要考虑哪些因素？

5. 如何正确识别焊缝代号？

6. 什么是应力集中？焊接接头中产生应力集中的原因有哪些？

7. 应力集中系数的影响因素。

8. 焊接接头设计的一般原则及设计要点。

9. 对接接头的焊缝形式如图 1-47（a）所示，焊缝代号标注如图 1-47（b）所示。试说明其焊缝代号的含义。

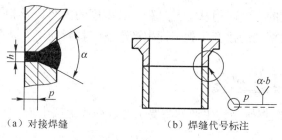

（a）对接焊缝　　　　　　　（b）焊缝代号标注

图 1-47　对接焊缝标注实例

10. T形接头的焊缝形式如图 1-48（a）所示，焊缝代号标注如图 1-48（b）所示。试说明其焊缝代号的含义。

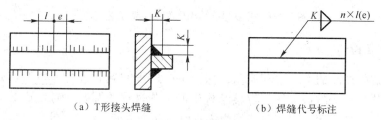

（a）T形接头焊缝　　　　　　　（b）焊缝代号标注

图 1-48　T形接头焊缝标注实例

11. 角接接头的焊缝形式如图 1-49（a）所示，角接焊缝代号标注如图 1-49（b）所示。试说明其焊缝代号的含义。

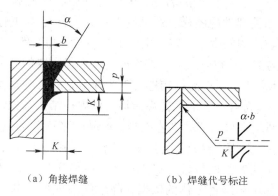

（a）角接焊缝　　　　　　　（b）焊缝代号标注

图 1-49　角接焊缝标注实例

任务3 焊接结构生产的工艺过程

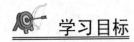
学习目标

了解焊接结构的生产过程，懂得焊接结构的生产流程。

任务分析

焊接结构生产的工艺过程，是根据生产任务的性质、产品的图纸、技术要求和工厂条件，运用现代焊接技术、相应的金属材料加工和保护技术、无损检测技术，来完成焊接结构生产的各个工艺过程。虽然产品的技术要求、形状、尺寸和加工设备等条件有所不同，对产品工艺过程有一定的影响。但从工艺过程中各工序的内容以及相互之间的关系来分析，各工艺过程都有着大致相同的生产步骤，即生产准备、材料加工、装配焊接和质量检验。

相关知识及工作过程

图1-50所示为一般焊接结构生产的主要工艺过程或生产步骤。

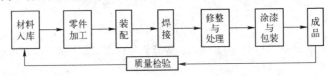

图1-50 一般焊接结构生产的主要工艺过程

1.3.1 生产准备

为了提高焊接产品的生产率和质量，保证生产过程的顺利进行，生产前必须做好准备工作。焊接结构生产的准备工作是焊接结构生产工艺过程的开始，对生产效率和产品质量的提高起着基本保证作用，它所包括的内容有以下几个方面。

1. 技术准备

（1）生产纲领。企业的生产任务是由市场提供的，即由市场订单确定的。企业的待制品清单汇总就是生产纲领。它包括产品名称、型号、规格、性能和参数、重量、数量；产品的简要说明并附总图和关键件的图样；产品的部件、构件与零件的明细表。生产纲领决定生产的规模，从而影响采用的生产工艺、生产组织、设备和装备。

（2）焊接结构设计的工艺性审查。生产技术准备工作最重要的任务之一，是审查和熟悉结构图样，了解产品技术要求。对产品结构进行工艺性审查的目的是使设计的产品满足技术要求、使用功能的前提下，符合一定的工艺性指标。对焊接结构来说，主要有制造产品的劳动量、材料用量、材料利用系数、产品工艺成本、产品的维修劳动量、结构标准化系数等，以便在现有的生产条件下，能用比较经济、合理的方法将其制造出来，而且便于使用和维修。

（3）焊接结构制造工艺方案的设计。在生产技术准备工作中，进行工艺分析，编制工艺方案，是作为指导产品工艺准备工作的依据，除单件小批生产的简单产品外，都应具有工艺方案。它是工艺规程设计的依据。进行工艺分析可以设计出多个工艺方案，进行比较，确定一个最优方案供编制工艺规程和继续进行其他的焊接生产准备工作。因此，在制定工艺方案，编制工艺文件之前，仔细进行焊接生产全过程的工艺分析是十分重要的。

（4）焊接结构生产工艺规程设计。焊接结构生产的准备工作中生产工艺规程编制占有重要地位。由工艺分析、工艺方案编制形成了焊接生产工艺流程，根据规范进行焊接试验或焊接工艺评定，在此基础上进行生产工艺规程设计，编制各种工艺规程文件。按工艺方案和工艺规程设计提出的工艺装备设计任务书，进行工艺装备的设计和制造，编制工艺定额等，形成日后组织生产所依据的统称为工艺文件的各种图表和文件。焊接结构生产的工艺文件，也是焊接结构制造企业质量体系运转和法规贯彻的见证件；是焊接结构制造质量和实物质量的软件描述；是第三方监检和制造资格认证审查的重要考核依据之一。它应该是科学、实用、真实和有效的。

2. 物质准备

根据产品加工和生产工艺要求订购原材料、焊接材料以及其他辅助材料，并对生产中的焊接工艺设备、其他生产设备和工夹具进行购置、设计、制造或维修等。

1.3.2　材料加工

材料加工是指钢材的焊前加工过程，焊接结构零件绝大多数是以金属轧制材料为坯料，所以在装配前必须按照工艺要求对制造焊接结构的材料进行一系列的加工。材料加工的质量将直接或间接影响产品的质量和生产效率。因此，为了获得优良的焊接产品和稳定的焊接生产过程，应制定合理的材料加工工艺。材料加工一般包括以下内容。

（1）材料预处理。其目的是为基本元件的加工提供合格的原材料。包括钢材的矫平、矫直、除锈、表面防护处理、预落料等工序，现在先进的材料预处理流水线中配有抛丸除锈、酸洗、磷化、喷涂底漆和烘干等成套设备。

（2）基本元件加工。主要包括放样、划线、钢材剪切或气割、坡口加工、钢材的冷热成形加工等工序。基本元件加工占焊接结构生产全部工作量的 40% ～ 60% ，因此，制订合理的材料加工工艺、应用先进的加工方法、保证基本元件的加工质量，对提高劳动生产率和保证整个产品质量有着重要的作用。目前，随着国内外焊接结构制造自动化水平的提高，以数控切割为主体的备料工艺流程将逐步取代手工的划线、放样及切割等工艺。

1.3.3　装配与焊接

装配与焊接在焊接结构的生产过程中是两个既独立又密切相关的加工工序。将基本元件按照产品图样的要求进行组装的工序称为装配。将装配好的结构通过焊接而形成牢固整体的工序称为焊接。对于复杂的结构往往要交叉进行几次装配、焊接工序才能完成。

装配与焊接工艺是焊接结构生产过程中的核心。装配质量直接影响到焊接质量和产品质量。焊接工艺越是高度机械化和自动化，对装配的质量要求也越高。同时，装配又是一项繁重的工作，它占结构制造总工时的 25% ～ 30% ，提高装配效率也就提高了焊接生产的效率。

1.3.4　质量检验与安全评定

1. 质量检验

焊接结构的质量保证工作是贯穿于设计、选材、制造全过程中的一个系统工程。焊接结构质量包括整体结构质量和焊缝质量。整体结构质量指结构的几何尺寸和性能；焊缝质量的高低关系到结构的强度和安全运行问题，必须严格进行检查。

焊接结构生产过程中，在各道加工工序中间都应采用不同方法进行不同内容的检验。无论工序检验，还是成品检验都是对生产的有效监督，是保证产品质量的重要手段。

2. 安全评定

焊接结构安全评定是焊接结构与安全评定两门学科相结合的产物。焊接结构是焊接生产领域中的产物，而安全评定技术则是对工程结构设计的一种科学验证。

1）两种准则

（1）长期以来，采用常规的"质量控制"准则评定产品，其评定的结果仅是为了确保焊接结构件的质量大体保持在某种水平之上，且在多数情况具有较大的随意性。

（2）在当前的焊接结构的安全评定中提出了另一种概念是"合于使用"准则，它建立在焊接缺陷对构件使用性能影响的基础上。应用"合于使用"的评定准则，即可增加焊接结构构件的安全性，同时也降低了构件的制造成本。

2）安全评定的内容

焊接结构安全评定的内容可分为强度评定和断裂评定两个方面。

（1）强度评定包括静载荷强度计算、动载荷强度计算、结构试验及刚度评定等。

（2）断裂评定包括防脆断（允许焊缝缺陷值）、抗疲劳（缺陷延展对结构寿命的影响），以及环境介质对脆断和疲劳的影响等内容。

3）安全评定的重要意义

（1）确保结构的使用安全。

（2）在考虑经济效益的基础上给出适当的安全裕度。

4）设计中的安全评定

传统设计方法中，一般仅对设计进行强度计算，按照安全评定的要求对焊接缺陷的允许值做出估计，对焊接结构的安全裕度有定量的了解，给出科学的安全系数。

5）结构运行中的安全评定

焊接结构中的缺陷是难以避免的。这些缺陷是否允许存在，是否会扩展，扩展多长时间会发生危险，这些问题应通过安全评定技术给予回答。

6）失效分析中的安全评定

对失效产品的评定称为失效分析，通过分析弄清产品失效的自身原因，同时，也是对安全评定技术的检验。

 综合练习

一、填空题

1. 从工艺过程中各工序的内容以及相互之间的关系来分析，不同的焊接结构，其工艺过程都有着大致相同的生产步骤，即_____、_____、_____和_____。

2. 生产准备包括_____和_____两个方面。

3. 焊接结构质量包括_____和_____两个方面。

二、简答题

1. 生产纲领的作用有哪些？

2. 试述焊接结构生产的主要工艺过程。

项目❷ 焊接应力与变形的控制

知识目标

（1）了解应力和变形的基本概念，掌握焊接应力与变形及其产生的原因。

（2）熟悉典型结构中焊接应力的分布规律和焊接变形的基本类型。

技能目标

（1）能够发现焊接质量问题，并能分析得出焊接应力与变形产生的原因。

（2）理解焊接残余应力对焊接结构的影响，熟练掌握预防和消除焊接残余应力的措施。

（3）理解焊接残余变形对焊接结构的影响，熟练掌握预防和消除焊接残余变形的措施。

（4）了解影响焊接结构脆性断裂和疲劳破坏的因素，掌握防止焊接结构脆性断裂和疲劳破坏的设计措施和工艺方法。

焊接结构生产中，由于受到局部高温加热而造成焊件上不同区域温度分布不平衡，从而使焊接结构产生不均匀受热膨胀，高温区的膨胀会受到低温区的束缚和制约而产生一定的塑性变形，并最终导致焊件在焊后产生残余应力和残余变形。焊接残余应力是引起焊接结构疲劳破坏、脆性断裂的主要原因，而焊接残余变形会使焊接结构的形状和尺寸难以达到图样技术要求。因此，焊接残余应力和应变不仅影响焊接结构尺寸的精度和外形美观度，还有可能降低焊接结构的承载能力，从而影响其使用性能和使用寿命。

本项目主要介绍的内容有焊接应力与变形及其产生的原因；典型结构中焊接应力分布的一般规律；焊接过程中如何降低或消除焊接应力；预防焊接变形的方法和焊后矫正焊接残余变形的措施；焊接结构的脆性断裂和疲劳破坏。

任务1 典型结构的焊接应力与变形

学习目标

了解焊接应力与变形的基本概念，熟悉焊接应力与变形的影响因素，掌握焊接应力与变形产生的原因，为控制焊接结构中的焊接应力与变形提供理论依据。

任务分析

在焊接结构的制造过程中，焊接结构中不可避免地会产生焊接应力与变形，这是焊接生产所特有的问题。焊接应力与变形会直接影响焊接结构的生产质量和使用性能，其中应力的存在可能导致焊接裂纹、脆性断裂和疲劳破坏，焊接变形则影响焊接结构的加工精度。因此，应该了解焊接应力与变形的基本知识，尤其是熟悉典型焊接结构中的应力与变形，以便采取有效措施来控制这些焊接问题，从而提高焊接结构的生产质量，保证焊接结构的使用安全性。

相关知识及工作过程

2.1.1 应力与变形的基本概念

1. 应力

物体所受的力分为外力和内力，内力是平衡于物体内部的作用力，而物体单位截面上所受的内力称为应力。根据引起内力的原因不同，应力分为工作应力和内应力。

（1）工作应力。物体由于受到外力的作用而在其内部单位截面上出现的内力称为工作应力。工作应力的特点是因物体受到外力的作用而存在，所以没有外力就不会有工作应力。

（2）内应力。物体在没有受到外力作用的情况下形成的，且在物体内自身构成一个平衡力系的应力称为内应力。内应力的产生原因很多，如物体内部成分不均匀、金相组织不均匀及温度的变化不均匀等。

内应力按其分布范围可分为宏观内应力和微观内应力。前者分布范围较大，内应力在这一较大范围内平衡，该范围一般与结构尺寸相当；后者存在和平衡于原子尺度的微小范围内。

内应力按其产生的原因不同又可分为热应力、相变应力和残余应力等几种。热应力又称为温度应力，它是在物体受到不均匀加热和冷却过程中产生的，其大小与加热温度的高低、温度分布的不均匀程度、材料的热物理性能及工件结构本身的刚度等因素有关。热应力比较广泛地出现在各种温度不均匀的工程结构中，如化工反应容器、热交换器、飞行器等；相变应力是金属相变时，由不同组织的比容不同而引起的，如奥氏体分解为珠光体或奥氏体转变为马氏体时都会引起体积膨胀，而体积膨胀受到周围材料的拘束作用，结果就会产生应力；残余应力是由于物体受热不均匀引起的应力达到材料的屈服强度值，材料即开始发生局部塑性变形，当温度均匀化后，物体中仍然会残余一部分应力，这种应力是温度均匀后残存在物体中的，所以称为残余应力。

2. 变形

物体在某些外界条件（外力或温度等因素）的作用下，其内部原子的相对位置发生改变，宏观表现为形状和尺寸的变化，这种变化称为物体的变形。

按物体变形的性质可分为弹性变形和塑性变形；按变形的拘束条件可分为自由变形和非自由变形。

（1）弹性变形和塑性变形。物体在外力或其他因素作用下发生变形，当外力或其他因素去除后变形也随之消失，物体可恢复原状，这样的变形称为弹性变形。当外力或其他因素去除后变形仍然存在，物体不能恢复原状的这种变形称为塑性变形。

（2）自由变形与非自由变形。物体的变形不受外界任何阻碍自由地进行，这种变形称为自由变形。自由变形只与材料性质及温差有关，而与物体原长无关。如果金属杆件在均匀加热时变形局部受阻，则变形量不能完全表现出来，这就是非自由变形。其中，将能表现出来的变形称为外观变形（或可见变形），未表现出来的变形称为内部变形。

以图2-1中一根金属杆的变形为例，当温度为 T_0 时，其长度为 L_0，均匀加热，温度上升到 T_1 时，如果金属杆不受阻，杆的长度会增加至 L_1，其长度的改变 $\triangle L_T = L_1 - L_0$，$\triangle L_T$ 就是自由变形，如图2-1（a）所示。如果金属杆件的伸长受阻，则变形量不能完全表现出来，就是非自由变形，如图2-1（b）所示。其中，外观变形用 $\triangle L_e$ 表示，内部变形用 $\triangle L$ 表示。在数值上，$\triangle L = \triangle L_T - \triangle L_e$。

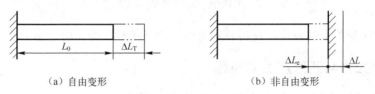

（a）自由变形　　　　　　　　　　（b）非自由变形

图2-1　金属杆的变形

单位长度的变形量称为变形率，自由变形率用 ε_T 表示，其表达式为

$$\varepsilon_T = \triangle L_T / L_0 = a\,(T_1 - T_0) \tag{2-1}$$

式中，a 为金属的线膨胀系数，它的数值随材料及温度而变化。

外观变形率用 ε_e 表示，其表达式为

$$\varepsilon_e = \triangle L_e / L_0 \tag{2-2}$$

同样，内部变形率用 ε 表示，其表达式为

$$\varepsilon = \triangle L / L_0 \tag{2-3}$$

3. 焊接应力与变形

焊接应力属于内应力，它由焊接的不均匀加热和冷却引起并存在于焊件中。按照作用时间，可将焊接应力分为焊接瞬时应力和焊接残余应力。焊接过程中，某一瞬时存在于焊件中的内应力称为焊接瞬时应力，它随时间而变化；待焊件冷却后，残留于焊件中的内应力称为焊接残余应力。

焊接变形是由焊接而引起焊件的尺寸或形状改变。其中，焊接过程中的变形称为焊接瞬时变形，焊后残存于焊件中的变形称为焊接残余变形。

2.1.2　研究焊接应力与变形的基本假定

焊接过程中产生焊接应力与变形的原因比较复杂，为了研究问题方便，常作以下假定。

（1）平截面假定。假定构件在焊前所取的横截面焊后仍保持为平面，即构件只发生伸长、缩短、弯曲，构件变形时整个横截面是平行移动或转动的，截面本身并不变形。

（2）金属性能不变的假定。假定在焊接过程中材料的某些物理性能，如线膨胀系数（a）、比容（C）、热导率（λ）等均不随温度的变化而变化。

（3）金属屈服强度的假定。根据 GB/T 228.1—2010《金属材料室温拉伸试验方法》对屈服强度的新定义，这里所说的金属屈服强度特指下屈服强度 R_{eL}。一般低碳钢下屈服强度与温度的关系如图 2-2 中虚线所示。为了讨论问题方便，假定二者的关系如图 2-2 中实线所示，即在 500℃以下，下屈服强度与常温下的相同，不随温度变化；在 500℃～600℃时，下屈服强度迅速下降；600℃以上时呈全塑性状态，即下屈服强度为零。

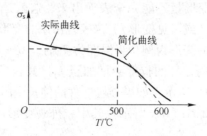

图 2-2　低碳钢下屈服强度与温度的关系

（4）应力应变关系的假设。材料呈理想弹 – 塑性状态，即材料屈服后不发生强化。

2.1.3　焊接应力与变形产生的原因

由于焊接一般为局部加热，同时热源又移动，因此距热源不同点处的温度不同。在整个加热和冷却过程中，构件上各处的温度是变化的，这种温度变化的过程又叫焊接热过程。由于焊接热过程相当复杂，致使影响焊接应力与变形的因素很多，如焊件受热不均匀、焊缝金属的收缩、金相组织的变化及焊件刚性的影响等，其中最根本的原因是焊件受热不均匀。此外，焊缝在焊接结构中的位置、装配焊接顺序、焊接方法、焊接电流及焊接方向等对焊接应力与变形也有一定的影响。

1. 焊件的不均匀受热

为了便于了解焊件在不均匀受热时如何产生应力与变形，首先对均匀加热时产生应力与变形的情况进行讨论。

（1）不受约束的杆件在均匀加热时的应力与变形。根据前面对变形知识的讨论，不受约束的杆件在均匀加热与冷却时，其变形属于自由变形，因此在杆件加热过程中不会产生任何内应力，冷却后也不会有任何残余应力和残余变形，如图 2-3（a）所示。

（2）受约束的杆件在均匀加热时的应力与变形。根据前面对非自由变形情况的讨论，受约束杆件的变形属于非自由变形，既存在外观变形，也存在内部变形。

如果加热温度较低，没有达到材料屈服点温度时（$T < T_s$），材料的变形为弹性变形，加热过程中杆件内部存在压应力的作用。当温度恢复到原始温度时，杆件自由收缩到原来的长度，压应力全部消失，不存在残余变形和残余应力。

如果加热温度较高，达到或超过材料屈服点温度时（$T > T_s$），则杆件中产生开始压缩塑性变形，内部变形由弹性变形和塑性变形两部分组成，甚至全部由塑性变形组成（$T > 600℃$）。当温度恢复到原始温度时，弹性变形恢复，塑性变形不可恢复，可能出现以下三种情况。

① 如果杆件加热时自由延伸，冷却时限制收缩，那么冷却后杆件内既有残余应力又有残余变形，如图 2-3（b）所示。

② 如果杆件加热时不能自由延伸，可以自由收缩，那么杆件中没有残余应力只有残余变形，如图2-3（c）所示。

③ 如果杆件受绝对拘束，那么杆件中存在残余应力而没有残余变形，如图2-3（d）所示。

实际生产中的焊件，与图2-3（b）所示的情况相似，即焊后既有焊接应力存在，又有焊接变形产生。以上所述的是一般杆件在均匀加热时的应力与变形，下面讨论材料不均匀加热时的应力与变形。

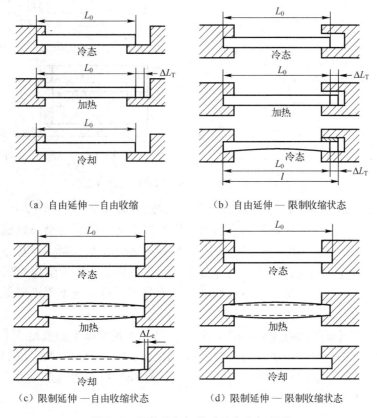

（a）自由延伸—自由收缩　　　　　（b）自由延伸—限制收缩状态

（c）限制延伸—自由收缩状态　　　　（d）限制延伸—限制收缩状态

图2-3　杆件均匀加热时的应力与变形

（3）长板条中心加热（类似于堆焊）引起的应力与变形。如图2-4（a）所示的长度为 L_0，厚度为 δ 的长板条，材料为低碳钢，在其中间沿长度方向上进行加热。为简化讨论，将板条上的温度区域分为两种，中间为高温区，其温度均匀一致；两边为低温区，其温度也均匀一致。

加热时，如果板条的高温区与低温区是可分离的，高温区将伸长，低温区长度不变，如图2-4（b）所示，但实际上板条是一个整体，所以板条将整体伸长，此时高温区内产生较大的压缩塑性变形和压缩弹性变形，如图2-4（c）所示。

冷却时，由于压缩塑性变形不可恢复，所以，如果高温区与低温区是可分离的，高温区应缩短，低温区应恢复原长，如图2-4（d）所示。但实际上板条是一个整体，所以板条将整体缩短，这就是板条的残余变形，如图2-4（e）所示。同时在板条内部也产生了残余应力，中间高温区为拉应力，两侧低温区为压应力。

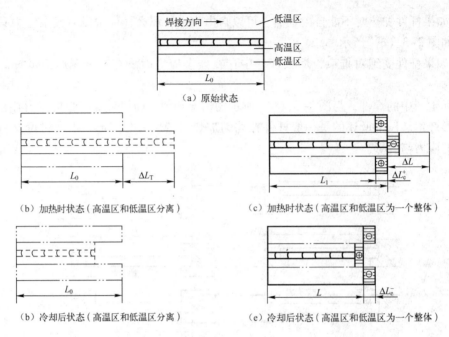

图2-4 长板条中心加热冷却时的应力与变形

（4）长板条一侧加热（相当于板边堆焊）引起的应力与变形。如图2-5（a）所示的材质均匀的钢板，在其上边缘快速加热。假设钢板由许多互不相连的窄条组成，则各窄条在加热时将按温度高低而有不同的伸长，如图2-5（b）所示。但实际上，板条是一整体，各板条之间是互相牵连、互相影响的，上部分金属因受下部分金属的阻碍作用而不能自由伸长，因此产生了压缩塑性变形。由于钢板上的温度分布是自上而下逐渐降低，因此，钢板产生了向下的弯曲变形，如图2-5（c）所示。

钢板冷却后，各板条的收缩应如图2-5（d）所示。但实际上钢板是一个整体，上部分金属要受到下部分的阻碍而不能自由收缩，所以钢板产生了与加热时相反的残余弯曲变形，如图2-5（e）所示。同时在钢板内产生了如图2-5（e）所示的残余应力，即钢板中部为压应力，钢板两侧为拉应力。

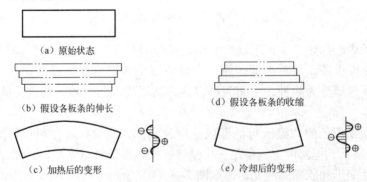

图2-5 钢板边缘一侧加热和冷却时的应力与变形

由上述讨论得出以下结论：

① 对构件进行不均匀加热，在加热过程中，只要温度高于材料屈服点的温度，构件就

会产生压缩塑性变形，冷却后，构件必然有残余应力和残余变形。

②　通常，焊接过程中焊件的变形方向与焊后焊件的变形方向相反。

③　焊接加热时，焊缝及其附近区域将产生压缩塑性变形，冷却时压缩塑性变形区要收缩。如果这种收缩能充分进行，则焊接残余变形大，焊接残余应力小；若这种收缩不能充分进行，则焊接残余变形小而焊接残余应力大。

④　焊接过程中及焊接结束后，焊件中的应力分布都是不均匀的。焊接结束后，焊缝及其附近区域的残余应力通常是拉应力。

2. 焊缝金属的收缩

当焊缝金属冷却，由液态转为固态时，其体积要收缩。由于焊缝金属与母材是紧密联系的，因此，焊缝金属并不能自由收缩。这将引起整个焊件的变形，同时在焊缝中引起残余应力。另外，一条焊缝是逐步形成的，焊缝中先结晶的部分要阻止后结晶部分的收缩，由此也会产生焊接应力与变形。

3. 金属组织的变化

钢在加热及冷却过程中发生相变，可得到不同的组织，这些组织的比容各不相同，由此也会产生焊接应力与变形。

4. 焊件的刚性和拘束

刚性是指焊件抵抗变形的能力，而拘束是焊件周围物体对焊件变形的约束。刚性是焊件本身的性能，它与焊件材质、焊件截面形状和尺寸等有关，而拘束是一种外部条件。焊件的刚性和拘束对焊接应力和变形也有较大的影响。焊件自身的刚性及受周围的拘束程度越大，焊接变形越小，焊接应力越大；反之，焊件自身的刚性及受周围的拘束程度越小，则焊接变形越大，而焊接应力越小。

2.1.4　焊接结构中的残余应力分布

1. 平板对接直焊缝中的残余应力

平板对接接头是应用最广泛的焊接结构形式，按板的厚度大小分为薄板对接、中厚板对接和厚板对接三种情况。对厚度不大（$\delta < 20$ mm）的中厚板、薄板对接接头而言，其残余应力基本上是纵、横双向的，厚度方向上的残余应力很小，可以忽略不计。而在厚度较大（$\delta > 30$ mm）的厚板焊接结构中，厚度方向上才有较明显的残余应力。

为了便于分析，把平行于焊缝方向的残余应力称为纵向残余应力，用 σ_x 表示；把垂直于焊缝方向的残余应力称为横向残余应力，用 σ_y 表示；沿厚度方向的残余应力称为垂直残余应力，用 σ_z 表示。下面就各方向的残余应力分别加以讨论。

（1）纵向残余应力。在低碳钢中薄板对接焊接结构中，焊缝及其附近区域中的纵向残余应力是拉应力，一般可达材料的屈服强度。离开焊缝区，拉应力急剧下降并转为压应力。

宽度相等的两板对接时，其纵向残余应力在焊件横截面上的分布情况如图 2-6 所示。

图 2-7 所示为板边堆焊时，其纵向残余应力 σ_x 在焊缝横截面上的分布。两块不等宽度的板对接时，宽度相差越大，宽板中的应力分布越接近于板边堆焊时的情况。若两板宽度相差较小时，其应力分布近似于等宽板对接时的情况。

图 2-8 为低碳钢钢板熔化焊对接接头残余应力分布情况，端面 $O—O$ 是自由边界，即 $\sigma_x = 0$。随着截面离开自由端面的距离增加，σ_x 逐渐趋近于 σ_s 值，在板条的端部存在一个内应力的过

渡区，在此区域中 σ_x 比较低，越接近端面，σ_x 越低，直到端面处 $\sigma_x=0$。在板条的中段有一个内应力的稳定区，随着焊缝长度的增加，稳定区也增长。当板条比较短时，就不存在稳定区，则焊缝的纵向应力 $\sigma_x<\sigma_s$。板条越短，σ_x 就越低。图 2-9 是不同长度焊缝上的 σ_x 的分布情况。

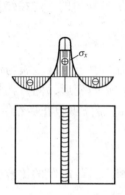

图 2-6　对接接头 σ_x 在焊缝横截面上的分布

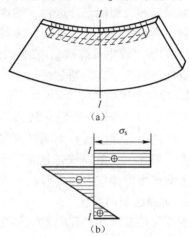

图 2-7　板边堆焊时的残余应力与变形

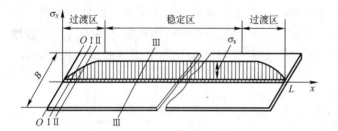

图 2-8　焊缝各截面中的 σ_x 分布

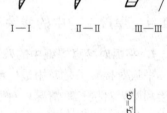

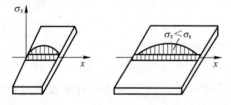

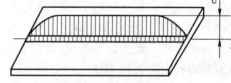

图 2-9　不同长度焊缝纵截面上纵向残余应力 σ_x 的分布

（2）横向残余应力。垂直于焊缝的横向残余应力 σ_y 的分部情况比较复杂。它可分为两个组成部分，其中一部分是由焊缝及其附近的塑性变形区的纵向收缩引起的，用 σ_y' 表示；另一部分是由焊缝及其附近塑性变形区的横向收缩的不同时性所引起的，用 σ_y'' 表示。

① 纵向收缩引起的横向残余应力 σ_y'。图 2-10（a）所示为由两块平板条对接而成的构件，如果假想沿焊缝中心将构件一分为二，即两块板条都相当于板边堆焊，它们将分别向外侧弯曲，如图 2-10（b）所示，焊缝上必然存在着两端为压应力、中心部分为拉应力的横向内应力 σ_y'，如图 2-10（c）所示。压应力的最大值比拉应力大得多。焊缝长度对 σ_y' 有影响，

如图 2-11 所示，可知对长焊缝来说，中心部分的拉应力将有所降低，逐渐趋近于零。

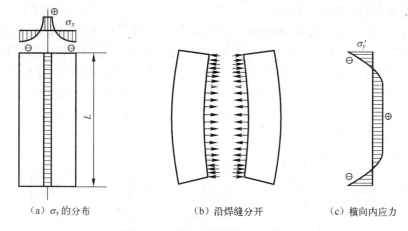

（a）σ_x 的分布　　　　　　（b）沿焊缝分开　　　　　　（c）横向内应力

图 2-10　纵向收缩引起的 σ'_y 分布

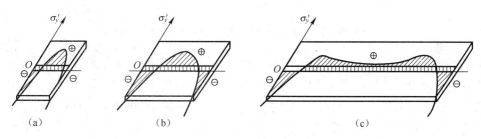

（a）　　　　　　　　（b）　　　　　　　　（c）

图 2-11　不同长度的平板对接时 σ'_y 的分布

② 横向收缩引起的横向残余应力 σ'_y。焊接结构上一条焊缝不可能同时完成，总有先焊和后焊之分，先焊的部分先冷却，后焊的部分后冷却。先冷却的部分限制后冷却部分的横向收缩，这种限制与反限制构成了横向残余应力 σ'_y。可见，σ'_y 的分布与焊接方向、分段方式、焊接顺序等因素有关。

如果将一条焊缝分两段焊接，当从中间向两端焊时，中间部分先焊先收缩，两端部分后焊后收缩，则两端部分的横向收缩受到中间部分的限制，因此焊缝应力的分布是中间部分为压应力，两端部分为拉应力，如图 2-12（a）所示；相反，如果从两端向中间焊，则焊接结构往往是在受拘束的情况下进行焊接的。例如，两块板对接焊，边缘焊前在其横向加以刚性约束，如图 2-12（b）所示。

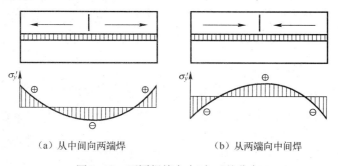

（a）从中间向两端焊　　　　　　（b）从两端向中间焊

图 2-12　不同焊接方向时 σ'_y 的分布

（3）厚板对接焊缝中的残余应力。厚板接头焊缝中除了纵向残余应力和横向残余应力外，还存在厚度方向上的残余应力 σ_z。

图 2-13 所示为 80 mm 低碳钢厚板 V 形坡口多层焊焊缝残余应力的分布。如图 2-13（b）和图 2-13（c）所示，纵向残余应力 σ_x 和横向残余应力 σ_y 均为拉应力，且 σ_y 在焊缝根部大大超过材料的屈服强度，这是由于每焊一层便产生一次角变形，如图 2-13（a）中坡口两侧箭头所示。在根部多次拉伸塑性变形的积累会造成应变硬化，使应力不断上升，严重时会导致开裂。如果焊接时限制焊缝的角变形，则根部可能出现压应力。厚度方向上的残余应力 σ_z 表现为压应力，如图 2-13（d）所示。

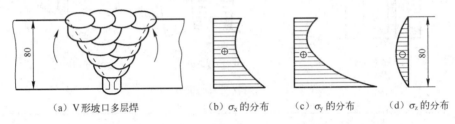

（a）V 形坡口多层焊　　（b）σ_x 的分布　　（c）σ_y 的分布　　（d）σ_z 的分布

图 2-13　80 mm 厚板 V 形坡口多层焊焊缝残余应力的分布

应当指出，三向残余应力在厚度方向上的分布是不均匀的，其分布规律对于不同的焊接工艺方法有较大的差别。因此，以上两种焊接工艺中焊缝厚度中间部位出现 σ_z 为压应力的状态并不具有普遍规律。例如，在低碳钢厚板（$\delta > 200\,\text{mm}$）电渣焊对接焊缝中，三向残余应力均表现为拉应力，且越靠近厚度中间部位，各拉应力越大。

2. 焊接梁柱中的残余应力

图 2-14 所示为 T 形梁、工字梁和箱形梁纵向残余应力的分布情况。对于此类结构，可以将其腹板和翼板分别看做是板边堆焊或板中心堆焊加以分析。一般情况下，焊缝及其附近区域中总是存在较高的纵向拉应力，而在腹板的中部则会产生纵向压应力。

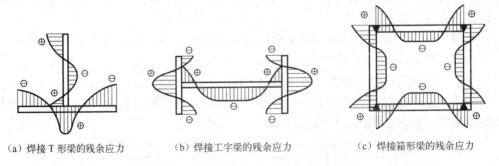

（a）焊接 T 形梁的残余应力　　（b）焊接工字梁的残余应力　　（c）焊接箱形梁的残余应力

图 2-14　焊接梁柱中纵向残余应力的分布

3. 拘束状态下焊接的残余应力

在生产中，焊接结构往往是在受拘束的情况下进行焊接的。如图 2-15（a）所示，对焊件横向加以刚性拘束，焊后其横向收缩受到限制，因而产生了拘束横向残余应力，其分布如图 2-15（b）所示。拘束横向残余应力与图 2-15（c）所示的无拘束横向残余应力叠加，结果在焊件中产生了如图 2-15（d）所示的合成横向残余应力。

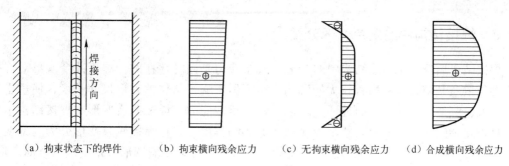

（a）拘束状态下的焊件　（b）拘束横向残余应力　（c）无拘束横向残余应力　（d）合成横向残余应力

图 2-15　拘束状态下对接接头的横向残余应力的分布

4. 封闭焊缝中的残余应力

封闭焊缝多用于壳体构件上接管、镶块和安装座（法兰盘）的连接，如图 2-16（a）所示。这些焊缝是在较大的拘束情况下焊接的，因此其焊接残余应力与自由状态下焊接相比有较大的差别。图 2-16（b）所示为某圆形镶块封闭焊缝的残余应力分布情况。σ_x 为切向应力，σ_y 为径向应力，d 为封闭焊缝直径，x 为距焊缝中心的距离。从图 2-16 中曲线可以看出，径向应力均为拉应力，切向应力在焊缝附近最大，为拉应力，并且由焊缝向中心到达一均匀值，但由焊缝向外侧逐渐下降，并变为压应力。这时应力的分布即为焊缝在自由状态下产生的应力与拘束应力综合的结果。

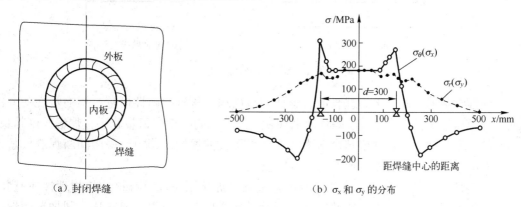

（a）封闭焊缝　　　　　　　（b）σ_x 和 σ_y 的分布

图 2-16　圆形镶块封闭焊缝的残余应力的分布

5. 环形焊缝中的残余应力

管道对接时，环形焊缝中的残余应力分布比较复杂。当管径和壁厚之比较大时，环形焊缝中的残余应力分布与平板对接焊时类似，如图 2-17 所示，但残余应力的峰值比平板对接焊时要小。

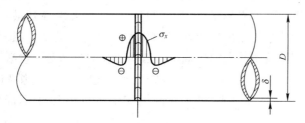

图 2-17　圆筒环焊缝的纵向残余应力的分布

2.1.5 焊接结构中的残余变形分类

焊接结束后残存于焊接结构中的变形与残余应力是同时存在的，焊接残余变形对焊接结构的质量及其使用性能均有较大的影响，它不但影响了结构的外形尺寸精度，使矫正工作量增大，制造成本提高，而且还会降低结构的承载能力。焊接残余变形在焊接结构中的分布是很复杂的。按照变形对整个焊接结构的影响程度，可将焊接残余变形分为局部变形和整体变形；按照变形的外观形态，可将焊接残余变形分为收缩变形、角变形、弯曲变形、波浪变形和扭曲变形这五种基本形式。

1. 收缩变形

焊后焊件尺寸缩短的现象称为收缩变形，它分为纵向收缩变形和横向收缩变形，如图 2-18 所示。

（1）纵向收缩变形。纵向收缩变形即沿焊缝轴线方向尺寸的缩短变形。这是由于焊缝及其附近区域在焊接高温的作用下产生了纵向的压缩塑性变形，并在冷却后保留下来而引起了焊件的纵向缩短现象，如图 2-18（a）所示。

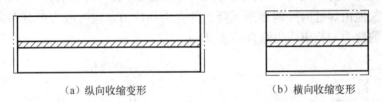

（a）纵向收缩变形　　　　　　　　（b）横向收缩变形

图 2-18　焊接收缩变形

纵向收缩变形量取决于焊缝长度、焊件的截面积、材料的弹性模量、压缩塑性变形区的面积以及压缩塑性变形率等。焊件的截面积越大，纵向收缩变形量越小；焊缝长度越长，纵向收缩变形量越大。从这个角度考虑，在受力不大的焊接结构内，采用间断焊缝代替连续焊缝是减小焊件纵向收缩变形量的有效措施。

压缩塑性变形量与焊接方法、焊接工艺参数、焊接顺序以及母材的热物理性质有关，其中热输入的影响最大。在一般情况下，压缩塑性变形量与热输入成正比。同样截面形状和大小的焊缝，可以一次焊成，也可以采用多层焊。多层焊每次所用的线能量比单层焊时要小得多，因此，多层焊时每层焊缝所产生的压缩塑性变形区面积比单层焊时小。但多层焊所引起的总变形量并不等于各层焊缝的压缩塑性变形区面积之和，因为各层所产生的塑性变形区面积是相互重叠的。

焊件的原始温度对焊件的纵向收缩也有影响。一般来说，焊件的原始温度提高，相当于热输入增大，焊后纵向收缩变形量增大。但是，当原始温度高到某一程度时，可能会出现相反的情况，因为随着原始温度的提高，焊件上的温度差减小，温度趋于均匀化，压缩塑性变形率下降，可使压缩塑性变形量减小，从而使纵向收缩变形量减小。

当然，焊件材料的线膨胀系数对纵向收缩变形量也有一定的影响。线膨胀系数大的材料，焊后纵向收缩变形量大，例如，不锈钢和铝焊件就比碳钢焊件的纵向收缩变形量大。

（2）横向收缩变形。横向收缩变形是指沿垂直于焊缝轴线方向尺寸的缩短变形。构件焊接时，不仅产生纵向收缩变形，同时也产生横向收缩变形，如图 2-18（b）所示。产生横向收缩变形的过程比较复杂，影响因素很多，如线能量、接头形式、装配间隙、板厚、焊接方法以及焊件的刚性等，其中线能量、接头形式、装配间隙的影响最为明显。

不管是何种接头形式，其横向收缩变形量总是随焊接热输入的增大而增加。装配间隙对横向收缩变形量的影响也较大，且情况复杂。一般来说，随着装配间隙的增大，横向收缩变形量也增加。

另外，横向收缩变形量沿焊缝长度方向的分布不均匀。因为一条焊缝是逐步形成的，先焊的焊缝冷却收缩对后面的焊缝有一定的挤压作用，使后焊的焊缝横向收缩变形量更大。一般焊缝的横向收缩变形量沿焊接方向由小到大，逐渐增大到一定长度后便趋于稳定。因此，生产中常将一条焊缝的两端头间隙取不同值，后半部分比前半部分要大 1 ～ 3 mm。

横向收缩变形量的大小还与装配后定位焊和装夹情况有关。定位焊焊缝越长，装夹的拘束程度越大，横向收缩变形量就越小。

对接接头的横向收缩变形量随焊缝金属量的增加而增大；线能量、板厚和坡口角度增大，横向收缩变形量也增加，而板厚的增大使接头的刚度增大，又可以限制焊缝的横向收缩变形量。另外，多层焊时，先焊的焊道引起的横向收缩变形较明显，后焊焊道引起的横向收缩变形量逐层减小。焊接方法对横向收缩变形量也有影响。例如，相同尺寸的构件，采用埋弧自动焊比采用焊条电弧焊的横向收缩变形量小；气焊的横向收缩变形量比电弧焊的大。但是，角焊缝的横向收缩变形量要比对接焊缝的小得多，同样的焊缝尺寸，板越厚，横向收缩变形量越小。

2. 角变形

角变形是焊后构件的平面围绕焊缝产生的角位移。中厚板堆焊、搭接焊、对接焊及 T 形接头焊时，都可能产生角变形，如图 2-19 所示。焊接角变形产生的根本原因是焊缝的横向收缩沿板厚分布不均匀。焊缝接头形式不同，角变形的特点也不同。

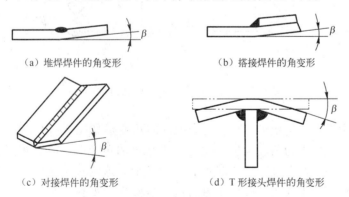

（a）堆焊焊件的角变形　　　　　（b）搭接焊件的角变形

（c）对接焊件的角变形　　　　　（d）T 形接头焊件的角变形

图 2-19　焊接角变形

（1）堆焊及搭接焊件的角变形。就堆焊或搭接焊而言，如果钢板很薄，可以认为在钢板厚度方向上的温度分布是均匀的，此时不会产生角变形。但在焊接（单面）较厚钢板时，在钢板厚度方向上的温度分布是不均匀的。温度高的一面受热膨胀较大，另一面膨胀较小甚至不膨胀。由于焊接面膨胀受阻，出现较大的压缩塑性变形，这样冷却时就会在钢板厚度方向上产生收缩不均匀的现象，焊接一面收缩大，另一面收缩小，故冷却后平板产生角变形，如图 2-19 (a) 和图 2-19 (b) 所示。

角变形的大小与焊接线能量、板厚等因素有关，当然也与焊件的刚性有关。当线能量一定时，板厚越大，厚度方向上的温差越大，角变形增加。但当板厚增大到一定程度时，构件的刚性增大，抵抗变形的能力增强，角变形反而减小。另外，板厚一定，线能量增大，压缩塑性变形量增加，则角变形增加。但当线能量增大到一定程度时，堆焊面与背面的温差减小，角变形反而减小。

(2) 对接焊件的角变形。对接焊件的角变形如图 2-19 (c) 所示，其角变形程度主要与坡口形式、坡口角度、焊接方式等有关。坡口截面不对称的焊缝，其角变形大，因而用双 V 形（或 X 形）坡口代替单 V 形坡口有利于减小角变形；坡口角度越大，焊缝横向收缩沿板厚分布越不均匀，角变形越大。同样的板厚和坡口形式，多层焊比单层焊角变形大，焊接层数越多，角变形越大。多道焊比多层焊角变形大。另外，坡口截面对称，采用不同的焊接顺序，产生的角变形大小也不相同。

采用对称坡口形式时，若不采取合理的焊接顺序，则仍然可能产生角变形。例如，采用双 V 形坡口对接接头，先焊完一面后翻转再焊另一面，焊第二面时所产生的角变形不能完全抵消第一面产生的角变形，这是因为焊第二面时第一面已经冷却，增加了接头的刚性，使第二面的角变形小于第一面，最终产生一定的残余角变形。

比较好的办法是，先在一面少焊几层，然后翻转过来焊满另一面，使其产生的角变形稍大于先焊的一面，最后再翻转过来焊满第一面，如图 2-20 (a) 所示，这样就能以最少的翻转次数来获得最小的角变形。

非对称坡口的焊接，如图 2-20 (b) 所示，应先焊焊接量少的一面，后焊焊接量多的一面，并且注意每一层的焊接方向应相反。

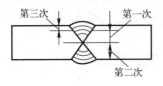 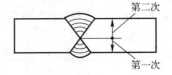

(a) 双 V 形坡口对接接头　　　　　　(b) 非对称双 V 形坡口对接接头

图 2-20　采用不同的焊接顺序防止角变形

(3) T 形接头焊件的角变形。T 形接头焊件的角变形如图 2-19 (d) 所示，它主要包括两个内容，筋板与主板的角度发生变化和主板自身的角变形。前者相当于对接接头的角变形，后者相当于在平板上进行堆焊时引起的角变形。这两种角变形的综合结果，使 T 形接头两板之间的角度发生变化，破坏了垂直度，也破坏了平板的平直度。一般通过开坡口或控制焊脚尺寸的方式来减小 T 形接头焊件的角变形。

3. 弯曲变形

弯曲变形是由焊缝的中心线与结构截面的中性轴不重合或不对称，焊缝的收缩沿构件宽度方向分布不均匀而引起的。弯曲变形分为焊缝横向收缩引起的弯曲变形和焊缝纵向收缩引起的弯曲变形两种，如图 2-21 所示。

(1) 横向收缩引起的弯曲变形。当焊缝的横向收缩在结构上分布不对称时，就会引起构件的弯曲变形。如在工字梁上布置若干短筋板，如图2-21（a）所示，由于筋板与腹板及筋板与上翼板的角焊缝均分布于结构中性轴的上部，它们的横向收缩将引起工字梁的下挠变形。

（2）纵向收缩引起的弯曲变形。图2-21（b）所示为T形梁的焊接纵向弯曲变形。这是由于焊缝布置不对称造成了纵向收缩不平衡，从而引起梁的纵向弯曲。研究表明，纵向弯曲变形的大小与焊缝在结构中的偏心距和偏心力成正比，而与焊件的刚度成反比。

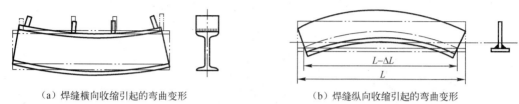

（a）焊缝横向收缩引起的弯曲变形　　　　　　　（b）焊缝纵向收缩引起的弯曲变形

图2-21　焊接弯曲变形

4. 波浪变形

波浪变形是一种失稳变形，在焊接薄板结构时，离焊缝较远的区域会产生焊接残余压应力，当此压应力超过了失稳的临界应力值时，薄板就会出现波浪变形。这不仅会影响产品的外观，而且还会降低构件的承载能力。下面是两个典型的焊接薄板结构的例子。

图2-22（a）所示为一个舱口结构，平板中间有一个长圆形的孔，沿着周边焊上一个钢圈，结果平板上出现了压应力，使平板四周产生波浪变形。

图2-22（b）所示为一个周围有框架的薄板结构，焊后在平板上出现压应力，并使板中心产生波浪变形。

在薄板焊接时，板件失稳的临界应力值与板厚和板宽之比的平方成正比，还与板边的拘束情况有关。板的边界自由度越高，板的宽度越大，失稳的临界应力值就越低，越容易引起波浪变形。

防止波浪变形可从两方面着手，一方面因焊接残余压应力是产生波浪变形的外因，因此凡能降低焊接残余压应力的措施都可以起到减小波浪变形的作用；另外通过提高板的刚度或增大板的拘束度均可以减小或防止波浪变形。

焊接角变形也可能产生类似的波浪变形，例如，焊接箱形梁筋板与腹板的角焊缝时，在腹板上可能会产生如图2-22（c）所示的波浪变形。但是，这类波浪变形与上述失稳波浪变形在本质上是有区别的，它主要是由多条并排的角焊缝所产生的角变形连贯在一起引起的。

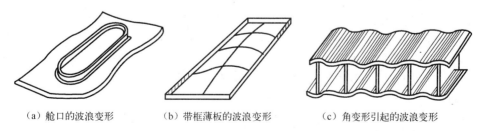

（a）舱口的波浪变形　　　（b）带框薄板的波浪变形　　　（c）角变形引起的波浪变形

图2-22　焊接波浪变形

5. 扭曲变形

产生扭曲变形的原因主要是焊缝的角变形沿焊缝长度方向分布不均匀。工形梁产生的扭曲变形（见图2-23）主要是角变形沿焊缝长度逐渐增大的结果。如果改变焊接顺序和方向，使两条相邻的焊缝同时向同一方向焊接，就会克服这种扭曲变形。

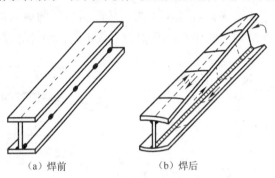

　　（a）焊前　　　　　　　（b）焊后

图2-23　工形梁的扭曲变形

扭曲变形不仅会给下道工序造成困难，常常还会因为扭曲变形难以矫正而造成焊件报废。

以上五种变形是焊接残余变形的基本形式，其中最基本的是收缩变形，收缩变形在不同影响因素的作用下，就构成了其他四种基本变形形式。

焊接结构的变形对焊接结构生产有极大的不良影响，因此，实际生产中，必须设法控制焊接残余变形在技术要求所允许的范围之内。

 综合练习

一、名词解释

应力　变形　弹性变形　塑性变形　自由变形　收缩变形　角变形　弯曲变形　波浪变形　扭曲变形

二、填空题

1. 内应力是由于_____、_____及_____的变化等因素造成物体内部的不均匀性变形而引起的应力。内应力的主要特点是_____。

2. 根据内应力产生的原因不同，可分为_____、_____、_____、_____等。

3. 非自由变形中，能表现出来的那部分变形称为_____，未能表现出来的那部分变形称为_____。

4. 在焊接结构中，焊缝及其附近区域的纵向残余应力为_____。一般可达到材料的_____，离开焊缝区，_____急剧下降并转为_____。

5. 通常，焊接过程中焊件的变形方向与焊后焊件的变形方向_____。

6. 按变形对整个焊接结构的影响程度，可将焊接变形分为_____和_____。

7. 按照变形的外观形态，焊接变形可分为五种基本形式：_____、_____、_____、波浪变形和扭曲变形。

8. 影响焊接应力与变形的因素很多，其中最根本的原因是_____，其次是由_____、_____及焊件的刚性等因素所致。

三、简答题

1. 低碳钢屈服点与温度有何关系？

2. 简述焊接残余应力与变形产生的主要原因。

3. 焊件的刚性与拘束对焊接应力与变形有何影响?

4. 典型焊接结构中的焊接残余变形有哪些? 产生的原因是什么?

任务2 焊接残余应力的控制

 学习目标

了解焊接残余应力对焊接结构的影响,熟练掌握减小焊接残余应力的结构设计和生产工艺措施,熟练掌握消除焊接残余应力的基本方法,以达到控制焊接残余应力、保证焊接结构质量的最终目的。

 任务分析

在焊接结构生产过程中,由于受焊件加热不均匀、焊缝金属的收缩、金相组织的变化及焊件的刚性拘束等众多因素的影响,焊接结构不可避免地会产生各种焊接残余应力。焊接残余应力不仅会直接导致各种焊接残余变形,影响到焊接结构的形状尺寸精度,而且还会降低焊接结构的抗拉强度、疲劳强度、刚度及受压件的稳定性等,严重影响焊接结构的力学性能和安全使用性能。因此,为了保证焊接结构具有良好的使用性能,必须采取措施对焊接过程中的焊接残余应力进行控制。有些重要的结构,焊后还必须采取有效的措施来彻底消除焊接残余应力,从而不断提高焊接产品的质量。

 相关知识及工作过程

2.2.1 焊接残余应力对焊接结构的影响

1. 对焊接结构强度的影响

没有严重应力集中的焊接结构,只要材料具有一定的塑性变形能力,焊接内应力并不影响结构的静载强度。但是,当材料处在脆性状态时,拉伸内应力和外载引起的拉应力叠加有可能使局部区域的应力首先达到断裂强度,导致结构早期破坏。曾有许多低碳钢和低合金结构钢的焊接结构发生过低应力脆断事故,经大量试验研究表明,在工作温度低于材料的脆性临界温度的条件下,拉伸内应力和严重应力集中的共同作用将降低结构的静载强度,使之在远低于屈服强度的外应力作用下就发生脆性断裂。因此,焊接残余应力的存在将明显降低脆性材料结构的静载强度。

2. 对构件加工尺寸精度的影响

焊件上的内应力在机械加工时,因一部分金属从焊件上被切除而破坏了它原来的平衡状态,于是内应力重新分布以达到新的平衡,同时产生了变形,于是加工精度受到影响。如图2-24所示,在T形焊件上加工一平面时,当切削加工结束后松开加压板,工件会产生上挠变形,加工精度受到影响。为了保证加工精度,应对焊件先进行消除应力处理,再进行机械加工。也可采用多次分步加工的办法来释放焊件中的残余应力和变形。

3. 对受压件稳定性的影响

通过对图 2-24 的分析可知，腹板的中部会产生纵向压应力，这种压应力的存在往往会导致梁结构局部或整体的失稳，对于保持稳定性是十分不利的。压杆内应力对稳定性影响的大小与压杆的截面形状和内应力分布有关，若能使有效截面远离压杆的中性轴，则可以改善其稳定性。

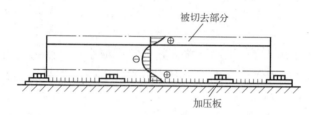

图 2-24　机械加工引起的内应力释放和变形

4. 对结构刚度的影响

当外载的工作应力为拉应力时，与焊缝中峰值拉应力相叠加，会产生局部屈服；在随后的卸载过程中，构件的回弹量会小于加载时的变形量，构件卸载后不能恢复到原来的初始尺寸，尤其是在焊接梁构件上，这种现象会降低结构的刚度。

焊接残余应力除了上述的影响外，还对疲劳强度及应力腐蚀开裂有不同程度的影响。因此，在焊接结构制造过程中必须采取适当的措施来减小或消除焊接残余应力，保证产品的使用安全和使用寿命。

2.2.2　控制焊接残余应力的途径和思路

1. 从设计和工艺两个方面来减小焊接残余应力

减小焊接残余应力和改善焊接残余应力的分布可以从设计和工艺两个方面来进行，如果设计时考虑得周到，往往比单从工艺上解决问题要方便得多。如果设计不合理，单从工艺措施方面是难以解决问题的。因此，在设计焊接结构时要尽量合理地制定减小焊接残余应力或改善焊接残余应力分布的设计方案，在制造过程中再采取一些必要的工艺措施，使焊接应力进一步降低到最低程度。

2. 合理选择焊后处理工艺方法来消除焊接残余应力

虽然在结构设计时考虑了焊接残余应力的问题，在工艺上也采取了一定的措施来避免或减小焊接残余应力，但由于焊接残余应力的复杂性，结构焊接完成以后仍可能存在较大的焊接残余应力。另外，有些结构在装配过程中还可能产生新的残余内应力，这些焊接残余应力及装配应力都会影响结构的使用性能，特别是对重要的焊接结构，应设法在焊后采取措施来消除焊接残余应力，以保证结构使用的安全性。

消除焊接残余应力的方法有热处理法、机械拉伸法、温差拉伸法、振动法等。

2.2.3　减小焊接残余应力的措施

1. 设计措施

在设计阶段就应考虑采取合适的办法来减小焊接残余应力。结构设计时，严格遵守限制焊接残余应力的设计原则并结合构件的使用要求，从而确定合理的设计措施进行焊接残余应力控制。

1）设计原则

（1）使焊缝长度尽可能最短。

（2）使板厚尽可能最小。

（3）使焊脚尽可能最小。

（4）断续焊缝与连续焊缝相比，优先选用断续焊缝。

（5）角焊缝与对接焊缝相比，优先选用角焊缝。

（6）采用对接焊缝连接的构件应（在垂直焊缝方向上）具有较大的可变形长度。

（7）复杂结构最好采用分部件组合焊接。

2）具体设计措施

上述设计原则中第一条很关键，通常认为采用尽可能短的焊缝的最佳解释就是焊接界广为流传的一种说法——最好的焊接结构是没有焊缝的结构。但实际焊接结构生产中，人们能做到的只有采取合理的措施来尽可能向"焊缝最短"原则靠近，其具体设计措施如下。

（1）尽可能减少焊缝数量和截面尺寸。在保证结构强度的前提下尽量减小焊缝数量与截面尺寸。适当采用冲压结构，以减少焊接结构。

（2）尽量防止焊缝密集、交叉，保持较好的可焊到性。如图 2-25 所示的某钢结构的框架，为了防止腹板失稳，布置了很多肋板。如果按图 2-25（a）所示来布置，由于焊缝密集，不仅施工不便，而且焊接残余应力的分布范围很大；如果按图 2-25（b）所示来布置，焊接残余应力的分布将明显得到改善。

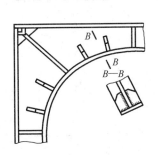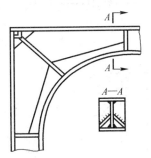

图 2-25　框架转角肋板的布置

如图 2-26 所示为某起重机梁肋板的焊缝布置，这也是防止焊缝交叉的典型实例。如图 2-26（a）所示，焊缝交叉会在相交处形成三轴拉应力状态，即使是高韧性的材料，在三轴拉应力场中也会完全丧失塑性变形的能力。图 2-26（b）所示的情况可防止焊缝交叉。图 2-26（c）所示的情况将更为有利。

如图 2-27 所示，压力容器设计规范中严格要求焊缝间应保持足够的距离，否则，焊缝过分集中不仅使应力分布更不均匀，而且还能出现双向或三向复杂的应力状态。

（3）将焊缝尽量布置在最大工作应力区之外。防止焊接残余应力与外加载荷产生的应力相叠加，影响结构的承载能力。

（4）采用局部降低刚度的方法，使焊缝能比较自由地收缩。图 2-28 所示为几种局部降低刚度以减小焊接残余应力的实例，在焊接镶块时用机加工开槽可减小刚度，焊接环形封闭焊缝时使内板预制变形，这样焊缝收缩时有较大的自由度，从而减小了焊接残余应力。

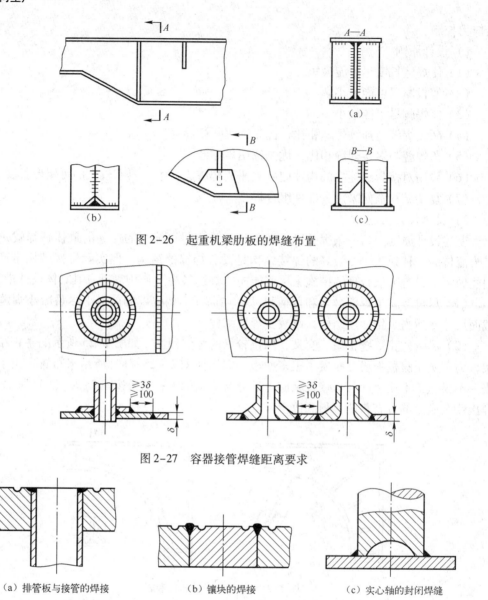

图 2-26 起重机梁肋板的焊缝布置

图 2-27 容器接管焊缝距离要求

（a）排管板与接管的焊接　　（b）镶块的焊接　　（c）实心轴的封闭焊缝

图 2-28 局部降低刚度的实例

图 2-29 所示的容器与接管之间连接接头的两种形式，插入式连接的拘束度比翻边式的大，前者的焊缝上可能产生双向拉应力，且达到较高数值；而后者的焊缝上主要是纵向残余应力。

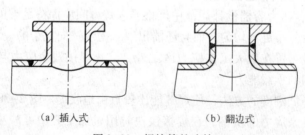

（a）插入式　　　　　　　　　　（b）翻边式

图 2-29 焊接管的连接

图 2-30 所示的两个例子，左边的接头刚度大，焊接时引起很大拘束应力而极易产生裂纹；右边的接头已削弱了局部刚度，焊接时不会开裂。

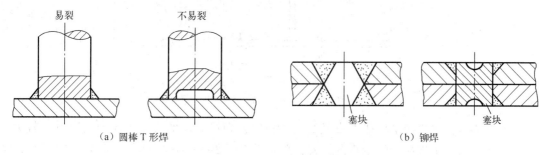

（a）圆棒 T 形焊　　　　　　　　　　　（b）铆焊

图 2-30　减小接头刚度的措施

（5）采用合理的接头形式，尽量避免采用搭接接头。因为搭接接头的应力集中现象较严重，与残余应力一起作用会对结构造成不良的影响。

2. 工艺措施

（1）合理选择装配顺序和焊接顺序，以调整焊接残余应力的分布。结构的装配顺序对焊接残余应力的影响较大。在结构装配中刚度应逐渐增加，并且尽量使焊缝能在刚度较小的情况下进行焊接，使其尽可能有较大的收缩余地。

在安排焊接顺序时，尽量先焊收缩量大的焊缝，后焊收缩量小的焊缝。对一个焊接构件来说，往往先焊的焊缝其拘束度小，即焊缝收缩时受阻较小，故焊后应力较小。这样，如果将收缩量大的焊缝置于先焊的位置上，那么势必会减小焊接残余应力。另外，由于对接焊缝的收缩量比角焊缝的收缩量大，故当同一焊接结构中这两种焊缝并存时，应尽量先焊对接焊缝。

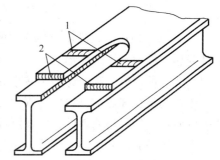

【实例 2-1】如图 2-31 所示带盖板的双工字钢结构件，应先焊盖板的对接焊缝 1，后焊盖板和工字钢之间的角焊缝 2，使对接焊缝 1 能自由收缩，从而减小内应力。

图 2-31　按收缩量大小确定焊接顺序
1—对接焊缝；2—角焊缝

根据构件的受力情况，先焊工作时受力大的焊缝，如工作应力为拉应力，则在安排装焊顺序时设法使后焊焊缝对先焊焊缝造成预先压缩作用，这样有利于提高焊缝的承载能力。

【实例 2-2】如图 2-32 所示为大型焊接工字梁在工地安装时的接头。为减小焊接残余应力，应先焊受力最大的翼板对接焊缝 1，再焊腹板对接焊缝 2，最后焊预先留出来的一段角焊缝 3。即在工地安装前，工字梁盖板与腹板的角焊缝有一段不焊接，先焊焊缝 1 和 2，使它们均可以较自由地收缩，再焊焊缝 3，这样可以使受力较大的焊缝 1 预先承受压应力，有利于提高工字梁的承载能力。

注意：由于平面交叉焊缝总会产生较大的焊接残余应力，故在一般设计中应尽量避免平面交叉焊缝。若不能避免，则应先焊横向焊缝；若对接焊缝与角焊缝交叉，则应先焊对接焊缝。

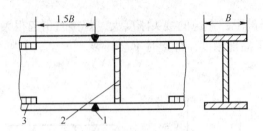

图 2-32　大型焊接工字梁在工地安装时的接头

1—盖板对接焊缝；2—腹板对接焊缝；3—盖板与腹板角焊缝

【实例 2-3】在拼接平板或大直径筒式储槽时，焊接顺序的安排对应力的影响也较大。图 2-33 所示为大平板拼接焊示意图，若在总装后按图 2-33（a）所示的号码顺序先焊长焊缝，则使短焊缝装配间隙刚性固定，再焊短焊缝时焊缝不能自由收缩，从而产生较大的焊接残余应力。若按图 2-33（b）所示的号码顺序先焊短焊缝、后焊长焊缝，则可避免上述情况。若将结构分成四组Ⅰ～Ⅳ，则先分别装配焊接每组的短焊缝，然后将Ⅰ～Ⅳ组装，再焊长焊缝，也可达到同样减小焊接残余应力的目的。

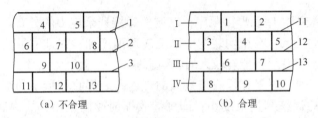

（a）不合理　　　　　　　（b）合理

图 2-33　焊接顺序对焊接残余应力的影响

（2）缩小焊接区与结构整体之间的温差。由于引起焊接残余应力与变形的根本原因是焊件受热不均匀，故焊件沿各个方向的温度梯度越大，引起的焊接残余应力与变形越大。工程上常通过预热法和冷焊法来减小焊接区与焊件整体的温差。

预热法是在施焊前，预先将焊件局部或整体加热到 150～650℃。对于焊接或焊补那些淬硬倾向较大的材料的焊件，以及刚性较大或脆性材料焊件时，常常采用预热法。

冷焊法是通过采用小焊接线能量等方法来减少焊件受热，从而减小焊接部位与结构上其他部位间的温度差。具体做法如尽量采用小的热输入施焊，选用小直径焊条，小电流，快速焊及多层多道焊等。另外，应用冷焊法时，环境温度应尽可能高。

在焊接某些构件时，采用局部加热的方法使焊接处在焊前产生一个与焊后收缩方向相反的变形。这样在焊缝区冷却收缩时，加热区也同时冷却收缩，使焊缝的收缩方向与其一致，这样焊缝收缩阻力变小，从而获得降低焊接残余应力的效果。

在补焊一些机床床身或箱体的铸造缺陷时，经常采用加热减小应力法。采用这种方法一般焊前局部加热温度较高，通常为 600～800℃，并且加热范围不能太小。

（3）加热减应区。焊接时加热阻碍焊接区自由伸缩的部位（称为"减应区"），使之与焊接区同时膨胀或同时收缩，起到减小焊接应力的作用，此法称为加热"减应区"法，图 2-34 为加热"减应区"法的减应原理。

图 2-34 中框架中心已断裂，若直接焊接断口处，焊缝横向收缩受阻，在焊缝中受到很大的横向应力。若焊前在构件两侧的"减应区"处同时加热，两侧受热膨胀，使构件中心

断口间隙增大。此时对断口处进行焊接，焊后两侧也停止加热。于是焊缝和两侧加热区同时冷却收缩，互不阻碍，结果减小了焊接应力。

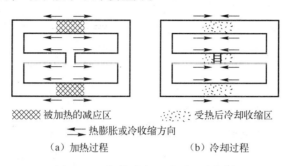

※※※ 被加热的减应区　　∴∴∴ 受热后冷却收缩区

←　→ 热膨胀或冷收缩方向

（a）加热过程　　　　（b）冷却过程

图 2-34　加热减应区法原理示意图

此法在铸铁补焊中应用最多，也最有效。该方法关键在于正确选择加热部位，选择的原则是只加热阻碍焊接区膨胀或收缩的部位。检验加热部位是否正确的方法是用气焊焊炬在所选处试加热一下，若待焊处的缝隙是张开的，则表示选择正确，否则不正确。

【实例 2-4】在补焊如图 2-35（a）所示皮带轮的轮辐时，可采用局部加热法来减小补焊区的残余应力。具体方法是焊前在轮辐两侧的轮缘上同时加热，使补焊部位产生径向拉开，随后进行补焊修复，这样修复焊缝冷却时能与其周围轮缘母材同向收缩，明显降低补焊部位的残余应力。

同样，若需补焊修复轮缘处的缺陷，则在需修复部位两侧的轮辐上进行局部加热，如图 2-35（b）所示，使待补焊修复的轮缘处先产生周向张开，然后再进行补焊修复，也可以取得减小焊接残余应力的明显效果。

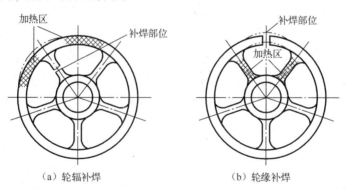

（a）轮辐补焊　　　　　　（b）轮缘补焊

图 2-35　局部加热以减小焊接残余应力

（4）降低接头的拘束度。焊接封闭焊缝时，由于周围板的拘束度较大，拘束应力与残余应力叠加而使局部区域形成高应力区，因而易产生裂纹。如图 2-36 所示的封闭焊缝，焊接前采用反变形的措施减小接头局部区域的拘束度，可使焊缝冷却时较自由地收缩，达到减小焊接残余应力的目的。

（5）锤击焊缝。用锤击焊缝的方法调节焊接接头中的残余应力时，锤击使金属表面层内产生局部双向塑性延展，补偿焊缝区的不协调应变（受拉应力区），以达到减小焊接残余应力的目的。与其他减小焊接残余应力的方法相比，锤击法可节省能源、降低成本、提高效率，是在施工过程中较易实现的工艺措施，并可在焊缝区表面形成一定深度的压应力区，有效地提高结构的疲劳寿命。锤击可在500℃以上的热态下进行，也可在300℃以下的冷态下进行，应保持均匀、适度，避免过分锤击而产生裂纹。

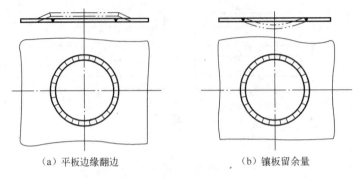

（a）平板边缘翻边　　　　　　　　（b）镶板留余量

图2-36　降低拘束度法减小焊接残余应力

2.2.4　消除焊接残余应力的方法

1. 热处理法

热处理法是利用材料在高温下屈服点下降和蠕变现象来达到消除焊接残余应力的目的，同时热处理还可改善焊接接头的性能。生产中常用的热处理法有整体热处理和局部热处理两种。

（1）整体热处理。整体热处理是将整个构件缓慢加热到一定的温度（低碳钢为650℃），并在该温度下保温一定的时间（一般每毫米板厚保温2～4 min，但总时间不少于30 min），然后空冷或随炉冷却。整体热处理消除焊接残余应力的效果取决于加热温度、保温时间、加热和冷却速度、加热方法以及加热范围。整体热处理一般可消除60%～90%的焊接残余应力，在生产中应用比较广泛。

（2）局部热处理。对于某些不允许或不可能进行整体热处理的焊接结构，可采用局部热处理。局部热处理就是将构件焊缝周围局部应力很大的区域及其周围缓慢加热到一定温度后保温，然后缓慢冷却。采用这种方法消除残余应力的效果不如整体热处理，它只能降低焊接残余应力峰值，不能完全消除焊接残余应力。对于一些大型筒形容器的组装环缝和一些重要管道等，常采用局部热处理来降低结构的焊接残余应力。

2. 机械拉伸法

机械拉伸法是采用不同方式在构件上施加一定的拉应力，使焊缝及其附近产生拉伸塑性变形，与焊接时在焊缝及其附近所产生的压缩塑性变形相互抵消一部分，达到消除焊接残余应力的目的。实践证明，拉伸载荷加得越大，压缩塑性变形量就抵消得越多，焊接残余应力消除得越彻底。在压力容器制造的最后阶段，通常要进行水压试验，其目的之一也是利用加载来消除部分焊接残余应力。

3. 温差拉伸法

温差拉伸法又叫低温消除应力法，适用于中等厚度钢板焊后消除应力，其基本原理与机械拉伸法相同，都是利用拉伸来抵消焊接时产生的压缩塑性变形。不同的是机械拉伸法利用外力来进行拉伸，而温差拉伸法是利用局部加热的温差来拉伸焊缝区。

其具体方法：在焊缝两侧各用一个适当宽度（一般为100～150 mm）的氧-乙炔焰炬

加热，在焰炬后面的一定距离处用一个带有排孔的水管喷头冷却。焰炬和喷水管以相同速度向前移动，如图 2-37 所示，这样就形成了一个两侧温度高、焊缝区温度低的温度场。两侧金属受热膨胀对温度较低的区域进行拉伸，起到了相当于千斤顶的作用。利用温差拉伸法如果规范选择恰当，消除焊接残余应力的效果可为 50% ～ 70%。

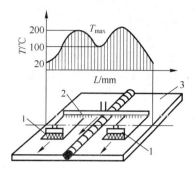

图 2-37　温差拉伸法
1—火焰；2—喷水管；3—焊件

4. 锤击焊缝

在焊后用锤子或一定直径的半球形风锤锤击焊缝，可使焊缝金属产生延伸变形，能抵消一部分压缩塑性变形，起到减小焊接残余应力的作用。锤击时应注意施力适度，以免施力过大而产生裂纹。

5. 振动法

振动法又称振动时效或振动消除应力法（VSR）。它利用由偏心轮和变速电动机组成的激振器，使结构发生共振所产生的循环应力来降低内应力。其效果取决于激振器、焊件支点位置、激振频率和时间。振动法所用设备简单、价廉，节省能源，处理费用低，时间短（从数分钟到几十分钟），也没有高温回火时的金属表面氧化等问题，故目前在焊件、铸件、锻件中，为了提高尺寸稳定性而多采用此方法。

2.2.5　减少焊接残余应力的应用实例

一条铸铁泵壳裂缝的焊补方法。

（1）在裂缝的两端钻止裂孔（φ10 mm），以防焊接中裂缝进一步向外扩展。

（2）用手动磨光机在裂缝的位置开坡口，坡口顶宽 8 ～ 9 mm，呈 U 形或 V 形坡口，深 32 mm（至裂纹根部），使得能够焊入电焊液。

（3）焊接为手工焊，采用 φ3.2 mm 专用铸铁焊条，使用直流电焊机，反接，电流为 150 A，实施间断焊，即每焊完长度为 15 ～ 20 mm 的焊缝稍停片刻。在停焊间隙，当焊接熔池凝固后，由白热状态到红热状态时，用小尖锤锤击焊缝，锤击用力要轻，速度要快，次数要多，使焊缝金属减薄而向四周伸长，抵消一些焊缝收缩并减少焊接应力，这样能有效地提高焊缝金属的抗裂性（注意：使用的小锤头必须是半径为 10 mm 左右的圆弧形的）。待焊接熔池冷却到暗红色消失后再接着焊。

（4）对于较长的裂缝，为避免开裂，必须分段焊补。分段的原则是先焊能自由伸缩的部分。如分三段，则应首先焊中间的一段，当此段冷至暗红色消失时，立即施焊另一段，然后焊最后一段。

（5）施焊前，先对焊缝区进行预热，焊后保温，以降低冷却速度。预热、保温不仅能提高焊缝金属的抗裂性，还有益于降低熔合线附近区域的硬度。

 综合练习

一、名词解释

焊接残余应力　加热"减应区"法　温差拉伸法

二、填空题

1. 焊接残余应力除了对_____、_____以及对_____的影响外，还对结构的刚度、疲劳强度及应力腐蚀开裂有不同程度的影响。

2. 在安排焊接顺序时，尽量先焊收缩量_____的焊缝，后焊收缩量_____的焊缝。

3. 为减小结构的焊接残余应力，设计时应使焊缝长度尽可能最_____，断续焊缝与连续焊缝相比，优先选用_____。

4. 整体热处理消除残余应力的效果取决于_____、_____、_____、_____和_____。一般可消除_____的残余应力，在生产中应用比较广泛。

5. 消除焊接残余应力的方法有_____、_____、_____、_____和_____。

6. 常用的测定焊接残余应力的方法主要可归结为两类，即_____方法和_____方法。

三、简答题

1. 焊接残余应力对焊接结构的影响有哪些？

2. 为减小焊接残余应力，焊前的结构设计应遵循的设计原则是什么？

3. 在焊接生产过程中，防止和减小焊接应力的措施有哪些？简述其原理。

4. 焊后消除焊接残余应力的方法有哪些？简述其原理。

5. 如何检验加热"减应区"法中加热部位选择是否正确？

任务3 焊接残余变形的控制

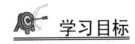 学习目标

通过对焊接残余变形的分析，认识焊接残余变形对焊接结构的不良影响；在熟悉焊接残余变形产生原因的基础上，熟练掌握控制焊接残余变形的基本方法和工艺措施。

任务分析

焊接残余变形与残余应力同时残存于焊接结构中。焊接残余变形会造成构件形状和尺寸的变化，如纵向、横向收缩使构件尺寸变短，若超出尺寸公差允许的范围则会使构件报废。薄板结构的波浪变形会严重影响产品的外观。焊接残余变形还会影响后续机械加工，为了保证焊后机械加工所需的尺寸，往往要预留相当大的加工余量，这就增加了材料消耗和加工费用。某些构件发生焊接残余变形时，还有可能严重影响其承载能力，如承压的柱体或箱体件由于发生扭曲变形而使得承压能力大大降低，以至于在相当低的应力水平下发生失稳。

在发生焊接残余变形后，要进行矫正是相当困难的，有时甚至是不可能的。由以上分析可知，对于用低碳钢和低合金钢焊成的构件，焊接残余变形比残余应力对结构性能的影响更为显著。因此，从焊接结构的设计开始就应考虑预防焊接残余变形的产生，进入焊接生产阶段后，也应主动采取工艺措施来控制焊接残余变形，从而保证产品生产质量和生产率的提高。

相关知识及工作过程

2.3.1　焊接残余变形的危害

焊接变形是焊接结构生产中经常出现的问题，焊接结构的变形对焊接结构生产有极大的影响。

（1）零件或部件的焊接残余变形，给装配带来困难，进而影响后续焊接的质量。在生产中，有时为了保证焊接后需要进行机械加工的工件尺寸，片面地多留余量，加大坯料尺寸，增加了材料消耗和机械加工工时。

（2）过大的残余变形还要进行矫正，增加了结构的制造成本。

（3）焊接变形还会降低焊接接头的性能和承载能力。如图 2-38 所示压力容器筒体纵缝的焊接角变形，如果不进行修复，将可能导致结构破坏并最终造成事故。

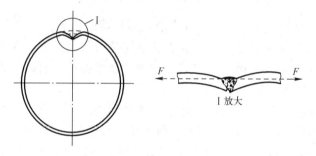

图 2-38　压力容器筒体纵缝角变形

因此，实际生产中，必须设法控制焊接变形，将变形控制在技术要求所允许的范围之内。

2.3.2　预防焊接残余变形的措施

预防焊接残余变形可以从设计和工艺两方面来进行。设计上如果考虑得比较周到，注意减少焊接残余变形，往往比单从工艺方面来解决问题方便得多。相反，如果设计考虑不周，则往往给生产带来许多额外的工序，大大延长生产周期，增加产品成本。因此，我们要首先考虑设计措施，然后还要采取必要的工艺措施来控制焊接残余变形。

1. 设计措施

（1）尽量选用对称的构件截面和焊缝位置。图 2-39 所示为常见焊接构件的截面形状和焊缝位置。这些截面均为对称截面，焊缝的位置也对称，焊接引起的变形可以相互抵消，只要工艺正确，这些焊接残余变形就易于控制，应尽量选用这类截面。

（2）合理选择焊缝长度和焊缝数量。尽量减小焊缝的长度，在满足强度要求的前提下，用断续焊代替直通焊，这样可使焊缝变形大大减小。如桥式起重机箱形梁中的大肋板，设置它的目的是增加腹板的刚度，故采用断续焊；一些矿山机械的带轮罩无密封要求，故可用断续焊代替连续焊。在设计时也应尽量减少焊缝的数量，例如，多采用型材、冲压件，适当增加壁板厚度，减少肋板数量，以减少角焊缝的数量；在焊缝多且密集处也可以采用铸－焊联合结构来减少焊缝数量。

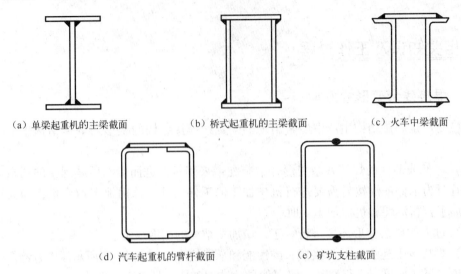

（a）单梁起重机的主梁截面　　　（b）桥式起重机的主梁截面　　　（c）火车中梁截面

（d）汽车起重机的臂杆截面　　　（e）矿坑支柱截面

图 2-39　各种对称截面和对称焊缝的位置

（3）尽量减小焊缝的截面尺寸。焊接残余变形与熔敷金属的数量有很大关系，所以在保证结构有足够承载能力的前提下，应尽量减小焊缝的截面尺寸。在条件许可的情况下，用双 U 形或双 V 形坡口来代替单 V 形坡口，熔敷金属量减少，且焊缝在厚度方向上对称，收缩一致，故可减少焊接残余变形。

角焊缝引起的焊接残余变形较大，所以要尽量减小角焊缝的焊脚尺寸。当钢板较厚时，开坡口的复合焊缝比单纯的角焊缝的熔敷金属量少。板厚不同时，坡口应开在薄板上，如图 2-40 所示。显然图 2-40（c）比图 2-40（a）、图 2-40（b）所示的焊缝尺寸大大减小，这样有利于减小焊接残余变形。

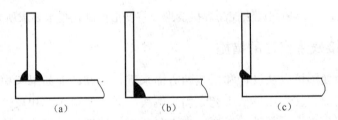

（a）　　　　　　　　（b）　　　　　　　　（c）

图 2-40　角接时不同的接头形式

此外，要根据钢结构的形状、尺寸大小等选择坡口形式。如平板对接焊缝一般选用对称的坡口；对于直径和板厚都较大的圆形对接筒体，可采用非对称坡口形式控制变形。在选择坡口形式时还应考虑坡口加工的难易、焊接材料用量、焊接时工件是否能够翻转处理等问题。直径比较小的筒体，其纵焊缝或环焊缝开对称的双 Y 形坡口或双 U 形坡口是不合理的，因为在这种结构筒体内部的焊接操作不方便，所以应考虑采用非对称坡口形式，尽量减少筒体内部的焊接操作。

2. 工艺措施

（1）留余量法。留余量法是在下料时，考虑到收缩变形而将下料零件的长度或宽度尺寸比设计尺寸适当加大，以补偿焊件的收缩。余量的多少可根据经验公式估算或根据生产经验确定，一般焊缝的纵向收缩量按焊缝的长度来计算。当试件的宽度为板厚的 15 倍时，对接焊缝为每米 0.15 ～ 0.3 mm，连续角焊缝为每米 0.2 ～ 0.4 mm，间断角焊缝为每米不大于 0.01 mm。焊缝的横向收缩则随着焊缝宽度的增加而增加，一般每条焊缝横向收缩 1.3 ～ 1.5 mm。留余量法主要是用来补偿焊件的收缩变形。

（2）反变形法。反变形法是根据焊件的变形规律，焊前预先将焊件向着与焊接变形的相反方向进行人为的变形（反变形量与焊接变形量相等），焊后焊接残余变形抵消了预变形量，使构件恢复到设计要求的几何形状和尺寸，从而达到抵消焊接变形的目的。反变形法在平板对接焊、工形梁的焊接以及薄壳结构的焊接中应用很广泛。

① 平板对接焊。如图 2-41 所示为某厂厚为 8 ～ 12 mm 钢板的 V 形坡口单面对接焊的变形情况，焊前将接头处垫起，如图 2-41（a）所示，使两块板成一定的角度，并且使这个角度与焊接后产生的变形角度相同，这样焊后正好使板保持平直，如图 2-41（b）所示。

（a）焊前 （b）焊后

图 2-41 平板对接焊

② 工形梁的焊接。焊接工形梁时，收缩会使其上下翼板产生角变形。解决的办法是焊前预先将上下翼板压出反变形（塑性反变形），然后装配成图 2-42（a）所示的形状再进行焊接，焊后上下翼板基本平直，如图 2-42（b）所示，从而防止了角变形的产生。

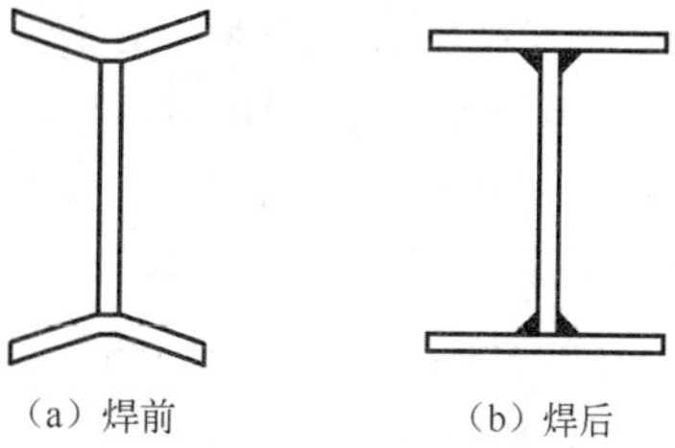

③ 薄壳结构的焊接。在薄壳结构上，有时需在壳体上焊接支撑座之类的零件。如飞机扩散器筒体，其壁厚为 1.5 mm，需要在筒体上焊接若干个安装座，如果不采用反变形措施，焊后筒体将产生严重塌陷，如图 2-43（a）所示，影响结构尺寸的精度。

（a）焊前 （b）焊后

图 2-42 工形梁的焊接

为了防止焊后支撑座的塌陷，可以在焊接前将支撑座周围的壳壁向外顶出，然后再进行焊接，如图 2-43（b）所示。这样不但可以防止壳体变形，也可以减小焊接内应力。

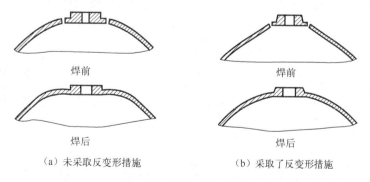

焊前　　　　　　　　　　焊前

焊后　　　　　　　　　　焊后

（a）未采取反变形措施 （b）采取了反变形措施

图 2-43 薄壳结构的焊接

上述安装座在焊接时，还可采用专门设计制造的胎具使孔边缘产生弹塑性预制反变形，也就是用专门的模具使孔边产生弹性变形和少量的塑性变形，如图 2-44 所示。由于刚性拘束，焊接过程中的变形被限制了，模具松开卸载后，因弹性变形的恢复和部分塑性变形的补偿而使筒体保持平直，不再出现下陷。壁厚越薄，回弹量越大则越能显示出这种预制反变形方法的优越性。

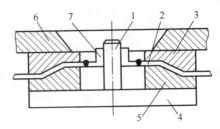

图 2-44 弹塑性预制反变形

1—心轴；2—壳体；3—上模；4—底座；5—下模；6—上压板；7—安装座

（3）合理选择装配焊接顺序。由于焊缝的位置相对于结构截面的一个轴是变化的，即对结构上任何一条焊缝来说，当零件的装配顺序不同时，焊缝到结构截面中性轴的距离也不同，因此这条焊缝所引起的焊接变形对于不同的装配焊接顺序是不同的。然而，在各种可能的装配焊接顺序中，总可以找到一个引起焊接变形量最小的方案。

为了控制焊接变形，常根据以下原则选择装配焊接顺序：

① 对于截面形状、焊缝布置均对称的构件，应采取对称焊接施工。对于实际上不能完全做到对称地、同时地进行焊接的情况，可允许焊缝焊接有先后，但在焊接顺序上应尽量做到对称，以尽可能减小焊接变形。

② 焊缝的分布不对称时，应先对焊缝少的一侧进行焊接。

③ 长度在 1 m 以上的长焊缝可采取分段退焊法、分段焊法、跳焊法。

桥式起重机的主梁结构是由上下盖板、左右腹板及中间增设的若干大小的肋板构成的箱形梁，如图 2-45 所示。从梁的焊接变形来看，由于肋板与左右腹板和上盖板之间的焊缝大都集中在结构中性轴的上方，故焊缝的横向收缩会引起梁下挠的弯曲变形。在该梁的制造技术中，要求梁制成后必须有一定的上拱度，因此要解决这一矛盾，除了前面讲的左右腹板下料时预制成具有一定拱度的形状外，还应从装配焊接顺序上考虑，选择最佳的装配焊接顺序，使正在施焊的焊缝接近结构截面的中性轴，以便使下挠的弯曲变形量最小。

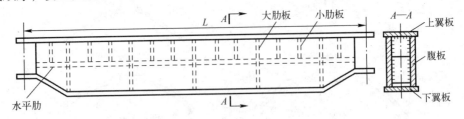

图 2-45 桥式起重机的主梁结构

根据该梁的结构特点，焊成封闭的箱形结构。装焊时一般先将上盖板、大小肋板和左右腹板装成⊓形梁，焊后装下盖板。⊓形梁的变形是影响主梁质量的关键，所以下面主要对⊓形梁的焊接工艺加以讨论。

表 2-1 列出了按装配焊接工艺流程划分的三种装配焊接方案。

① 方案 I：

工序 1：装配腹板 2 和大小肋板，焊接焊缝 B。这时腹板与肋板的焊缝只引起腹板在自由状态下的收缩变形，不会引起弯曲变形。

工序2：装配另一腹板，翻转180°，焊接肋板与腹板的焊缝C，可引起冂形梁的旁弯变形。

工序3：装配上盖板，焊接腹板与上盖板的焊缝D。由于焊缝D的位置与冂形梁的中性面不对称，故焊接时会产生较大的下挠。

工序4：焊接肋板与上盖板的焊缝A。由于焊缝A的位置也与冂形梁中性面不对称，故焊缝的收缩也会引起较大的下挠。

② 方案Ⅱ：

工序1：将腹板、大小肋板和盖板全装配好，焊接腹板与盖板的焊缝D。由于焊缝D位于冂形梁中性面以上，故焊接后纵向收缩会使其产生较大的下挠。

工序2：焊接盖板与肋板的焊缝A。同样，焊缝A的横向收缩也会引起下挠。

工序3：焊接腹板与肋板的焊缝B。焊缝B位于冂形梁中性面的上方，其收缩变形同样会引起下挠。另外，焊缝B的收缩还会引起冂形梁的旁弯变形。

工序4：翻转180°，焊接肋板与另一腹板的焊缝C。因焊缝C也位于冂形梁的中性面上方，故焊后收缩会引起冂形梁的下挠，但它引起的旁弯可与焊缝B引起的旁弯相互抵消一部分。

表2-1 冂形梁的装配焊接方案

工 序	方 案		
	Ⅰ	Ⅱ	Ⅲ
1	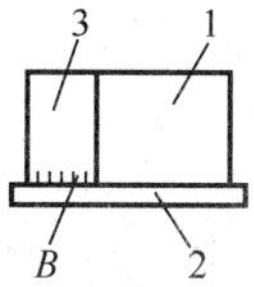	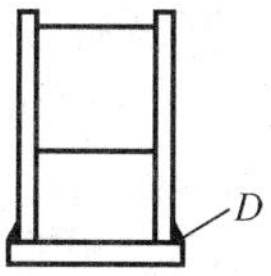	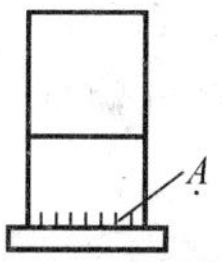
2	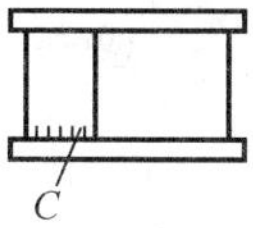	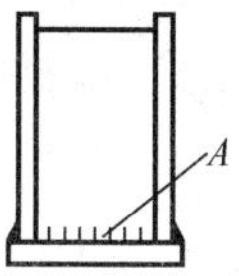	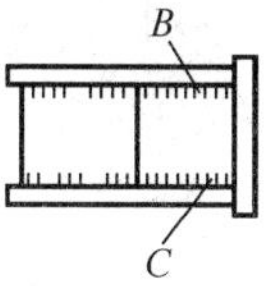
3	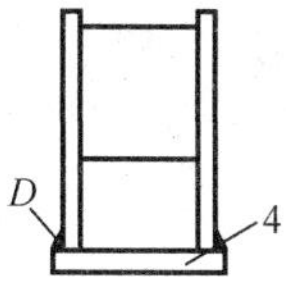	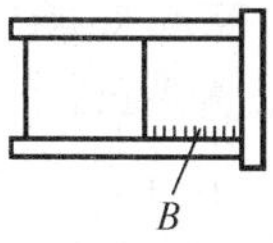	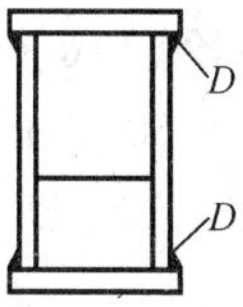
4	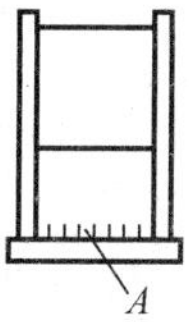	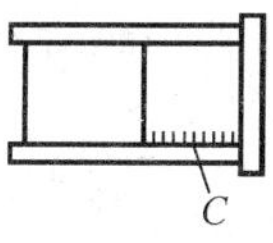	——

注：A为上盖板与大、小肋板的角焊缝；B、C分别为两腹板与大、小肋板的连续和断续角焊缝；D为盖板与腹板的主焊缝；1为大肋板；2为腹板；3为小肋板；4为上盖板。

③ 方案Ⅲ：

工序1：装配肋板与盖板，焊接焊缝A。焊缝A收缩引起的盖板变形很容易校正，它引起的盖板收缩量可在下料时留出。

工序2：装配左右腹板，焊接焊缝B、C。由于焊缝B、C位于⊓形梁的中性面上方，故焊接收缩会引起一定的下挠。

⊓形梁装配完后，先不焊接上盖板与腹板的焊缝D，待下盖板装配完后再焊接左右腹板与上下盖板的四条角焊缝，这样四条角焊缝基本对称于结构截面的中性轴。采用合理的焊接顺序，可使焊缝的纵向收缩引起的弯曲变形基本相互抵消。

从上述三种方案可以看出，方案Ⅲ产生的下挠弯曲变形量最小。另外，从装配和焊接质量方面来看，方案Ⅲ在装配过程中始终以上盖板为装配基准面，所以装配误差比较小，而方案Ⅰ、Ⅱ装配过程中基准面有变化，装配精度不易保证。从生产率方面来看，方案Ⅰ、Ⅱ焊件翻转次数多，生产率低。因此，经综合考虑后认定方案Ⅲ是最佳的装配焊接顺序，也是目前类似结构在实际生产中广泛采用的一种方案。

下面举两个利用合理的焊接顺序减小焊接变形的实例。

【实例2-5】 图2-46是对称的双V形坡口对接接头焊接顺序与变形关系示意图。由图2-46可见，合理的安排焊接顺序能有效地减小或防止焊接变形。若接头一侧先焊完，再焊另一侧，则会产生较大的角变形，如图2-46（a）所示；若如图2-46（b）所示进行两侧交替焊，则不仅生产过程复杂、翻转次数多，还会产生明显的焊接变形；如果根据实际情况采用交替控制焊［见图2-46（c）］或同时对称焊［见图2-46（d）］，则不会产生角变形。这是因为先焊的焊道因刚性拘束小而变形大，后焊的焊道因刚性拘束增加而变形较小。因此，只有采用交替控制焊或同时对称焊才能使两侧的角变形相互抵消，以达到控制变形的目的。

  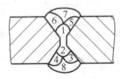 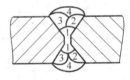

（a）单侧先焊　　　　（b）两侧交替焊　　　　（c）交替控制焊　　　　（d）同时对称焊

图2-46　合理焊接顺序对角变形的控制

【实例2-6】 大型工字梁的截面如图2-47所示，梁长14 m，高400～500 mm，盖板宽400～800 mm，板厚14～40 mm，材质为Q345R钢，焊接变形要求在全长上的弯曲变形小于6 mm。

焊接时，按照图2-47所示的顺序焊接各道焊缝，并采用分段跳焊，每段长度为300～400 mm，从梁的中部向两端施焊。焊接时采用CO_2气体保护焊，焊后变形一般可控制在要求的范围内。

（4）散热法。通过不同的方式迅速带走焊缝结构易变形区及其附近的热量，减小焊缝及其附近的受热区，达到减小焊接变形的目的。如水浸散热法常用于表面堆焊及焊补时的散热。

例如，将一块3.2 mm厚的200 mm×300 mm低碳钢板对接，

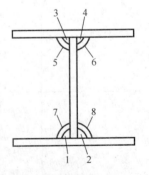

图2-47　大型工字梁的焊接顺序

采用 MIG 焊,焊后纵向最大挠曲变形为 6 mm,横向最大挠曲变形为 2.5 mm。如果将此板放入水中,采用 MIG 焊时,由于保护气体可以将电弧周围的水排开,故仍然可以进行焊接。这时由于焊缝附近的材料被水充分冷却,焊接热场被压缩到熔池附近很小的范围内,所以焊后变形明显减小。测量结果表明,纵向最大挠曲变形为 0.3 mm,横向最大挠曲变形仅为 0.1 mm。散热法焊接还可以在保护气体周围用水帘冷却,也可以达到减小焊接变形的目的。

此外还有喷水散热法、采用纯铜板中钻孔通水的散热垫法等。值得注意的是,不是所有材质的焊接结构都可以采用散热法来控制焊接残余变形。例如,对于具有较大淬硬倾向的低合金结构钢焊件,如果也采用此法来控制焊接变形,则将会引发焊接裂纹。

(5)热平衡法。当焊接某些焊缝不对称布置的结构时,焊后往往会产生弯曲变形。如图 2-48 所示,可在焊缝上方的相应位置上采用火焰加热,与焊接同步进行,使加热区和焊缝产生同样的膨胀变形,焊后其一致收缩,则可以防止弯曲变形。下面介绍一个采用热平衡法防止焊接变形的实例。

如图 2-48 所示构件为 2 200 kW 内燃机车车架边梁,其长度为 11 m,设计要求其上挠为 20 ~ 22 mm,旁弯不超过 5 mm,材质为 Q235 钢。用两台 CO_2 气体保护焊机同时施焊,焊后上挠为 46 ~ 50 mm。若焊后采用火焰矫形法,则须加热 20 多个点,加热温度为 60 ~ 650℃,才可将上挠矫正到设计要求的范围内,并且工作量大。若采用热平衡法,则只需在与焊缝对称的位置布置焊炬,与焊接同步加热即可。当 CO_2 保护焊电流为 220 ~ 230 A、电压为 28 ~ 30 V 时,采用 H01-20 型焊炬、1 号喷嘴进行加热,乙炔的消耗量为 450 ~ 500 L/h,这样可将上挠值控制在设计要求的范围内。

(6)刚性固定法。其实质是在焊接时,将焊件固定在具有足够刚性的基体上,使焊件在焊接时不能移动,焊后完全冷却后再将焊件放开,这时焊件的变形要比在自由状态下焊接时所产生的变形小。如图 2-49 所示为薄板拼焊时防止波浪变形的刚性固定法。板的四周用定位焊与平台焊牢,在焊接时易出现波浪变形的区域用压铁压住,这样在焊后可减少变形。

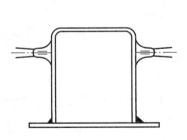

图 2-48　用热平衡法防止箱形
梁焊接变形

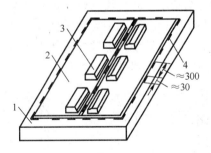

图 2-49　薄板拼焊时的刚性固定法
1—平台;2—焊件;3—压铁;4—定位焊

(7)合理选择焊接方法和确定焊接规范如下:

① 合理选择焊接方法。选用线能量较低的焊接方法,可以有效地防止焊接变形。例如,采用 CO_2 半自动焊来代替气焊和手工电弧焊,不但效率高,而且可以减少薄板结构的变形,此法在车辆生产中已广泛应用。真空电子束焊的焊缝很窄、变形极小,可以用来焊接精度要求高的机械加工工件,在精加工后直接进行焊接,焊后仍可获得较高的尺寸精度,

例如，齿轮的焊接等。

② 合理确定焊接规范。对于焊缝不对称的细长构件，有时可以通过选用适当的线能量，而不必采用任何反变形或夹具来克服挠曲变形。如果在焊接时没有条件采用线能量小的焊接方法，又不能进一步降低规范，则可直接水冷或采用铜冷却块来限制和缩小焊接热场的分布，达到减小变形的目的，但对焊接淬硬倾向较大的材料应慎用。

以上所述为控制焊接残余变形的常用方法，焊前设计时应分析各种变形的规律，灵活地选择措施，使焊接残余变形降低到最低程度。在焊接结构的实际生产过程中，应充分估计各种变形，并且结合现场具体条件，选用有效措施来控制焊接残余变形。

2.3.3 矫正焊接残余变形的方法

在焊接结构生产中，多种焊接变形可能同时存在，相互影响；另外，影响焊接变形的因素很多，使得焊接变形非常复杂。虽然在结构设计中，从焊缝位置、焊缝数量及焊缝截面尺寸诸方面采取了尽量预防或减小焊接变形的措施，在焊接生产中从工艺的角度也采取了种种限制和调节焊接变形的措施，但是焊后，构件中还可能会出现或大或小的残余变形。当残余变形量超出技术要求的变形范围时，就必须对焊件进行矫正处理，使之符合产品的质量要求。

矫正的实质是使构件产生新的变形，以抵消焊接残余变形。但矫正过程往往会增加构件的内应力，因此矫正变形之前，最好先消除焊接残余应力，以免矫正变形时构件发生局部破裂。

矫正的方法一般有机械矫正法、锤击矫正法和火焰加热矫正法等。

1. 机械矫正法

机械矫正法是在机械力的作用下使部分金属得到延伸，使其恢复到所要求的形状。如薄板焊件容易产生波浪变形，当波浪变形超过技术要求所规定的范围时，必须进行矫平。一般可利用多用钢板矫平机进行矫平。矫平时钢板从矫平机的两排圆辊轴之间通过，上、下辊轴之间的水平间隙比要矫正的钢板厚度略小一些。当辊轴带动钢板经过多次反复弯曲后，在整个断面上得到了均匀的伸长，此伸长消除了原有的不平。

例如，喷气发动机扩散器筒体上的纵向焊缝和环向焊缝属于规则焊缝，采用滚压矫形法较为适宜。扩散器外壁模拟件及其焊接变形如图 2-50 所示。

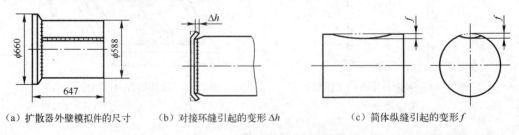

（a）扩散器外壁模拟件的尺寸　（b）对接环缝引起的变形 Δh　　（c）筒体纵缝引起的变形 f

图 2-50　扩散器外壁模拟件及其焊接变形

筒体纵缝滚压前后变形量的测量值如表 2-2 所示。

由表 2-2 所列数据可以看出，焊后变形得到了明显的矫正。同样，滚压完安装边缘和环缝后，变形量 Δh 从原来的 0.34 ～ 2.02 mm 降低到 ±0.2 mm 范围以内。

表 2-2 筒体纵缝滚压前后变形量的测量值

焊 缝 号	滚 压 规 范	变形量 f/mm		变形量 Δh/mm	
		滚压前	滚压后	滚压前	滚压后
1	$F = 12\,000\,\text{kN}$ 的滚压焊缝及近缝区	1.36	0.26	1.95	0.34
2		1.65	0.39	2.00	0.49
3		1.20	0	2.34	0.15
4		1.09	0	2.17	0.15
5		0.90	0	2.17	0.15

如前所述，滚压矫形还可以减小焊接残余应力，甚至在焊缝处造成压应力，从而改善接头的承载能力和抗疲劳破坏能力。

机械法矫正焊接变形应注意以下事项。

（1）对冷裂倾向较大的高强度钢采用此法应慎重，因为机械法矫正易产生冷作硬化。

（2）对重要焊件和合金钢焊件，矫正后应仔细检查矫正处有无裂纹。

（3）矫正波浪变形时，可沿焊缝进行锻打或用碾压设备碾压焊缝。

2. 锤击矫正法

该法用锤击来延展焊缝及其周围压缩塑性变形区域的金属，达到消除焊接残余变形的目的。这种方法比较简单，经常用来矫正不太厚的板结构。它的缺点是劳动强度大，表面质量不好。

特别注意：对要求耐腐蚀的设备不宜选用锤击矫正法，以防产生应力腐蚀。

3. 火焰加热矫正法

火焰加热矫正法是利用火焰局部加热，在高温处材料的热膨胀受到构件本身刚性的制约，产生局部压缩塑性变形，冷却后收缩，抵消了焊后在该部位的伸长变形，达到矫正变形的目的。火焰加热可使用普通的气焊焊炬，不需要专用的设备，操作方便，工艺灵活，适应性强，可以在压力容器、船舶、工字梁、箱形梁等焊接结构上进行各类变形矫正，因此在生产上应用比较广泛。

1）火焰加热的方式

（1）点状加热。点状加热是采用多个点状火焰对变形构件进行大面积加热的矫正方法。

加热点的直径和数目应根据焊件的结构形状和变形情况而定。对于厚板，加热点的直径应大些；对于薄板，加热点的直径应小些。变形量大时，加热点之间的距离应小一些；变形量小时，加热点之间的距离应大一些。这种加热方式尤其适用于对薄板波浪变形的矫正。

（2）线状加热。火焰沿直线缓慢移动或同时做横向摆动而形成一个加热带的加热方式。

线状加热有直线加热、链状加热和带状加热三种形式，如图 2-51 所示。线状加热是应用最广泛的火焰加热方式，它可用于矫正角变形、波浪变形和弯曲变形等。

（3）三角形加热。三角形加热即加热区域呈三角形，一般多用于矫正刚度和厚度较大的结构的弯曲变形。加热

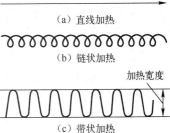

（a）直线加热

（b）链状加热

加热宽度

（c）带状加热

图 2-51 线状加热

时，三角形的底边应在被矫正结构的拱边上，顶端朝焊件的弯曲方向。

注意：如果将三角形加热与线状加热联合使用，则矫正大而厚焊件的焊接变形的效果会更佳。

2）火焰加热矫正的影响因素

（1）加热方式。加热方式的确定取决于焊件的结构形状和焊接变形形式。一般薄板的波浪变形应采用点状加热，焊件的角变形可采用线状加热，弯曲变形多采用三角形加热。

（2）加热位置。加热位置的选择应根据焊接变形的形式和变形方向而定。

（3）加热温度和加热区的面积。加热温度和加热区面积的大小应根据焊件的变形量及焊件材质而定。当焊件变形量较大时，加热温度应高一些，加热区的面积应大一些。

3）火焰加热矫正的注意事项

（1）矫正变形之前应认真分析变形情况，制定矫正方案，确定加热位置及矫正步骤。

（2）认真了解被矫正结构的材料性质。焊接性好的材料，火焰矫正后材料性能的变化也小。对于已经热处理的高强度钢，加热温度不应超过其回火温度。

（3）水冷配合火焰矫正时，应待钢材失去红态后再浇水，其表面加热颜色及相应温度如表2-3所示。

表2-3　钢材表面加热颜色及相应温度

颜　　色	温度/℃	颜　　色	温度/℃
深褐	550～580	亮樱红	830～900
褐红	580～650	橘黄	900～1 050
暗樱红	650～730	暗黄	1 050～1 150
樱红	730～800	亮黄	1 150～1 250
淡樱红	800～830	白黄	1 250～1 300

（4）矫正薄板变形若需锤击，则应采用木锤。

（5）加热火焰一般采用中性焰。

（6）对具有晶间腐蚀性的不锈钢和淬硬倾向较大的钢材，不宜采用火焰加热矫正。

4）火焰加热矫正的实例。

【实例2-7】车厢外蒙皮为1 mm厚度的Q235钢，骨架为型钢焊接的格状框架，每一格尺寸为600 mm×600 mm。薄板蒙皮与骨架焊接后出现外拱变形，且最高外拱值达15 mm，严重影响车厢外观。此时无法采用机械法矫形，只有使用火焰加热来进行矫正。

采用点状火焰加热时，加热点应均匀分布，如图2-52所示。点间距不得过小，加热要分区域进行。首先不应加热上拱最高点，应在图2-52所示的Ⅱ区内加热若干点，加热点的直径不得太大，一般为10 mm左右。如果仅加热Ⅱ区，变形仍未完全矫正，则可将加热区再向外扩展到Ⅲ区。为了提高效果，可采用喷水急冷。

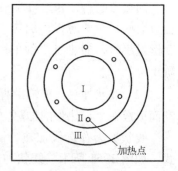

图2-52　矫正薄板变形时
加热点的分布

【实例 2-8】工字梁焊后若弯曲变形超过允许值，则需进行矫正。若采用机械矫正，因工字梁的抗弯刚度较大，则需要较大吨位的压力机，因而在实际生产中多采用火焰加热矫正法进行矫正。如图 2-53 所示，在腹板上采用三角形加热法，三角形的底边朝上拱方向，顶端朝内凹方向，在盖板上相应位置采用带状加热法来矫正弯曲变形。

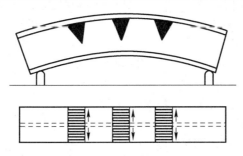

图 2-53　工字梁弯曲变形的三角形和带状加热法矫正

通常，为了防止工字梁侧弯，加热盖板时可用两把焊炬从中间向两边缘加热，腹板上也可用两把焊炬在腹板两面同时进行三角形加热。在矫形时，只需将工字梁按上拱方向两端简单支撑，在加热时由于梁本身的自重，加热区会产生较大的压缩塑性变形，矫形效果良好。

【实例 2-9】对于厚度大于 25 mm 的圆筒体，当无大型卷板机时，也可用火焰加热法来矫正纵焊缝焊后产生的椭圆形变形和周长过大的现象。可把筒体竖放在平台上垫平，如图 2-54（a）所示，再用火焰法进行矫正。周长过大时，可用两把焊炬同时在筒体内外沿着纵焊缝进行线状加热，如图 2-54（b）所示。

一般加热一次冷却后，周长可缩短 1～2 mm。对于椭圆形变形，可先用标准圆弧样板进行检验，如果筒体的某部位外凸，如图 2-54（c）所示，则沿着该外壁进行竖向加热，加热后任其自然冷却，即可减少外凸程度。一次不行，可再次加热、再次冷却，直至矫圆。若筒体弧度不足，如图 2-54（d）所示，则沿着内壁竖向加热矫正，同样可重复加热冷却至符合图样的技术要求。

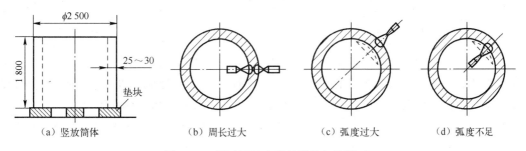

（a）竖放筒体　　　　（b）周长过大　　　　（c）弧度过大　　　　（d）弧度不足

图 2-54　厚壁圆筒变形的线状加热矫正

综合练习

一、填空题

1. 在同样板厚和坡口形式下，多层焊比单层焊角变形_____，且焊接层数越多，角变形越_____。

2. 一般情况下，工形梁焊接结构中常见的焊接变形是_____；大面积平板拼接，如船体甲板、大型油罐罐底板等形式的拼接，极易产生的焊接变形是_____。

3. 焊接热输入是影响变形量的关键因素，在保证熔透和焊缝无缺陷的前提下，应尽量采用_____的焊接热输入。

4. 留余量法主要是用于防止焊件的_____。反变形法主要用于防止焊件的_____和_____。

5. 根据焊件的变形规律，焊前预先将焊件向着与焊接变形的相反方向进行人为变形的工艺方法叫_____。

6. 在机械力的作用下使部分金属得到延伸，使其恢复到所要求的形状的矫正工艺方法叫_____。

7. 火焰加热矫正中，火焰加热方式有_____、_____、_____三种。

8. 工字梁焊后上拱弯曲变形，通常采用的矫正方法是_____。

二、简答题

1. 在设计焊接结构时，如何减小焊接变形？

2. 在焊接结构制造过程中，防止焊接变形的工艺措施有哪些？

3. 简述矫正焊接残余变形的措施及其基本原理。

4. 采用机械法矫正焊接残余变形时应注意的事项有哪些？

5. 采用火焰加热矫正焊接残余变形时，影响其矫正效果的主要因素有哪些？

6. 常用的刚性固定法有哪几种？

任务4　焊接结构的脆性断裂和疲劳破坏

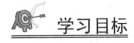 学习目标

了解焊接结构的疲劳破坏、脆性断裂产生的原因和主要影响因素，并熟练掌握提高焊接结构的强度和防止脆性断裂、疲劳破坏的主要措施，以减少或避免断裂事故及疲劳破坏事故的发生，保证焊接结构的使用安全性和使用寿命。

任务分析

焊接结构在使用中，除结构抗拉强度不足而导致构件断裂破坏外，还有其他形式的断裂破坏形式，如脆性断裂、疲劳断裂等，其中脆性断裂是一种危害极大的断裂破坏形式。自焊接结构广泛应用以来，许多国家都发生过一些焊接结构的脆性断裂事故。虽然发生脆性断裂事故的焊接结构数量较少，但它往往是在没有任何征兆的情况下突然发生的断裂事故，其后果是非常严重的，有时甚至是灾难性的。

疲劳断裂是一种多发的、常见的、危害较大的断裂破坏形式。与脆性破坏相比，疲劳破坏是一种相当普遍的焊接结构的破坏形式。大量统计资料表明，在焊接结构断裂事故中，疲劳断裂占80%以上。在能源、交通、航天、航空等工业部门的焊接结构断裂事故中，疲劳断裂事故的发生率为80%～90%。而对于承受循环载荷的桥梁、船体、工程机械等焊接构件，更是有90%以上的失效归因于疲劳破坏。由此可见，疲劳破坏的危害性非常大，其造成的经济损失、人员伤亡是非常严重的。

相关知识及工作过程

2.4.1　金属材料断裂的基本概念

1. 断裂的概念

断裂是指金属材料受力后局部变形量超过一定限度时，原子间的结合力受到破坏，从而产生微裂纹，继而发生扩展使金属断开的破坏形式。其断裂表面的外观形貌称为断口，它记录着有关断裂过程的信息。按照金属材料在断裂前的塑性变形及裂纹的扩展情况，断裂可分为脆性断裂和韧性断裂（或延性断裂）。

2. 断裂机制

（1）解理断裂机制。解理断裂机制指晶体金属材料沿某些特定结晶截面发生的断裂。解理断裂是一种由拉应力引起的脆性穿晶断裂，通常是严格地沿着一定晶面分离，这个晶面叫做解理断裂面。但有时断裂也可沿着晶体的滑移面或孪晶面分离开裂。

解理断裂多见于体心立方、密排六方金属中，这是因为金属材料在一定的受力条件下（如低温、高应变速率及高应力集中），材料的塑性变形严重受阻，材料不能以变形的方式来释放应力，而只能以分离的方式来顺应外加应力，从而发生解理断裂现象。

一般情况下，解理断裂具有脆性断裂的性质。典型的解理断口金相照片的重要特征为河流状花样、解理台阶、舌状花样、鱼骨状花样等。

（2）剪切断裂机制。剪切断裂机制是在切应力的作用下，沿滑移面滑移分离而形成的断裂现象，它主要包括两种类型。

① 纯剪切或滑断。在外力作用下，沿最大切应力的滑移面（一般与拉应力的轴线成45°角）滑移，最后因滑移面滑移错开而分离形成断裂。剪切断裂现象多发生在单晶体金属中。

② 微孔洞聚集断裂。这种断裂的过程为：在外来作用下，第二相（或夹杂物）质点本身破碎，或第二相（或夹杂物）与基体界面脱离而形成微孔，然后随着应力的增加，微孔不断长大、聚合而形成连续的裂纹，直至发生断裂。

3. 影响金属材料断裂的因素

同种金属材料在不同的条件下可以显示出不同的断裂破坏形式。研究表明，影响金属断裂的因素主要有温度、应力状态和加载速度。例如，环境温度越低、金属材料中拉应力越大、加载速度越快，则发生解理断裂的倾向性越大。这就是说，在一定温度、应力状态和加载速度下，金属材料呈韧性断裂破坏；而在另外一些条件下，金属材料又呈脆性断裂破坏。

（1）温度的影响。材料的脆性断裂在很大程度上取决于温度。通常，金属在高温时具有良好的变形能力，但当温度降低时，其变形能力就减小，金属的这种低温脆化的现象称为低温脆性。

任何金属材料都有两个强度性能指标——抗拉强度和屈服强度。其中，屈服强度又分为上屈服强度和下屈服强度。抗拉强度 R_m 随温度变化很小，而下屈服强度 R_{eL} 却对温度变化十分敏感，如图 2-55 所示。温度降低，下屈服强度急剧升高，故两曲线相交于一点，交点对应的温度即为材料由韧性状态转变为脆性状态的韧脆转变温度，记作 T_k。应当指出，由于化学成分具有统计性，故韧脆转变温度实际上不是一个温度值而是一个温度区间。

在其他条件相同时，韧脆转变温度越低，材料处于韧性状态的温度范围就越广，材料发生脆性断裂的倾向就越小；反之，一切促成韧脆转变温度升高的因素均将缩小材料韧性状态的温度范围，从而增大材料产生脆性断裂的倾向。

对具体的金属材料结构而言，工作温度越低，发生脆性断裂的倾向性就越大。图 2-56 所示为一组同材质金属材料在不同温度下的拉伸试验断裂示意图。由图 2-56 可见，随着拉伸温度的降低，试样的断裂性质从韧性断裂逐渐变成了脆性断裂。

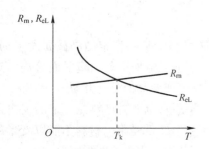

图 2-55　抗拉强度和屈服强度与温度的关系

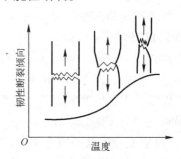

图 2-56　温度与断裂性质的关系

（2）应力状态的影响。物体受外载时，在不同截面上产生不同的正应力 σ 和切应力 τ。在主平面上作用着最大正应力 σ_{max}（在另一个与之垂直的主平面上作用着最小正应力 σ_{min}），在与主平面成 45°角的平面上作用着最大切应力 τ_{max}。当 τ_{max} 达到材料的屈服强度后，材料中产生滑移，表现为塑性变形。若 τ_{max} 先达到材料的抗剪强度，则发生韧性断裂。若最大正应力 σ_{max} 首先达到材料的抗拉强度，则发生脆性断裂。

因此，发生断裂的性质既与材料的屈服强度和抗拉强度有关，又与 τ_{max}/σ_{max} 的值有关。后者描述了材料的应力状态。显然，比值增大，韧断可能性就大；反之，脆断可能性就大。τ_{max}/σ_{max} 的值与加载方式和材料的形状尺寸有关。杆件单轴拉伸时，$\tau_{max}/\sigma_{max}=1/2$；圆棒纯扭转时，$\tau_{max}/\sigma_{max}=1$。前者发生脆断的可能性大于后者。厚板结构易出现三向拉应力状态，若 $\sigma_1=\sigma_2=\sigma_3$，则 $\tau_{max}/\sigma_{max}=0$。这时塑性变形受到拘束，必然发生脆断。一般在裂纹尖端或结构上其他应力集中缺陷处容易出现三向拉应力状态。

（3）加载速度的影响。大量试验研究证明，加载速度对金属材料的断裂破坏也有重要影响，即提高加载速度能促进材料脆性断裂破坏，其作用相当于降低材料的工作温度。其根本原因是金属材料的屈服强度不仅取决于温度，还取决于材料的加载速度或应变速度。换言之，随着加载速度的提高，相应的应变速度也提高，则材料的屈服强度也不断提高。

应当指出，在相同的加载速度下，当结构中存在缺口缺陷时，应变速度可呈现出加倍的不利影响。因为一旦缺口根部开裂，就有较高的应变速度产生，而不管其原始加载条件是动载荷还是静载荷，此后随着裂纹的加速扩展，应变速度急剧加快，致使结构最后断裂破坏。金属材料的韧脆转变温度与应变速度的关系如图 2-57 所示。另外，由图 2-57 可见，结构的韧性－脆性转变温度还随着板厚的增加而升高。

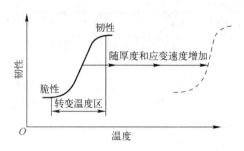

图2-57 韧脆转变温度与应变速度的关系

除上述三大因素之外，金属材料的晶粒度、显微组织及化学成分等对金属结构的断裂破坏也有较大影响。一般情况下，晶粒越细小、组织致密性越高、夹杂物越少，金属材料断裂破坏的倾向越小；金属材料中的硫、磷、氢、氮、氧等杂质元素含量越少，材料脆性断裂的倾向也越小。

2.4.2 焊接结构的脆性断裂

1. 焊接结构脆性断裂的特征

自焊接结构广泛应用以来，曾发生过一些脆性断裂（简称脆断）事故。其所涉及的焊接结构形式有焊接船体、球形贮罐、低温压力容器、桥梁、发电设备、海洋工程和石油开发设备及飞机零、部件等。这些破坏事故多是无征兆而突然发生的，同时会造成灾难性的损失，因此，曾一度使人们对焊接结构制造在重要结构中应用的可靠性产生了怀疑，影响了焊接结构的推广和发展。

近年来，各国学者通过广泛的调查和研究，总结出了焊接结构脆性断裂的特征。

（1）脆性断裂都是在没有显著塑性变形的情况下发生的，并且具有突然破坏的性质。

（2）由于焊接结构具有整体性强和刚度大的特点，故破坏一旦发生，瞬时就能扩展到结构的整体，使脆性断裂事故难以被事先发现并加以预防。

（3）焊接结构发生脆断时，其断裂的名义应力较低，通常低于材料的下屈服强度值，且往往还低于结构的设计许用应力，是一种低应力下的破坏。因此，脆性断裂又称为低应力脆性破坏。

（4）断裂时，一般都有断裂片散落在事故现场周围。断口是脆性的平断口，宏观外貌呈人字纹和晶粒状，根据人字纹的尖端可以找到裂纹源；微观上多为晶界断裂和解理断裂。

（5）多数脆断是在环境温度或介质温度较低时发生的，故称为低温脆断。

（6）破坏总是从焊接缺陷处或几何形状突变、应力和应变集中处开始的。

除了这些公认的典型特征外，研究人员还通过模拟断裂试验，研究了温度对断口附近材料塑韧性的影响。试验结果表明，焊接结构断裂时断口附近金属的塑韧性很差，而对于离断口较远处的材料进行力学性能复查检验发现，其强度和伸长率往往仍符合原规范要求。

2. 影响焊接结构脆性断裂的因素

对各种焊接结构脆性断裂事故进行分析和研究发现，焊接结构的脆性断裂除了受工作温度、加载速度和应力状态三大因素影响之外，还受其焊接生产的特殊性因素的影响，即主要受材料状态（包括母材和焊材）、焊接结构设计和焊接制造工艺三方面的影响。就材料状态而言，主要是母材和焊缝金属在工作温度下韧性不足；就焊接结构设计而言，主要是造成极为不利的应力状态，限制了材料塑性的发挥；就焊接制造工艺而言，除了因焊接工艺缺陷而造成严重应力集中外，还因为焊接热的作用而改变了材质（如产生热影响区的脆化）以及产生焊接残余应力与变形等。

1）材料状态的影响

（1）母材厚度的影响。一般厚度增大，发生脆性断裂的可能性也增大。这主要由两个因素决定，一方面是厚板在缺口处容易形成三向拉应力，沿厚度方向的收缩和变形受到较大的限制而形成平面应变状态，约束了塑性的发挥，使材料变脆；另一方面是厚板相对于薄板受轧制次数少，终轧温度高，组织较疏松，内外层均匀性差，因而厚板抗脆断能力较低，容易脆断。

（2）母材和焊缝金属晶粒度的影响。晶粒度对钢的脆性转变温度影响也很大，晶粒度越细，转变温度越低，越不易发生脆断。同样，焊缝金属晶粒越细小，其抗裂能力也越强。

（3）母材和焊缝金属化学成分的影响。碳素结构钢随着碳含量的增加，其强度也随之提高，而塑性和韧性却下降，即脆断倾向增大。其他如 N、O、H、S、P 等元素会增大钢材的脆性，而适量加入 Ni、Cr、V、Mn 等元素则有助于减小钢的脆性。同样，通过合理选择焊材（焊条和焊剂），对焊缝金属进行合金化，可提高焊缝的韧性，防止脆性断裂。

必须指出，金属材料韧性不足而发生脆断既有内因，又有外因，外因通过内因起作用。但是上述三个外因的作用往往不是单独的，而是共同作用、相互促进。同一材料的光滑试样拉伸，要达到纯脆性断裂，其温度一般都很低，如低碳钢为 −200 ℃左右。如果是带缺口的试样，则发生脆性断裂的温度将大大提高。缺口越尖锐，提高脆断的温度幅度就越大。说明不利的应力状态提高了脆性转变温度。如果厚板再带有尖锐的缺口（如裂纹的尖端），则在常温下也会产生脆性断裂。提高加载速度（如冲击）也同样会使材料的脆性转变温度大幅度提高。

2）焊接结构设计的影响

与铆接或螺栓连接结构相比，焊接结构自身的设计特点是导致其脆性断裂的主要原因之一。有时可能是由于设计不合理而容易造成应力集中，直接引起脆断的。

具体焊接结构设计的影响因素主要表现在以下几方面。

（1）焊接结构的刚度大。与螺栓连接和铆接结构相比，焊接结构的连接构件间不能产生相对位移，因此具有较大的刚度。而铆接或螺栓连接结构则由于接头的相对灵活性，使其刚度相对较小，在工作条件下，足以减小因偶然载荷而产生的附加应力的危险性。在焊接结构中，如果在结构设计时没有考虑到这一点，往往能引起较大的附加应力，特别是在温度降低时，这些附件应力往往造成结构的脆性断裂破坏。例如，1947 年 12 月，在苏联曾发生过几个 4 500 m³ 储油罐的局部脆性断裂事故。事后研究表明，温度不均匀所造成的附加应力是这些储油罐被破坏的直接主要原因。

（2）焊接结构的整体性强。整体性强是焊接结构的主要优点之一，它为设计制造一些整体稳定性要求高的结构提供了广泛的可能性。但是如果设计不当或制造不良，这一优点就反而可能成为增加焊接结构脆性断裂的危险点。因为焊接结构的整体性，将给裂纹的扩展创造十分有利的条件。当焊接结构工作时，如果遇到偶然大载荷产生的附加应力，则焊接结构一旦开裂，裂纹很容易从一个构件穿越焊缝传播到另一个构件，继而扩展到结构整体，造成整体断裂。

铆钉连接和螺栓连接结构的整体性差，其接头处金属之间不连续，遇到偶然冲击时，搭接面有相对位移的可能，起到吸收能量和缓冲的作用，即使构件中出现裂纹，裂纹扩展到接头处也会自然停止，不会导致整体结构的断裂破坏。因此，在某些大型焊接结构（如桥梁、屋梁）中，有时仍要保留少量的铆接或螺栓连接接头，其道理就在于此。

（3）焊接结构对应力集中的敏感性高。焊接结构的整体性强和结构的刚度大，必然导致其对应力集中特别敏感。焊接接头中的搭接接头、T 字（或十字）接头和角接接头本身就是结构上横截面形状突变的部位。连接这些接头的角焊缝，在焊趾和焊根处便是常见的应力集中点。对接接头是最理想的接头形式，但也随着余高的增加，使焊趾的应力集中趋于严重化。这些突然变化的截面，当温度降低时，就会使结构有发生脆性断裂的危险。

典型的实例是美国"自由轮"所发生的断裂事故。事故后的调查研究发现，以往这种大型船舶采用铆接结构时，虽然应力集中很大，但并未发生过脆性断裂事故，而采用焊接结构后，却发生了一系列脆断破坏事故，其主要原因之一就是焊接结构船体的应力集中敏感性特别高。

（4）不合理的结构设计。经过对焊接结构脆性断裂事故的多年研究，人们总结出了常见的不合理结构设计类型。例如，断面突变处不作过渡处理；形成三向拉应力状态的构造设计，如用过厚的板、焊缝密集、三向焊缝汇交，造成在拘束状态下施焊或复杂的残余应力分布等；在高工作应力区布置焊缝；在重要受力构件上随便焊接小附件而又不注意焊接质量；不便于施焊的构造设计，这样的设计最容易引起焊缝内外缺陷而造成应力集中等问题。

3）焊接制造工艺的影响

焊接结构在生产制造过程中一般要经历下料、冷（热）成形、装配、焊接、矫形和焊后热处理工序。金属材料经过这些工序的冷热加工后，其材质可能发生变化，焊接可能产生缺陷，焊后产生残余应力和变形等，这些都对结构脆断有影响。

（1）应变时效对结构脆性断裂的影响。钢材随时间发生脆化的现象称为时效，钢材经一定塑性变形后发生的时效称为应变时效。焊接结构生产过程中有两种情况可以产生应变时效，一种是当钢材经剪切、冷成形或冷矫形等工序产生了一定塑性变形（冷作硬化）后，经 150～450℃温度加热而产生的应变时效；另一种是焊接时由于加热不均匀，近缝区的金属受到不同热循环的作用，尤其是当近缝区上有某些尖锐刻槽或在多层焊的先焊焊道中存在缺陷，便会在刻槽和缺陷处形成焊接应力 - 应变集中，产生较大的塑性变形，结果在热循环和塑性变形的同时作用下产生应变时效，这种时效称为热应变时效或动应变时效。

研究表明，许多低强度钢的应变时效引起的局部脆化非常严重，它大大降低了材料延性，提高了材料的脆性转变温度，使材料的缺口韧性和断裂韧度值下降；热（动）应变时效对脆性的影响比冷作硬化后的应变时效来得大，即前者的脆性转变温度高于后者。

焊后热处理（550～560℃）可消除上述两类应变时效对碳钢和某些合金钢结构脆性断裂的影响，可恢复其韧性。因此，对应变时效敏感的钢材，焊后热处理是必要的，既可消除焊接残余应力，又可改善这种局部脆化，对防止结构脆断有利。

（2）焊接接头非均质性的影响。焊接接头非均质性主要表现在两个方面，一是焊接接头中焊缝金属与母材之间有强度不匹配问题；二是焊接的快速加热与冷却使焊缝和热影响区发生金相组织变化而造成的接头组织多样化问题。这些非均质性对结构脆性断裂都有很大影响。

首先，焊缝金属与母材不匹配。目前结构钢焊接在选择焊接填充金属时，总是以母材强度为依据。由于焊材供应或焊接工艺需要等原因，可能有三种不同的强度匹配（又称组配）的情况，即焊缝金属强度略高于母材金属的高匹配和等于或略低于母材金属的低匹配。这三种情况只考虑了强度问题，忽略了对脆性断裂影响最大的延性和韧性匹配问题，因而不够全面。通常强度级别高的钢材，其延性和韧性都较差，很难做到既等强度又等韧性的理想匹配。

通过对不同强度级别钢材以不同强度匹配的焊接接头进行抗脆裂试验研究发现，焊缝强度高于母材的焊接接头（高匹配）对抗脆断较为有利。这种高匹配接头的极限裂纹尺寸比等匹配和低匹配接头的大，而且焊缝金属的止裂性能也较高。这种现象被认为是高匹配的焊缝金属受到周围软质母材的保护，变形大部分发生在母材金属上。

采用高匹配的同时，也必须满足焊接工艺方面和焊缝金属抗裂能力方面对塑、韧性的基本要求。由此可见，要求焊缝和母材具有相同的塑性，而强度稍高于母材是最佳的匹配方案。

其次，接头金相组织发生变化。焊接局部快速加热和冷却的特点，使焊缝和热影响区发生一系列金相组织的变化，因而相应地改变了接头部位的缺口韧性。一般焊接接头的焊缝区、熔合区和热影响区具有比母材更高的韧脆转变温度，因此它们是焊接接头的薄弱环节，尤其是热影响区中的过热部位（粗晶区），更是容易产生脆性断裂。

热影响区的显微组织主要取决于母材的原始显微组织、材料的化学成分以及焊接方法和焊接热输入。对于确定的钢种和焊接方法来说，主要取决于焊接热输入。实践表明，对高强度钢的焊接，用过小的热输入接头散热快，形成淬火组织并易产生裂纹；过大的热输入会造成过热、因晶粒粗大而脆化，降低材料的韧性。通常需要通过工艺试验确定出最佳的焊接热输入。采用多层焊可获得较满意的接头韧性，因为每道焊缝可以用较小的工艺参数，且每道焊缝的焊接热循环对前一道焊缝和热影响区起到热处理作用，有利于改善接头韧性。

（3）焊接残余应力的影响。在焊接过程中，焊件受不均匀加热和其他焊接工艺因素的影响，冷却后必然产生焊接残余应力。焊接残余应力对结构脆断的影响是有条件的，在材料的韧脆转变温度以下（材料已完全处于脆性状态）时，焊接残余应力会产生不利影响，它与工作应力叠加，可以造成结构的低应力脆性破坏；而在临界转变温度以上时，焊接残余应力对脆性破坏的影响并不大。

焊接残余应力具有局部性质，一般只限于焊缝及其附近部位，离开焊缝区其值迅速减小。因为其峰值残余应力有助于裂纹的萌生和扩展，当裂纹的扩展离开焊缝一定距离后，残余应力将急剧减小。当工作应力较低时，裂纹可能中止扩展；而当工作应力较大时，裂纹可能继续扩展，直到接头出现脆性断裂破坏。

（4）焊接工艺缺陷的影响。焊接接头中，焊缝和热影响区是最容易产生焊接缺陷的地方。美国对第二次世界大战中焊接船舶脆断事故的调查表明，40%的脆断事故是从焊缝缺陷处引发的。

根据结构几何不连续性将缺陷划分为三种类型。

① 平面缺陷：包括未熔合、未焊透、裂纹以及其他类裂纹缺陷。

② 体积缺陷：气孔、夹渣和类似缺陷，但有些夹渣和气孔（如线性气孔）常与未熔合有关，这些缺陷可按裂纹处理。

③ 成形不佳：焊缝太厚、角变形、错边等。

这三类缺陷中以平面缺陷的结构断裂影响最为严重，而平面缺陷中又以裂纹缺陷的影响最为严重。裂纹尖端的应力–应变集中严重，最易导致脆性断裂。裂纹的影响程度不但与其尺寸、形状有关，而且与其所在位置有关。若裂纹位于高值拉应力区，则更容易引起低应力破坏。若在结构的应力集中区（如压力容器的接管处、钢结构的节点上）产生焊接缺陷，则很危险。因此，最好将焊缝布置在结构的应力集中区以外。

体积缺陷也同样会削减工作截面而造成结构不连续，它所处的位置也是产生应力集中的部位，它对脆断的影响程度取决于缺陷的形态和所处的位置。

试验表明，焊接角变形越大，破坏应力也越低；对接接头发生错边，就与搭接接头相似，会造成载荷与重心不同轴，产生附加弯曲应力。焊缝有余高，在焊趾处易产生较严重的应力集中，导致在该处开裂。通常采取打磨焊趾处，使焊缝与母材圆滑过渡的方法，也可在焊趾处进行氩弧重熔或堆焊一层防裂焊缝来降低应力集中。

2.4.3   防止焊接结构脆性断裂的设计准则

焊接结构脆性断裂往往是在瞬间完成的，但是大量研究表明，它仍然是由两个阶段组成的。即在焊接结构的某个部位，例如，在焊接缺陷处（如焊接冷裂纹、咬边、夹杂物及未焊透等缺陷处）首先产生脆性裂纹，然后该裂纹以极快的速度扩展，部分或全部贯穿结构件，造成脆性断裂破坏。前一阶段为断裂的萌生阶段或引发阶段，后一阶段为裂纹的扩展阶段。扩展的裂纹在一定条件下可能停下来，即止裂。对于某金属材料而言，它有两个重要的临界温度，一个是脆性裂纹萌生的临界温度，即开裂温度；另一个是止住裂纹扩展的临界温度，即止裂温度。一般这两个临界温度越低，材料的抗开裂性能和止裂性能就越好。

由于材料的脆性断裂是由两个阶段组成的，因此为了防止焊接结构发生脆性断裂，相应地提出了两个设计准则：一是防止裂纹产生的准则（即开裂控制）；二是止裂性能准则（即止裂控制）。前者要求焊接结构最薄弱的部位，即焊接接头处具有抵抗脆性裂纹产生的能力，即抗裂能力；后者要求如果这些部位产生了脆性小裂纹，则其周围材料应具有将其迅速止住的能力。显然，后者比前者要求更苛刻。

2.4.4   防止焊接结构脆性断裂的措施

造成焊接结构脆性断裂的基本因素是材料在工作条件下韧性不足，结构上存在严重的应力集中（包括设计上和工艺上）和过大的拉应力（包括工作应力、残余应力和温度应力）。若能有效地解决其中一方面因素所引发的问题，则发生脆断的可能性将显著减小。通常是从选材、设计和制造三方面采取措施来防止结构的脆性断裂破坏。

1. 正确、合理地选用材料

与其他结构选择相同，焊接结构选择材料的基本原则也是既要保证结构的使用安全性，又要考虑制造的经济性。

一般情况下，所选钢材和焊接填充金属材料应保证在使用温度下具有良好的断裂韧性。为此选材时应注意以下两点：

（1）在结构工作条件下，焊缝、熔合区和热影响区的最脆部位应有足够的抗开裂性能，母材应具有一定的止裂性能。也就是说，首先不让接头处开裂，万一开裂，母材能够制止裂纹的扩展和长大。

（2）钢材的强度和韧度要兼顾，不能片面追求强度指标而忽略了韧性的基本要求。

另外，在选用材料时还要考虑材料费用和结构总体费用的比例问题。当某些结构材料的费用与结构整体费用相比所占比重很少时，应选优良韧性材料。而对一些结构，当材料的费用是结构的主要费用时，就要对材料费用和韧度要求之间的关系作详细的对比研究后再定论。

特别需要注意的是，选材时必须考虑到一旦结构断裂其后果的严重性，不可单单考虑材料的经济性好坏。

2. 合理的结构设计

设计有脆断倾向的焊接结构时，应注意以下几个原则。

1）减小结构或焊接接头部位的应力集中

（1）在构件截面改变的地方，应设计成平缓过渡形式，以免出现应力集中现象，如图 2-58 所示。

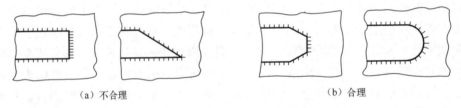

（a）不合理　　　　　　　　　　　（b）合理

图 2-58　尖角过渡和平滑过渡的比较

（2）应尽量用应力集中系数小的对接接头，避免用搭接接头。若有可能可把 T 形或角接接头改成对接接头。如图 2-59（a）所示的接头设计不合理，容易在焊缝处出现裂纹；而改成图 2-59（b）所示的形式后，减小了焊缝处的应力集中，接头的承载能力大为提高，爆破实验表明，断裂从焊缝以外开始。

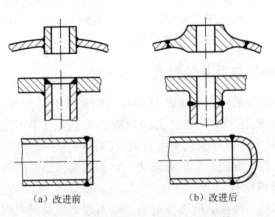

（a）改进前　　　　　　　（b）改进后

图 2-59　角接接头与对接接头的比较

（3）不同厚度构件的对接接头应尽可能采用圆滑过渡，如图2-60所示。

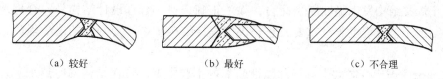

（a）较好　　　　　　　　（b）最好　　　　　　　　（c）不合理

图2-60　不同板厚的接头设计方案

（4）避免焊缝密集，焊缝之间应保持一定的距离。图2-61所示为控制焊缝密集度的设计。

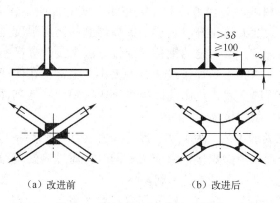

（a）改进前　　　　　　　　　　（b）改进后

图2-61　控制焊缝密集度的设计

（5）焊缝应布置在便于施焊和检验的部位，以减少焊接缺陷。

2）减小焊接结构的截面厚度

由于可以通过开设坡口、选用高能束激光焊来焊接很厚的截面，所以有些设计者在焊接结构中常会选用较厚的母材，以降低母材许用应力值的设计要求。但应注意，这样选用厚截面母材的结果是增加了结构脆性断裂的危险性，因此是不恰当的，其主要原因如下。

（1）增大厚度会提高钢材的韧脆转变温度（见图2-57）。所有厚板的韧脆转变温度一般比薄板高，一些实验证明，钢板的厚度每增加1 mm，转变温度将上升1 ℃。

（2）与薄钢板相比，一般厚钢板的韧性较差。因为厚钢板在制作过程中，其轧制程度较轻，冷却速度比较缓慢，所以晶粒较粗大，组织也较疏松。

（3）厚板不但加大了结构的刚度，而且容易形成三向拉应力状态，抑制塑性变形的发生，容易导致脆性解理断裂的发生。

3）减小结构的刚度

在满足焊接结构使用要求的前提下，应尽量减小结构的刚度，以降低应力集中和附加应力的不利影响。因为结构的刚度过大会提高其对应力集中的敏感性，并增大结构的拘束应力。

4）重视附件或不受力焊缝

对附件或不受力焊缝的设计应给予足够的重视。应和对待主要承力构件或焊缝一样精心设计，因为脆性裂纹一旦从这些不受重视的部位产生，就会扩展到主要受力的构件中，使结构被破坏。

3. 合理安排焊接结构的制造工艺

对防止焊接结构发生脆性断裂而言，除了正确选材、合理设计结构外，合理地安排焊接结构的制造工艺过程也非常重要，它是决定焊接结构抗裂能力好坏的最后保障，更要高度重视。

（1）充分考虑应变时效引起局部脆性断裂的不利影响。焊接结构的冷热加工过程会引起母材应变时效或加工硬化，它将降低材料的塑性，提高材料的韧脆转变温度和降低材料的断裂韧度。尤其是结构上的受拉边缘，要注意加工硬化，一般不用剪切而采用气割或刨边机加工边缘。若焊后进行热处理，则不受此限制。

（2）合理选择焊接材料、焊接方法和工艺参数。实验证明，在承受静载荷的结构中，保障焊缝金属和母材的韧度大致相等以及适当提高焊缝的屈服强度是有利的。另外应注意焊接方法和工艺参数的选择，对一定的钢种和焊接方法来说，热影响区的组织状态主要取决于该焊接方法能量密度的大小和焊接线能量的大小。通常，在保证焊透的前提下应尽量减少焊接热输入，以免焊缝金属或热影响区出现过热组织而降低其冲击韧度。尤其是焊接高强度钢时，更应严格控制焊接热输入的大小。

（3）必要时采用热处理工艺。为了减小焊接残余应力对焊接结构脆性断裂的不利影响，焊后可采取适当的热处理来消除焊接残余应力。同时，通过热处理操作也能消除冷作引起的应变时效和焊接引起的动应变时效的不利影响。

（4）文明生产、严格管理、妥善运输和保管。要严格生产管理，加强工艺纪律，不能随意在构件上打火引弧，因为任何弧坑都是微裂纹源；减少造成应力集中的几何不连续性，如错边、角变形、焊接接头内外缺陷（如裂纹及类裂纹缺陷）等。凡超标缺陷均需返修，焊补工作须在热处理之前进行。另外，对结构上任何焊缝都应看成是工作焊缝，焊缝内外质量同样重要。在选择焊接材料和制定工艺参数方面应同等对待。最后在运输和保管过程中，应注意不使结构中产生较大的附加应力、温度应力（或热应力）等，不要撞击结构表面，以免擦伤。

应该指出，为防止重要焊接结构发生脆性破坏，除采取上述措施外，在制造过程中还要加强质量检查，采用多种无损检测手段，及时发现焊接缺陷。在使用过程中也应不间断地进行监控，如用超声发射技术监测，一旦发现不安全因素应及时处理，能修复的及时修复。在服役中的结构修复要十分慎重，有可能因修复而引起新的问题。

2.4.5 焊接结构的疲劳破坏

1. 疲劳破坏的基本概念

1）疲劳的定义

在某点或某些点承受循环应力，已在足够多的循环应力作用之后形成裂纹或完全断裂，称为疲劳。

上述定义清楚地指出，只有在金属材料承受扰动应力作用的条件下，疲劳才会发生。所谓扰动应力（或称交变应力、循环应力），是指随时间变化的应力。这种变化可以是有规律的，如正弦波形、梯形波形、三角波形应力等；也可以是不规则的，或者是随机的。

从疲劳裂纹的整体发展来看，疲劳是一个发展过程，它发生在一段时间内（即疲劳寿命）。由于扰动应力的作用，结构或构件一开始使用，疲劳发展过程也就开始了。我们观察到的形成裂纹和完全断裂是疲劳发展过程中不断形成的结构损伤积累的结果。疲劳过程的发展必定会形成裂纹。断裂是由于裂纹的不断扩展直至长大到临界尺寸而造成的材料分离，它标志着疲劳发展过程的终结。

疲劳强度或疲劳极限是指试样受无数次应力循环而不发生疲劳破坏的最大应力值，其值的大小可表示金属材料抗疲劳性能的好坏。

通常，按照疲劳断裂前循环次数的多少，把疲劳分为高周疲劳和低周疲劳两大类。

（1）高周疲劳。指材料在低于下屈服强度的循环应力作用下，经过 10^5 以上次循环后才发生的疲劳。高周疲劳主要受应力控制，故又称为应力疲劳。

（2）低周疲劳。指材料在接近或超过其下屈服强度的循环应力作用下，经过低于 10^5 次塑性应变循环而产生的疲劳。低周疲劳主要受应变控制，故又称为应变疲劳。

2）疲劳断裂的过程和断口特征

（1）疲劳断裂的过程。疲劳断裂一般由三个阶段组成，即疲劳裂纹的萌生阶段、疲劳裂纹的扩展阶段和疲劳断裂阶段，这三个阶段之间没有明显的界限。例如，疲劳裂纹的萌生的定义就带有一定的随意性，这主要是因为采用的裂纹检测技术不统一。通常，疲劳裂纹总是在应力最高、强度最低的部位上萌生的。随着扰动应力的不断作用，微裂纹进入扩展阶段。在扩展阶段的初期，一般扩展速度非常缓慢，如每一次应力扰动大约只扩展 0.1 μm 数量级的位移。在扰动应力的持续作用下，疲劳裂纹继续向前扩展，其承受载荷的横截面面积越来越小，直到剩余有效承载面积小到不能承受施加的载荷时，构件就达到了最终断裂阶段。

（2）疲劳断口的特征。通过疲劳断口的宏观分析发现，金属材料的疲劳断口主要分为三个不同的区域，这三个区域与疲劳裂纹的萌生、扩展和断裂三个阶段相对应，分别称为疲劳裂纹源区、疲劳裂纹扩展区和瞬时断裂区，如图 2-62 所示。

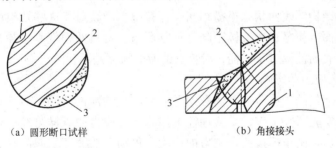

（a）圆形断口试样　　　　　　　　　（b）角接接头

图 2-62　疲劳断口形貌示意图

1—疲劳裂纹源区；2—疲劳裂纹扩展区；3—瞬时断裂区

疲劳裂纹源区是疲劳裂纹的形成过程在断口上留下的真实记录。裂纹源一般很小，宏观下难以辨认。疲劳裂纹源多发生在表面，但在结构内部有脆性夹杂物时，也可在构件内部发生。

疲劳裂纹扩展区是疲劳断口上最重要的特征区域。其宏观形貌通常呈贝壳或海滩波纹状条纹，且条纹推进线一般从裂纹源头开始呈圆弧状向四周层层椎进，垂直于疲劳裂纹的扩展方向。

瞬时断裂区是裂纹扩展到临界尺寸之后发生的快速断裂破坏。它的特征与静载荷拉伸试样断口中快速破坏的放射区及剪切唇相同，但有时仅仅出现剪切唇而无放射区。对于脆性材料而言，此区为结晶状的脆性断口。

另外，从宏观上看一些构件，尤其是薄板件，其疲劳断口上并无明显的贝壳状条纹，却有明显的疲劳台阶。在一个独立的疲劳区内，两个疲劳源向前扩展相遇就形成一个疲劳台阶，因此，疲劳台阶也是疲劳裂纹扩展区的一个特征。

2. 影响焊接结构疲劳强度的因素

焊接结构的疲劳强度在很大程度上取决于构件中的应力集中情况，不合理的接头形式和焊接过程中产生的各种缺陷（如未焊透、咬边等）是产生应力集中的主要原因。除此之外，焊接结构自身的一些特点，如接头性能的不均匀性、焊接残余应力等，都对焊接结构疲劳强度有影响。

1）应力集中的影响

结构上几何不连续的部位都会产生不同程度的应力集中，金属材料表面的缺口和内部的缺陷也可造成应力集中，从而降低结构的疲劳强度。焊接接头本身就是一个几何形状不连续体，不同的接头形式和不同的焊缝形状就会产生不同程度的应力集中，其中对接接头的应力集中最小，其疲劳强度也最高。T形（或十字形）接头在焊缝向母材过渡处有明显的截面变化，其应力集中系数要比对接接头的应力集中系数高，因此T形（或十字形）接头的疲劳强度远远低于对接接头的疲劳强度。此外，在搭接接头中应力集中也很严重，其疲劳强度也是很低的。

构件上缺口越尖锐，应力集中越严重，疲劳强度降低也越大。不同材料或同一材料因组织和强度不同，缺口的敏感性（或缺口效应）是不相同的。高强度钢较低强度钢对缺口敏感，即在具有同样缺口的情况下，高强度钢的疲劳强度比低强度钢的降低很多。焊接接头中，承载焊缝的缺口效应比非承载焊缝强烈，而承载焊缝中又以垂直于焊缝轴线方向的载荷对缺口最敏感。

另外，焊接结构的表面状态粗糙相当于存在很多微缺口，这些缺口的应力集中导致疲劳强度下降。表面越粗糙，疲劳极限降低就越严重。材料的强度水平越高，表面状态的影响也越大。焊缝表面波纹过于粗糙，对接头的疲劳强度是不利的。

2）焊接残余应力的影响

残余应力对焊接结构疲劳强度的影响是人们广泛关注的问题。对于这个问题，人们已经进行了大量的实验研究工作，实验往往采用有焊接应力的试样与经过热处理消除内应力后的试样进行对比。由于焊接残余应力的产生多伴随着热循环引起的材料性能的变化，而热处理在消除应力的同时也恢复了或部分恢复了金属材料的力学性能，因此对于实验的结果就产生了不同的理解。其中关于内应力对疲劳强度的影响有不同的观点，比较公认的观点是焊接残余应力对焊接结构疲劳强度的影响取决于残余应力的状态。在工作应力较高的区域，如应力集中处，若焊接残余应力为拉应力，则它将降低焊接结构的疲劳强度；反之，焊接残余应力为压应力，则它将提高焊接结构的疲劳强度。

因此，某些重要的焊接结构在进行消除应力热处理后，应再进行适当的喷丸处理，以增加构件表面的压应力，从而提高材料的疲劳强度。

3）焊接缺陷的影响

焊接缺陷对疲劳强度影响的大小与缺陷的种类、尺寸、方向和位置有关。片状缺陷（如裂纹、未熔合、未焊透）比带圆角缺陷（如气孔）的影响大；表面缺陷比内部缺陷的影响大；与作用力方向垂直的片状缺陷的影响比其他方向的影响大；位于残余拉应力场内的缺陷，其影响比在残余压应力场内的影响大；同样的缺陷，位于应力集中场内（如焊趾裂纹和根部裂纹）的影响比在均匀应力场中的影响大。

4）其他影响因素

（1）金属材料性质的影响。当无应力集中现象时，材料的疲劳强度与屈服强度成正比。对于光滑试件，材料的疲劳强度随着材料本身的强度以约为 50% 的比率同向增加，所以屈服强度较高的低合金结构钢比低碳钢具有更高的疲劳强度。

应当指出，由于高强度钢往往具有较高的应力集中敏感性，所以当结构中存在应力集中时，高强度低合金钢的疲劳强度下降得比低碳钢要快，甚至当应力集中达到一定程度后，两种钢的疲劳强度相同或相差无几。

（2）结构尺寸的影响。疲劳强度在很大程度上取决于结构截面尺寸的大小，当结构尺寸增加时，结构的刚度增大，其疲劳强度将会相应地降低。这可能是由于结构尺寸增大后，其焊接缺陷也必然增多，并且焊接缺陷在大尺寸构件上更容易引起应力集中现象。因此，在考虑焊接结构的疲劳强度时，必须注意结构尺寸的不利影响。

2.4.6　提高焊接结构疲劳强度的措施

由上述可知，应力集中是使焊接结构疲劳强度降低的主要原因，只有当焊接结构的构造合理、焊接工艺完善、焊缝金属质量良好时，才能保证焊接结构具有较高的疲劳强度。

提高焊接结构的疲劳强度一般应采取下列措施。

1. 降低应力集中

疲劳裂纹源于焊接结构上的应力集中处，消除或降低应力集中的一切手段都可以提高焊接结构的疲劳强度。

（1）采用合理的结构形式。与前文所述防止脆性断裂的结构设计相似，采用合理的结构形式可以减小应力集中，这不仅可提高构件的抗脆性断裂能力，还可显著提高结构的疲劳强度。因此，在进行结构设计时应特别注意以下几点要求。

① 尽量选用合理的焊接接头。通常对接接头的应力集中最小，疲劳强度最高，应优先选用；重要结构最好把 T 形接头或角接接头改成对接接头，让焊缝避开拐角部位；尽量不用搭接接头。

应当指出，当必须选择 T 形接头或角接接头时，希望采用全熔透的接头焊缝；当必须选择搭接接头时，应避免采用疲劳强度较低的侧面焊缝接头，如图 2-63（a）所示，而采用侧面和断面都有焊缝的接头，如图 2-63（b）所示。

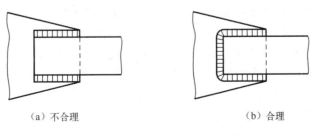

（a）不合理　　　　　　　　　　　　　（b）合理

图 2-63　搭接接头形式的选择

② 尽量避免偏心受载结构。因为平衡受载结构会使构件内力的传递顺畅、分布均匀，不会引起附加应力；相反，偏心受载结构很容易产生附加应力或引起应力集中现象。

③ 避免三向焊缝空间汇交。三向焊缝交汇处形成三向拉应力，易导致疲劳破坏，因此，可将图 2-64（a）所示的交汇焊缝改进为图 2-64（b）所示的焊缝分布形式。

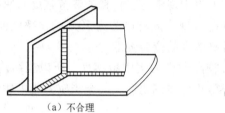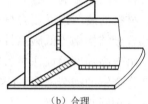

（a）不合理　　　　　　　　　　　　　（b）合理

图 2-64　避免三向焊缝交汇的设计

④ 尽量避免截面突变且结构拐角过渡要平缓，避免出现尖角；当板厚或板宽相差悬殊而需对接时，也应设计平缓的过渡区。另外，应尽量避免永久垫板的使用和断续焊缝的产生。

（2）控制焊缝的焊接缺陷。减少或消除焊缝缺陷，保证焊接结构具有良好的焊缝外观和内在质量，对降低构件的应力集中也很重要。其具体要求主要有以下几方面。

① 对接接头焊缝的余高应尽可能小。焊后最好能刨（或磨）平而不留余高。

② T 形接头最好采用带凹度表面的角焊缝，不采用有凸度的角焊缝。

③ 焊缝与母材表面交界处的焊趾应平滑过渡，必要时对焊趾进行磨削或氩弧重熔。

除了严格控制外观焊接缺陷外，还应注意减少内部焊接缺陷的不利影响。实际上，任何焊接缺陷都有不同程度的应力集中，尤其是裂纹、未焊透、未熔合和咬边等对疲劳强度影响最大。因此，在结构设计上要保证每条焊缝易于施焊，以减少焊接缺陷；同时发现超标的缺陷必须清除，并经补焊返修合格，以免影响焊接结构的疲劳强度。

2. 调整焊接残余应力

由上文对焊接残余应力的影响分析可知，残余压应力可提高疲劳强度，而残余拉应力会降低疲劳强度。因此，消除焊接接头应力集中处的残余应力（主要是拉应力）或使该处产生残余压应力都可以提高焊接接头的疲劳强度。这种方法可分为两种，一种是结构或元件的整体处理；另一种是对接头部分的局部处理。

（1）对结构或元件的整体处理。对结构或元件的整体处理包括整体热处理和超载预拉伸法。当循环应力较小或应力循环系数较低、应力集中较严重时，残余应力的不利影响增大，通过整体热处理来彻底消除焊接残余应力的措施是较合理的。特别是对有缺口的构件，采用超载预拉伸法可降低残余拉应力，甚至在缺口尖端处产生残余压应力，因此往往可以提高结构的疲劳强度。

（2）对接头部分的局部处理。对局部进行加热或挤压，如采用局部的滚压、锤击或喷丸等工艺使金属表面塑性变形而硬化，并在表层产生残余压应力，以达到提高疲劳强度的目的。

3. 改善材料的组织和性能

（1）提高焊接结构组织的内在质量。提高母材金属和焊缝金属的疲劳抗力还应考虑材料内在质量。例如，提高材料的冶金质量、减少钢中夹杂物；通过热处理来细化晶粒或获得理想的组织状态，在提高（或保证）材料强度的同时也能提高其塑性和韧性，从而提高其抗疲劳性能。

（2）合理搭配结构的强度、塑性和韧性。结构材料自身的力学性能搭配很重要，其强度、塑性和韧性应合理配合。强度是材料抵抗断裂的能力，但高强度材料对缺口较敏感。塑性的主要作用是通过塑性变形吸收变形功、削减应力峰值，使高应力重新分布，同时也使缺口和裂纹尖端得以钝化，裂纹的扩展得以缓和甚至停止。塑性能保证强度作用的充分发挥，所以对于高强度钢和超高强度钢，设法提高塑性和韧性将显著改善其抗疲劳性能。

4. 其他特殊保护措施

大气及介质侵蚀往往对材料的疲劳强度有影响，因此采用一定的保护涂层是有利的。例如，在应力集中处涂上含填料的塑料层是一种实用的改进方法。

综合练习

一、名词解释

断裂　疲劳　脆性断裂　高周疲劳　低周疲劳

二、填空题

1. 断裂可分为_____断裂和_____断裂（或塑性断裂）。

2. 影响焊接结构脆性断裂的三大因素是_____、_____和_____。

3. 由于材料的脆性断裂是由两个阶段组成的，因此为了防止脆性断裂，相应地提出了两个设计准则：一是_____准则；二是_____准则。

4. 按照疲劳断裂前循环次数的多少，把疲劳分为_____疲劳和_____疲劳两大类。

5. 疲劳断裂一般由三个阶段组成，即疲劳裂纹的_____、疲劳裂纹的和_____。

三、简答题

1. 影响金属材料断裂的主要因素有哪些？

2. 防止焊接结构脆性断裂的措施有哪些？

3. 为防止焊接结构的脆性断裂，焊前的结构设计应遵循的设计原则是什么？

4. 从宏观分析角度看，疲劳断口主要由哪几个区组成？各区的特征是什么？

5. 影响焊接结构疲劳强度的因素有哪些？

6. 为了提高焊接结构的疲劳强度，应主要采取哪些措施来控制焊接结构的应力集中？

四、综合题

某低合金钢平板对接焊（板宽 300 mm，板厚 20 mm，板长 1 000 mm），要求采用手工焊条电弧焊，单面焊双面成形，焊接参数自定。试问：

1. 分析该结构中产生焊接应力与应变的原因。

2. 画出其平板横截面中残余应力的分布图。

3. 该结构可能出现的焊接残余变形有哪些？如何控制这些焊接残余变形？

4. 如果要求结构具有良好的抵抗脆性断裂的能力，则应如何确定焊接参数？

5. 为提高该结构的疲劳强度，焊接操作过程中应注意哪些事项？

项目 ❸ 焊接结构生产工艺

📎**知识目标**

（1）掌握钢材的矫正及预处理方法。

（2）掌握划线、放样、下料的基本规则及方法。

（3）掌握弯曲与成形工艺。

（4）了解冲压成形工艺。

（5）掌握装配 – 焊接工装夹具和焊接用机械装备的使用。

（6）学会焊接结构的装配方法。

（7）掌握焊接工艺的制定方法。

📎**技能目标**

（1）能采用合理方法矫正钢材并预处理。

（2）能够根据图纸准确划线、合理放样并下料。

（3）能正确使用弯曲与成形工艺。

（4）能根据不同结构采用适当的压制工艺进行成形加工。

（5）能够合理地对焊接结构件进行装配，正确选用和使用装配、焊接工装夹具和焊接用机械装备。

（6）能根据焊接结构件的特点和技术要求制定装配与焊接工艺。

焊接结构大都是以板材、管材以及各种型钢作为原材料，经过备料加工、成形加工等一系列加工工序装配焊接而成的。在其生产过程中，合理安排和使用各种工艺方法对保证产品质量、节约材料、缩短生产周期等方面均有重要作用。

本项目着重介绍焊接结构生产中常用的备料、成形、装配及焊接等加工方法以及工艺装备方面的知识。

任务 1　钢材的矫正及预处理

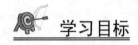 学习目标

了解钢材变形的原因，掌握矫正原理及预处理方法。

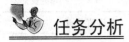 **任务分析**

　　板材、管材和型钢都是轧制材料，可能产生由残余应力引起的弯曲、变形；或者在下料过程中，钢板经过剪切、气割等工序加工后，因钢材受外力、加热等因素的影响，材料力学性能发生变化，表面产生不平、弯曲、扭曲和波浪变形等缺陷；另外，钢材受运输、存放不妥和其他因素的影响，表面会产生铁锈、氧化皮等，这些都将严重影响零件和产品的质量，因此必须对变形钢材进行矫正及预处理。

 相关知识及工作过程

3.1.1　钢材变形的原因

　　引起钢材变形的原因很多，从钢材的生产到零件加工的各个环节，都可能因各种原因而导致钢材的变形。钢材的变形主要来自以下几方面：

　　（1）钢材在轧制过程中引起的变形。钢材在轧制过程中，由于轧辊沿长度方向受热不均匀、轧辊弯曲、轧辊间隙不一致而使板料在宽度方向的压缩不均匀，导致长度方向延伸不相等而产生变形。

　　（2）钢材因运输和不正确堆放而产生变形。焊接结构使用的钢材均是较长、较大的钢板和型材，会因自重而产生弯曲、扭曲和局部变形。

　　（3）钢材在下料过程中引起的变形。钢材在划线后，一般要经过气割、剪切、冲裁、等离子弧切割等下料工序。而气割、等离子弧切割属于热切割，对钢材不均匀的加热必然会产生残余应力，导致钢材产生变形，尤其是在气割窄而长的钢板时，边上的一条钢板弯曲得最明显。在进行剪切、冲裁等工序时，由于工件的边缘受到剪切，必然会产生很大的塑性变形。

　　综上所述，造成钢材变形的原因是多方面的。当钢材的变形大于技术规定或大于表 3-1 中的允许偏差时，划线前必须进行矫正。

表 3-1　钢材在划线前允许的偏差

偏差名称	简　图	允许值/mm
钢板、扁钢的局部挠度		$\delta \geqslant 14,\ f \leqslant 1$； $\delta < 14,\ f \leqslant 1.5$
角钢、槽钢、工字钢、管子的垂直度		$f = \dfrac{L}{1\,000} \leqslant 5$
角钢两边的垂直度		$\Delta \leqslant \dfrac{b}{100}$

续表

偏 差 名 称	简　图	允许值/mm
工字钢、槽钢翼缘的倾斜度	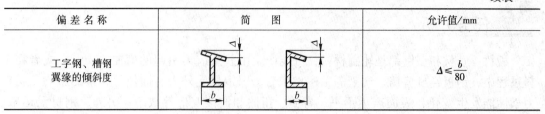	$\Delta \leqslant \dfrac{b}{80}$

3.1.2　钢材的矫正原理及方法

1. 钢材的矫正原理

钢材在厚度方向上可以假设是由多层纤维组成的。钢材平直时，如图 3-1（a）所示，各层纤维长度都相等，$ab = cd$；钢材弯曲后，如图 3-1（b）所示，各层纤维长度不相等，即 $a'b' \neq c'd'$。

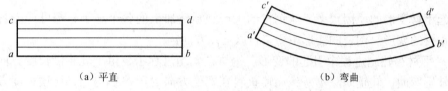

（a）平直　　　　　　　　　　（b）弯曲

图 3-1　钢板平直和弯曲时纤维长度的变化

可见，钢材的变形就是其中一部分纤维与另一部分纤维长短不相等造成的。矫正是通过采用加压或加热的方式进行的，其过程是把已伸长的纤维缩短，把缩短的纤维拉长，最终使钢板厚度方向的纤维长度趋于一致。

2. 钢材的矫正方法

1）钢材的矫正方法

矫正钢材变形的方法较多，根据外力的性质可分为手工矫正、机械矫正、火焰矫正及高频热点矫正。

（1）手工矫正。手工矫正主要是用锤子或其他工具对钢材变形的有关区域施加外力，使缩短纤维部分伸长，从而达到矫正的目的。手工矫正的矫正力小，劳动强度大，效率低，常用于矫正尺寸较小的薄板钢材。手工矫正时，根据刚性大小和变形情况不同，有反向变形法和锤展伸长法。

（2）机械矫正。机械矫正是利用各种专用或通用的机械设备，使材料产生变形而对钢材进行矫正的方法。和手工矫正的原理一样，机械矫正也是使钢材纤维发生变形而达到矫正目的，但它采用的是弯曲变形的方法。机械矫正使用的设备有专用设备和通用设备。专用设备有钢板矫正机、圆钢与钢管矫正机、型钢矫正机、型钢撑直机等；通用设备指一般的压力机、卷板机等。

① 钢板的矫正。钢板的矫正主要是在钢板矫正机上进行的。当钢板通过多对呈交错布置的轴辊时，发生多次反复弯曲，使各层纤维长度趋于一致，从而达到矫正的目的。

图 3-2 所示为钢板矫正机的工作原理。下排轴辊是主动轴辊，由电动机带动旋转；上排轴辊是被动轴辊，能进行上下调节以适应矫正不同厚度的钢板。一般两端的轴辊是导向辊，能单独上下调节，以引导板料出入矫正机。当钢板通过多对交错布置的轴辊时，钢板

发生多次弯曲，使各层纤维长度趋于一致，从而达到矫正的目的。

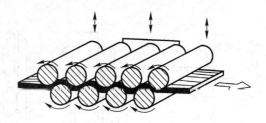

图 3-2　钢板矫正机的工作原理

钢板矫正机有多种形式，轴辊的数量越多，矫正的质量越好。通常 5 ～ 11 辊用于矫正中厚板，11 ～ 29 辊用于矫正薄板。常用钢板矫正机的结构形式、特点及用途如表 3-2 所示。

表 3-2　常用钢板矫正机的结构形式、特点及用途

结构形式	简　图	主要特点	用途
上排辊轮倾斜的矫正机		上排辊轮轴整体作上下调整；α 角可调整	薄板及屈服强度高的板料
上置边辊的矫正机		上置边辊轴可按进料方向及出料的需求进行调节	中厚板
成对导向辊的矫正机		成对导向辊的矫正速度：$v_1 < v_2 < v_3$，产生附加拉力	薄板及屈服强度高的板料

当钢板中间平、两边纵向呈波浪形时，应在中间加铁皮或橡胶以碾压中间。当钢板中间呈波浪形时，应在两边加垫板后碾压两边，以提高矫平的效果。

矫平薄板时，一般可加一块较厚的平钢板作衬垫一起矫正，也可将数块薄板叠在一起进行矫正。

矫平扁钢或小块板材时，应将相同厚度的扁钢或小块板材放在一个用做衬垫的钢板上通过矫正机后，将原来朝上的面翻动朝下再次进行矫正。

② 型钢的矫正。型钢的矫正一般是在多辊型钢矫正机、型钢撑直机和压力机上进行。

a. 多辊型钢矫正机矫正。多辊型钢矫正机与钢板矫正机的工作原理相同，矫正时型钢通过上、下两列辊轮之间反复弯曲，使型钢中原来各层纤维不相等处变为相等，以达到矫正的目的。

图 3-3（a）所示为型钢矫正机的工作原理。矫正辊轮分上、下两排交错排列，使型钢得以弯曲。下辊轮为主动轮，由电动机变速后带动；上辊轮为被动轮，可通过调节机构做

上下调节，产生不同的压力。辊轮的形状可根据被矫正型钢的断面形状做相应的调换，如图 3-3（b）所示。

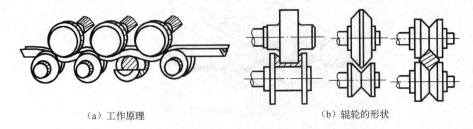

（a）工作原理　　　　　　　　　　　（b）辊轮的形状

图 3-3　型钢矫正机的工作原理及辊轮的形状

b. 型钢撑直机矫正。型钢撑直机是利用反变形的原理来矫正型钢的。如图 3-4 所示为单头型钢撑直机的工作原理，两个支撑之间的距离可调整，间距的大小随型钢弯曲程度而定。推撑由电动机的变速机构及偏心轮带动，做周期性的往复运动，推撑力的大小可通过调节推撑与支撑间的距离来实现。

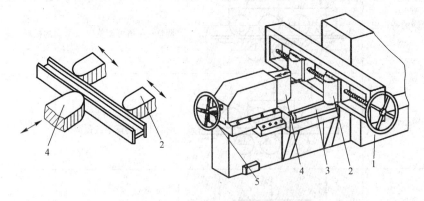

图 3-4　单头型钢撑直机的工作原理

1、5—手轮；2—支撑；3—辊轮装置；4—推撑

型钢撑直机主要用于矫正角钢、槽钢、工字钢等，也可用来进行弯曲成形。

c. 压力机矫正。钢板和型钢变形后，可采用油压机、水压机、摩擦压力机等进行矫正。矫正钢板的尺寸大小主要由压力机的工作台尺寸而定。型钢在矫正时会产生一定的回弹，因此矫正时应使型钢产生适量的反变形。压力机矫正钢板和型钢的方法如表 3-3 所示。

表 3-3　压力机矫正钢板和型钢的方法

简　图	适用范围	简　图	适用范围
	中厚板弯曲矫正		工字钢、箱形梁等的上拱矫正
	中厚板弯曲矫正		工字钢、箱形梁等的旁弯矫正

续表

简　图	适用范围	简　图	适用范围
	型钢的扭曲矫正		较大直径圆钢、钢管的弯曲矫正

（3）火焰矫正。火焰矫正的原理和方法与前面课程矫正焊接残余变形的方法中所介绍的一样，因此不再详述。火焰矫正就是利用火焰对钢材伸长的部位进行局部加热，使其在较高温度下发生压缩塑性变形，冷却后收缩而变短，从而使钢材的变形得到矫正。火焰矫正操作灵活，所以应用比较广泛。火焰矫正的步骤一般包括以下几步：

① 分析变形的原因和钢结构的内在联系。

② 正确找出变形的部位。

③ 确定加热的方式、加热位置和冷却方式。

④ 矫正后检验。

（4）高频热点矫正。高频热点矫正是在火焰矫正的基础上发展起来的一种新工艺。高频热点矫正的原理是通入高频交流电的感应线圈产生交变磁场，当感应线圈靠近钢材时，钢材内部产生感应电流（即涡流），使钢材局部温度立即升高，从而进行加热矫正。加热的位置与火焰矫正时相同，加热区域的大小取决于感应线圈的形状和尺寸。感应线圈一般不宜过大，否则加热慢；若加热区域大，则也会影响加热矫正的效果。一般加热时间为 4 ～ 5 s，温度约 800 ℃。

2）钢材矫正方法的选择

钢材矫正方法的选用除与工件的形状、材料的性能和工件的变形程度有关外，还与生产设备有关。选择钢材矫正方法时应注意以下问题。

（1）对刚性较大的钢结构产生的弯曲变形不宜采用冷矫正，应在与焊接部位对称的位置采用火焰矫正法进行矫正。

（2）火焰矫正时要严格控制加热温度，避免因钢材组织变化而产生较大的热应力。

（3）尽量避免在结构危险截面的受拉区进行火焰矫正。

3.1.3　钢材的预处理

对钢材表面进行去除铁锈、油污及氧化皮清理等为后序加工作准备的工艺称为预处理。预处理的目的是把钢材表面清理干净，为后序加工作准备。为防止零件在加工过程中再一次被污染，一些预处理工艺还要在钢材表面清理后喷保护底漆。常用的预处理方法有机械处理法和化学处理法等。

1. 机械处理法

机械处理法常用的主要方法有喷砂（或喷丸）、采用手动砂轮或钢丝刷、砂布打磨及刮光或抛光等。图 3-5 所示为喷砂设备系统。喷砂（或喷丸）工艺是将干砂（或铁丸）从专门的压缩空气装置中急速喷出，轰击到金属表面，将其表面的氧化物、污物打落，这种方法清理较彻底，效率也较高。但喷砂（或喷丸）工艺粉尘大，需要在专用车间或封闭条件下进行，同时经喷砂（或喷丸）处理的材料会产生一定的表面硬化，对零件的弯曲加工有不良影响。另外，喷砂（或喷丸）也常用于结构焊后涂装前的清理。图 3-6 所示为钢材预处理生产线。

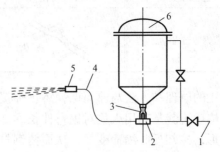

图 3-5　喷砂设备系统

1—压缩空气导管；2—混砂机；3—旋塞；4—软管；5—喷嘴；6—砂斗

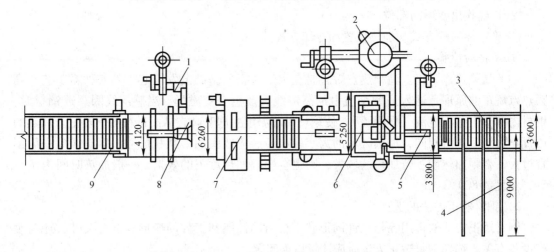

图 3-6　钢材预处理生产线

1—滤气器；2—除尘器；3—进料器；4—横向上料机构；5—预热室；
6—抛丸机；7—喷漆机；8—烘干机；9—出料辊道

钢材经喷砂（或喷丸）除锈后随即进行防护处理，其步骤如下：

（1）用净化过的压缩空气将原材料表面吹净。

（2）涂刷防护底漆或浸入钝化处理槽中做钝化处理，钝化剂可用质量分数为 10% 的磷酸锰铁水溶液处理 10 min，或用质量分数为 2% 的亚硝酸溶液处理 1 min。

（3）将涂刷防护底漆后的钢材送入烘干炉中，用加热到 70 ℃的空气进行干燥处理。

2. 化学处理法

化学处理法即用腐蚀性的化学溶液对钢材表面进行清理。该方法效率高，质量均匀而稳定，但成本高，并会对环境造成一定的污染。化学处理法一般分为酸洗法和碱洗法。酸洗法可除去金属表面的氧化皮、锈蚀物等污物；碱洗法主要用于去除金属表面的油污。操作过程中要注意安全，防止浓酸放热或浓酸、碱液体飞溅伤人。

3. 火焰处理法

火焰处理法就是在锈层表面喷上一层化学可燃试剂，点燃后由于氧化皮和钢铁机体的膨胀系数不同而在高温下开裂脱落。火焰处理前，厚的锈层等应铲除；火焰加热后，应用动力钢丝刷清除附着在钢材表面的产物。火焰处理法目前在国内外大多数厂矿都很少使用，它主要用在铁路和船舶以及一些重装备制造业中。此法虽然简单，但对部件会产生不利影响，特别是对于一些薄钢板，热变形、局部过热、热应力等会严重影响产品的质量。所以，火焰处理只能用于厚钢板及大型铸件，这一点必须注意。

 综合练习

一、名词解释

预处理 高频热点矫正 化学处理法

二、填空题

1. 型钢撑直机主要用于矫正_____、_____、_____等，也可用来进行弯曲成形。

2. 钢材矫正的方法有_____、_____、_____、_____。

3. 钢板矫正机有多种形式，根据轴辊数目分类。通常 5 ～ 11 辊用于矫正_____，12 ～ 29 辊多用于矫正_____。

4. 钢材预处理常用的方法有_____、_____、_____等。

5. 化学处理法一般分为_____法和_____法。

6. 化学处理法中，_____法可除去金属表面的氧化皮、锈蚀物等；_____法主要用于去除金属表面的油污。

三、简答题

1. 钢材变形的原因有哪些？

2. 高频热点矫正的原理。

3. 简述钢材预处理的一般步骤。

四、实践题

1. 准备一些弯曲变形或波浪变形的薄钢板，通过手工矫正和火焰矫正的方法对其变形加以矫正，达到掌握矫正钢材变形方法的目的。

2. 准备一些规格为 $100\,\text{mm} \times 150\,\text{mm}$ 的 Q235 钢板，用化学法对钢板进行清洗，达到掌握钢材预处理方法的目的。

任务 2 划线、放样、下料

 学习目标

能够读懂焊接结构的施工图，掌握零件划线、放样、下料与边缘加工的方法。

 任务分析

焊接结构生产过程中，根据图样和技术要求，在毛坯或半成品上用划线工具划出加工界线，或按照一定比例进行放样划出图形，再对原材料进行下料切割操作。划线、放样、下料等工艺是最初的机械加工环节，对保证零、部件及整个结构的生产率。成本及质量起着重要的作用。

相关知识及工作过程

3.2.1　读图

图样是工程的语言，读懂和理解图样是进行施工的必要条件。焊接结构是以钢板和各种型钢为主体组成的，因此表达钢结构的图样就有其特点，掌握了这些特点就容易读懂焊接结构的施工图，从而正确地进行结构件的加工。

1. 焊接结构施工图的特点

（1）一般钢板与钢结构的总体尺寸相差悬殊，按正常的比例关系是表达不出来的，往往需要通过板厚来表达板材的相互位置关系或焊缝结构，因此在绘制板厚、型钢断面等小尺寸图形时，是按不同的比例夸大画出来的。

（2）为了表达焊缝位置和焊接结构，大量采用了局部剖视图和局部放大视图，要注意其位置和剖视的方向。

（3）为了表达板与板之间的相互关系，除采用剖视外，还应大量采用虚线的表达方式，因此纵横交错的线条非常多。

（4）连接板与板之间的焊缝一般不用画出，只标注焊缝代号即可。但特殊的接头形式和焊缝尺寸应该用局部放大视图来表达清楚，焊缝的断面要涂黑，以区别焊缝和母材。

（5）为了便于读图，同一零件的序号尽量同时标注在不同的视图上，以便于反映各零件的形状和尺寸。

2. 焊接结构施工图的识读方法

焊接结构施工图的识读一般按以下顺序进行。首先阅读标题栏，了解产品名称、材料、质量、设计单位等，核对各个零、部件的图号、名称、数量、材料等，确定哪些是外购件（或库领件），哪些是锻件、铸件或机加工件；再阅读技术要求和工艺文件，正式识图时，要先看总图，后看部件图，最后再看零件图。有剖视图的要结合剖视图弄清大致结构，然后按投影规律逐个零件图阅读。先看明细栏，确定是钢板还是型钢；然后再看图，弄清每个零件的材料、尺寸及形状，还要看清各零件之间的连接方法、焊缝尺寸、坡口形状以及是否有焊后加工的孔洞、平面等。

3.2.2　划线

划线是根据设计图样上的图形和尺寸，准确地按 1:1 的比例在待下料的钢材表面上划出加工界线的过程。划线的作用是确定零件各加工表面的余量和孔的位置，使零件加工时有明确的标志，还可以检查毛坯是否正确。对于有些误差不大但已属不合格的毛坯，可以通过下料得到挽救。

划线包括在原材料或经初加工的坯料上划下料线、加工线、各种位置线等，划线的精度要求为 0.25～0.5 mm。

划下料线时，应留适当的加工余量和切割间隙，注意合理排料，提高材料利用率，并应考虑材料的轧制方向。

划线前应确定坯料尺寸，坯料尺寸由零件展开尺寸、工艺变量（伸长或缩短量）和加工余量三部分组成。

1. 确定坯料尺寸的方法

（1）展开法。按钣金工方法将工件表面展开。

（2）计算法。按展开原理或压（拉）延变形前后面积不变原则推导出计算公式。

（3）试验法。通过试验决定形状较复杂零件的坯料。

（4）综合法。对计算过于复杂的零件，可对不同部位分别采用展开法和计算法，有时还需用试验法配合验证。

2. 划线的基本规则

（1）垂线必须用作图法划出。

（2）用划针或石笔划线时，应紧贴直尺或样板的边沿。

（3）圆规在钢板上划圆、圆弧或分量尺寸时，应先打上样冲眼，以防圆规尖滑动。

（4）平面划线应遵循先划基准线，后按由外向内、从上到下、从左到右的顺序划线的原则。

先划基准线是为了保证加工余量的合理分布，划线之前应在工件上选择一个或几个面或线作为划线的基准，以此来确定工件其他加工表面的相对位置。一般情况下，以底平面、侧面、轴线为基准。

划线的准确度取决于作图方法的正确性、工具质量、工作条件、作图技巧、经验、视觉的敏锐程度等因素。除此之外还应考虑工件因素，即工件加工成形时，如气割、卷圆、热加工等的影响；装配时板料边缘修正和间隙大小的装配公差的影响；焊接和火焰矫正的收缩的影响等。

3. 划线的方法

（1）平面划线。平面划线与几何作图相似，在工件的一个平面上划出图样的形状和尺寸，有时也可以采用样板一次划成。

（2）立体划线。立体划线是在工件的几个表面上划线，即在长、宽、高三个方向上划线。

4. 划线时应注意的问题

（1）熟悉结构的图样和制造工艺，根据图样检验样板、样杆，核对选用的钢号、规格是否符合规定的要求。

（2）检查钢板表面是否有麻点、裂纹、夹层及厚度不均匀等缺陷。

（3）划线前应将材料垫平、放稳，划线时要尽可能使线条细且清晰，笔尖与样板边缘间不要内倾和外倾。

（4）划线时应标注各道工序用线，并加以适当标记，以免混淆。

（5）弯曲零件时，应考虑材料的轧制纤维方向。

（6）钢板两边不垂直时，一定要去边。划尺寸较大的矩形时，一定要检查对角线。

（7）划线的毛坯应注明产品的图号、件号和钢号，以免混淆。

（8）注意合理安排用料，提高材料的利用率。

常用的划线工具有划线平台、划针、圆规、地规、钢卷尺、钢盘尺、钢直尺、石笔、粉线等。

在排料划线时应在坯料间留出切割间隙。不同厚度的板用不同切割方法时，切割间隙可参照表3-4选取。

划线公差一般为制造公差的一半。

表3-4 切割间隙 单位：mm

材料厚度	火焰切割		等离子切割	
	手工	自动及半自动	手工	自动及半自动
≤10	3	2	9	6
12～30	4	3	11	8
32～50	5	4	14	10
52～65	6	4	16	12
70～130	8	5	20	14
135～200	10	6	24	16

5. 基本线型的划法

1）直线的划法

（1）直线长不超过1 m时可用直尺划线。划针尖或石笔尖紧抵钢直尺，向钢直尺的外侧倾斜15°～20°划线，同时向划线方向倾斜。

（2）直线长于1 m但不超过5 m时可用弹粉法划线。弹粉线时把线两端对准所划直线的两端点，拉紧使粉线处于平直状态，然后垂直拿起粉线，再弹出。若线较长，则应弹两次，以两线重合为准；或在粉线中间位置垂直按下，左右弹两次完成。

（3）直线长超过5 m时可用拉钢丝的方法划线，钢丝取 $\phi0.5 \sim \phi1.5$ mm。操作时，两端拉紧并用两垫块垫托，其高度尽可能低些，然后可用90°角尺轻轻靠紧钢丝的一侧，在90°角尺下端定出数点，再用粉线以三点弹成直线。

2）大圆弧的划法

放样或装配时会碰到划一段直径为十几米甚至几十米大圆弧的情况，此时一般的地规和盘尺都不适用，只能采用近似几何作图法或计算法。

（1）大圆弧的近似划法。已知弦长 ab 和弦弧距 cd，先作一矩形 abef，如图3-7（a）所示，连接 ac，并作 ag 垂直于 ac，如图3-7（b）所示，以相同份数（图3-7上为四等份）等分线段 ad、af、cg，然后将对应各点连线，再将相应连线的交点用光滑曲线连接，即为所划的圆弧，如图3-7（c）所示。

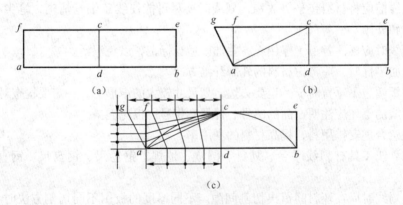

图3-7 大圆弧的近似划法

（2）大圆弧的计算法。计算法比作图法要准确得多，一般采用计算法求出准确尺寸后再划大圆弧。如图 3-8 所示，已知大圆弧半径为 R，弦弧距为 ab，弦长为 cg，求弧高（d 为 ac 线上的任意一点）。

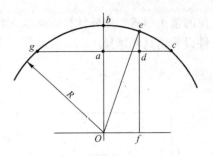

图 3-8　用计算法作大圆弧

作 ed 的延长线至交点 f。在 $\triangle Oef$ 中，$Oe = R$，$Of = ad$，所以

$$ef = \sqrt{R^2 - ad^2} \qquad (3-1)$$

因为 $df = ao = R - ab$，所以

$$de = \sqrt{R^2 - ad^2} - R + ab \qquad (3-2)$$

上式中 R、ab 为已知，d 为 ac 线上的任意一点，所以只要设一个 ad 长，即可代入式中求出 de，e 点求出后，大圆弧 gec 即可划出。

3.2.3　放样

放样又叫落样或放大样。根据构件图样，按构件的实际尺寸或一定比例划出该物体的轮廓，或将曲面摊成平面，以便准确地定出构件的尺寸，作为制造样板、加工和装配的依据，这一工作过程称为放样。放样是焊接结构生产中的重要工序，对产品质量、生产周期、节约材料有着直接的影响。对于不同行业，如锅炉、船舶、飞机制造等，其放样工艺各具特色，但就其基本程序而言，却大体相同。

1. 放样方法

放样方法是指将零件的形状最终划到放样台上的方法，主要有实尺放样、展开放样和光学放样等。

（1）实尺放样。根据图样的形状和尺寸，用基本的作图方法，以产品的实际大小划到放样台上的工作称为实尺放样。

（2）展开放样。把各种立体的零件表面摊平的几何作图过程称为展开放样。凡是用钢材弯曲成形的零件，必须进行展开放样。作展开图的方法通常有两种，一种是作图法，另一种是计算法。对于复杂的零件，广泛采用作图法；而对于形状简单的零件，可以通过计算求得展开尺寸，再放样作图。

（3）光学放样。用光学手段将缩小的图样（如摄影底片）投影在放样台上，然后依据投影线进行划线。

2. 放样程序

实尺放样前，应先看清看懂图样，分析结构设计是否合理，工艺上是否便于加工，并确定哪些线段可按已知尺寸直接划出，哪些线段需要根据连接条件才能划出。这些都应先确定放样基准，然后再确定放样程序。

（1）放样基准。放样基准是指用来确定零件位置的点、线、面。在零件图上用来确定其他点、线、面位置的基准称为设计基准。放样时，为方便测量等工作，通常使放样基准与设计基准保持一致，如图 3-9 所示。

（2）放样程序。放样程序一般包括结构处理、划基本线型和展开三部分。

① 根据图样要求进行工艺处理的过程称为结构处理。结构处理一般包括确定各连接部

位的接头形式、图样计算或量取坯料实际尺寸、制作划线样板与样杆等，还包括对一些部件设计胎具和胎架。

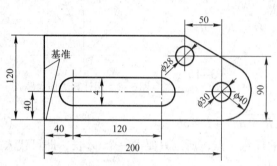

（a）以两个互相垂直的平面为基准

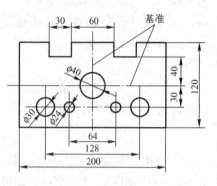

（b）以两条中心线为基准

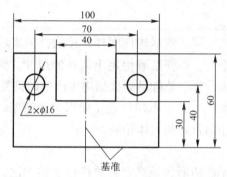

（c）以一个平面和一条中心线为基准

图 3-9　实尺放样的基准

需要指出的是，在对结构进行处理时，不要违背原设计要求。若原设计的某些连接部位或接头形式对加工工艺有影响，则在不影响结构质量和使用的情况下可进行相应的修改，但必须经设计和有关技术部门批准后再进行。

② 划基本线型是在结构处理的基础上，确定放样基准并划出工件的结构轮廓。

③ 展开是在划基本线型的基础上，对工件不能反映实形的立体部分，运用展开的基本方法将构件的表面摊开在平面上，求出其实形的过程。

【实例 3-1】下面通过一个实例来讲解实尺放样的具体过程。如图 3-10 所示为一冶炼炉炉壳主体部件的施工图，某厂在制作该部件时的放样过程如下。

1）识读施工图

在识读施工图的过程中，主要解决以下问题。

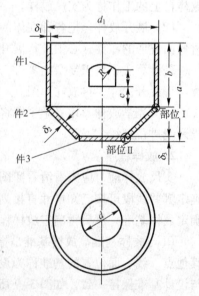

图 3-10　冷炼炉炉壳主体部件施工图

（1）弄清产品的用途及一般技术要求。该产品为冶炼炉炉壳主体，主要是保证足够的强度，尺寸精度要求并不高。因为炉壳内还要砌筑耐火层，所以连接部位允许按工艺要求做必要的变动。

（2）了解产品的外部尺寸、质量、材质和加工数量等概况，并与本厂加工能力比较，确定或熟悉产品制造工艺。现知道该产品外部尺寸和质量都较大，需要较大的工作场地和大能力的起重设备。在加工过程中，尤其装配焊接时不宜多翻转。并且产品加工数量少，故装配和焊接都不宜制作专用胎具。

（3）弄清各部分的投影关系和尺寸要求，并确定可变动和不可变动的部位及尺寸。

2）结构放样

（1）图 3-10 中连接部位 Ⅰ、Ⅱ 的处理。首先看 Ⅰ 部位，它可以有三种连接形式，如图 3-11 所示。究竟选取哪种形式，工艺上主要从装配和焊接两个方面考虑。

从装配构件看，因圆筒体大而重，形状也易于放稳，故装配时可将圆筒体置于装配台上，再将圆锥台（包括件 2、件 3）落于其上。这样，三种连接形式除定位外，一般装配环节基本相同。从定位考虑，显然图 3-11（b）所示的形式最为不利，而图 3-11（c）则较优越。从焊接工艺性看，图 3-11（b）所示的结构不佳，因为内环缝的焊接均处于不利位置，装配后需根据装配时的位置焊接外环缝，此时处于横焊和仰焊之间，而翻过来再焊内环缝不但要进行仰焊，且受构件尺寸限制，操作极不方便。

再比较图 3-11（a）和图 3-11（c）所示的两种形式，图 3-11（c）较好。它的外环缝焊接时为平角焊，翻转后内环缝也处于平角焊位置，均有利于操作。综合以上多方面因素，Ⅰ 部位宜取图 3-11（c）所示的连接形式。至于 Ⅱ 部位，因件 3 体积小、质量轻，易于装配、焊接，采用施工图所给形式即可。连接部分的处理结果如图 3-12 所示。

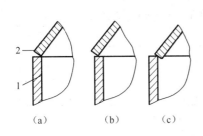

图 3-11　Ⅰ 部位的连接形式

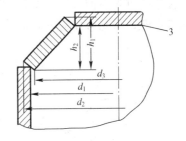

图 3-12　连接部分的处理结果

（2）大尺寸构件的处理。图 3-10 中，件 1 结构尺寸较大，件 2 锥度较大，均不能直接整弯成形，需分为几块压制，然后组对成形。根据尺寸 a、b、d_1、d_2 得出的拼接方案如图 3-13 所示。件 1、件 2 各由四块钢板拼接而成，要注意组对接缝的部位应按不削弱构件强度和尽量减少变形的原则确定，焊缝应交错排列，且不能选在孔眼位置。至此，结构放样完成。

3）划基本线型

具体步骤如下：

（1）确定放样划线基准。从该构件的施工图可以看出，主视图应以中心线和炉上口轮廓为放样划线基准，准确地划出各个视图的基准线。

（2）划出构件的基本线型。件 3 在视图上反映的是实形，可直接在钢板上划出。这是一个直径为 d_2 的整圆。为了提高划线的效率，可以做一个件 3 的号料样板，样板上应注明零件的编号、直径、材质、板厚、件数等参数，如图 3-14 所示。件 1 和件 2 因是立体形状而不能直接划出，需要进行展开放样。

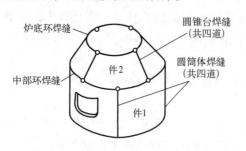

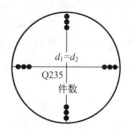

图 3-13　大尺寸构件的拼接方案　　　　图 3-14　件 3 的号料样板

4）展开放样

具体步骤如下：

（1）计算弯曲件展开长。件 1 是圆柱体，展开后是一矩形，最简单的办法是计算出矩形的长和宽即可划出。当弯曲件的板厚较小时，可直接按标注的直径或半径计算展开长；但当板厚大于 1.5 mm 时，弯曲内外径相差较大，就必须考虑板厚对展开长度、高度以及相关构件的接口尺寸的影响。板厚越大，对这些尺寸的影响也越大。考虑板厚而改变展开作图的图形处理称为板厚处理。

现将一厚板卷弯成圆筒，如图 3-15（a）所示。由图可以看出，纤维沿厚度方向的变形是不同的，弯曲后内缘的纤维受压而缩短，外缘的纤维受拉而伸长。在内缘与外缘之间必然存在弯曲时既不伸长也不缩短的一层纤维，该层称为中性层。中性层的长度在弯曲过程中保持不变，因此可作为展开尺寸的依据，如图 3-15（b）所示。

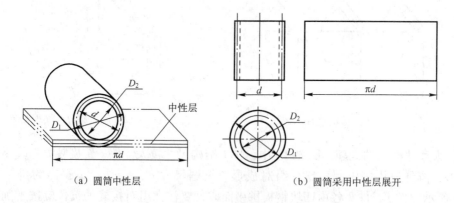

（a）圆筒中性层　　　　　　　　　（b）圆筒采用中性层展开

图 3-15　圆筒卷弯的中性层

钢板弯曲时，一般情况下，可以将厚板中间的中心层作为中性层来计算展开，但如果弯曲的相对厚度较大，即板厚而弯曲半径小，则中心层会被拉长，计算出来的尺寸就会偏大。原因是中性层已偏离了中心层所致，即中性层的位置随弯曲变形的程度而定，当弯曲的内半径 r 与板厚 δ 之比大于 5 时，中性层的位置在板厚中间，中性层与中心层重合（多数弯板属于这种情况）；当弯曲的内半径 r 与板厚 δ 之比小于或等于 5 时，中性层的位置向弯板的内侧移动，中性层曲率半径的计算公式如下：

$$R = r + k\delta \tag{3-3}$$

式中　R——中性层半径，mm；

　　　r——弯板内弯半径，mm；

　　　k——中性层偏移系数，其值如表 3-5 所示；

　　　δ——钢板厚度，mm。

表 3-5　中性层偏移系数

r/δ	0.2	0.3	0.4	0.5	0.8	1.0	1.5	2.0	3.0	4.0	5.0	>5.0
k	0.33	0.35	0.35	0.36	0.38	0.40	0.42	0.44	0.47	0.47	0.48	0.50

（2）可展开曲面的展开放样。如图 3-11 所示，件 2 是圆锥台体，是一种可展开表面。立体的表面如能全部平整地摊平在一个平面上而不发生撕裂或皱褶，则这种表面称为可展开表面。相邻素线位于同一平面上的立体表面都是可展开表面，如柱面、锥面等。如果立体的表面不能自然平整地展开摊平在一个平面上，则称为不可展表面，如圆球、螺旋面等。

可展开曲面的展开方法有平行线法、放射线法和三角形法三种。

① 平行线展开法。展开原理是将立体的表面看做由无数条相互平行的素线组成，取两相邻素线及其两端点所围成的微小面积作为平面，只要将每一小平面的真实大小依次顺序地画在平面上，就得到了立体表面的展开图。所以只要立体表面素线或棱线是互相平行的几何形体，如各种棱柱体、圆柱体等，就都可用平行线法展开。

图 3-16 所示为斜切圆柱体的展开。

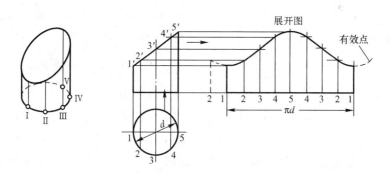

图 3-16　斜切圆柱体的展开

按已知尺寸画出主视图和俯视图，八等分俯视图圆周，等分点为 1、2、3、4、5，由各等分点向主视图引素线，得到与上口线的交点 1′、2′、3′、4′、5′，则相邻两素线组成一个小梯形，每个小梯形称为一个平面。

延长主视图的下口线作为展开的基准线，将圆周展开，在延长线上得 1、2、3、4、5、4、3、2、1 各点。通过各等分点向上作垂线，与由主视图上 1′、2′、3′、4′、5′各点向右所引的水平线对应相交，将各交点连成光滑曲线，即得展开图。

② 放射线展开法。适用于立体表面的素线相交于一点的锥体。展开原理是将锥体表面用放射线分割成共顶的若干三角形小平面，求出其实际大小后，仍用放射线形式依次将它

们划在同一平面上，即得所求锥体表面的展开图。

件 2 是一个圆锥台，可采用放射线展开法展开，图 3-17 是其展开过程。展开时，首先根据已知尺寸划出主视图和锥底断面图（以中性层的尺寸划），并将锥底断面半圆周分为若干等份，例如 6 等份，如图 3-17 所示；然后过各等分点向圆锥底面引垂线，得交点 1～7，由 1～7 交点向锥顶 S 引素线，即将圆锥面分成 12 个三角形小平面；以 S 为圆心、$S7$ 为半径划圆弧 1-1，得到锥底断面的圆周长；最后连接点 1、S，即得所求展开图。

③ 三角形展开法。将立体表面分割成一定数量的三角形平面，然后求出各三角形每边的实长，并把它的实形依次划在平面上，从而得到整个立体表面的展开图。

图 3-18 所示为一正四棱台的展开。划出四棱台的主视图和俯视图，用三角形分割台体表面，即连接侧面对角线。求 1-5、1-6、2-7 的实长，其方法是以主视图中 h 为对边，取俯视图中 1-5、1-6、2-7 长为底边，作直角三角形，则其斜边即为各边实长。求得实长后，用划三角形的方法即可划出展开图。

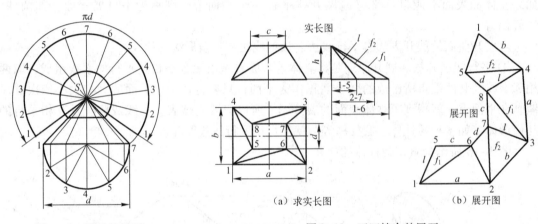

图 3-17　圆锥的展开　　　　　　　　　　图 3-18　正四棱台的展开

5）样板制作

展开图完成后，就可以为下料制作样板。在成批生产和重复次数较多时，为了提高生产率和节约原材料，一般先做成样板，用样板进行划线，即称号料。因此，下料样板又称为号料样板，它不是必须的。如果焊接产品批量较大，每一个零件都作图展开，则效率会太低，而利用样板不仅可以提高划线效率，还可避免每次作图的误差，提高划线精度。

样板按其用途可分为划线样板和检测样板两种。划线样板按其用途可分为展开样板、划孔样板和切口样板，如图 3-19 所示。

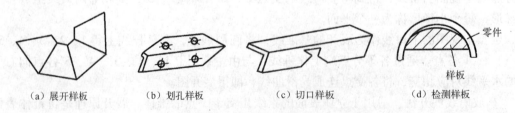

（a）展开样板　　　（b）划孔样板　　　（c）切口样板　　　（d）检测样板

图 3-19　样板的种类

就前述冶炼炉炉壳主体部件而言，可以制作两个号料样板，一是件 3 的圆形样板，如图 3-14 所示，另一个是件 2 的扇形样板。由于件 2 在结构放样时决定由四件拼成，因此该样板是实际展开料的 1/4，如图 3-20 所示。

样板一般用 0.5～2 mm 的薄钢板制作，若下料数量少、精度要求不高，也可用硬纸板或油毡纸板制作。制作样板时还应考虑工艺余量和放样误差，不同的划线方法和下料方法其工艺余量是不同的。除号料样板外，还可以制作用于检验件 1、件 2 的卡形样板，件 1 需要一个，件 2 需要两个，如图 3-21 所示。至此，冶炼炉炉壳主体部件的放样工作全部完成。

图 3-20　图 3-13 中件 2 号料样板的展开

图 3-21　用于检验零件制作精度的卡形样板

3.2.4　下料

金属材料划线后需进行下料，下料就是用各种方法将毛坯或工件从原材料上分离下来的工序。下料分为手工下料和机械下料。手工下料的方法主要有克切、锯割、气割、等离子弧切割等；机械下料的方法有剪切、冲裁、数控切割（气割、等离子弧切割、光电跟踪切割）等。

1. 手工下料

（1）克切。克切其实是一种短刃强力剪切，所用的克子是磨出一个斜面刃口并带有长柄的工具，如图 3-22 所示。它不受工作位置和零件形状的限制，操作简单、灵活，但生产率低、劳动强度大，用于少量的金属下料。

（2）锯割。锯割所用的工具是锯弓和台虎钳。锯割可以分为手工锯割和机械锯割，手工锯割常用来切断规格较小的型钢或锯成切口。经手工锯割的零件用锉刀简单修整后可以获得表面整齐、精度较高的切断面。

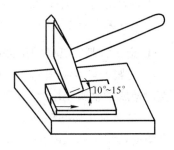

图 3-22　克切

机械锯割要在锯床上进行，其切口断面形状不变形而且整齐，主要用于锯切较粗的角钢、槽钢、圆钢、钢管等型材。

（3）砂轮切割。砂轮切割是利用高速旋转的薄片砂轮与钢材摩擦产生的热量，将切割处的钢材熔化变成"钢花"喷出而形成割缝的工艺。砂轮切割可以切割尺寸较小的型钢、不锈钢、轴承钢等型材。切割的速度比锯割快，但在切割过程中切口会受热，割后性能稍有变化。

型钢经剪切后的切口处断面可能发生变形，采用锯割速度又较慢，所以常用砂轮切割断面尺寸较小的圆钢、钢管、角钢等。但砂轮切割一般是手工操作，灰尘很大，劳动条件很差，工作时应采取适当的防尘与排尘措施。

图 3-23 所示为砂轮切割机设备外形图。钢材由夹钳夹紧，切割时开动手把上的开关，砂轮转动，压下手柄进行切割。下压力不应过大，以免砂轮片破碎，人不要站在切割方向，以免砂轮片损坏时飞出伤人。

通常使用的砂轮片直径为 300～400 mm，厚度为 3 mm，砂轮转速为 2 900 r/min，切割线速度为 60 m/s。为了防止砂轮片破碎，应采用有纤维的增强砂轮片。

（4）气割。气割又称火焰切割，是利用可燃气体与氧气混合燃烧的火焰，将被切割的金属预热到其燃点（低、中碳钢为 1 300～1 350℃），然后通入切割氧，使切割处的金属剧烈燃烧，并吹除燃烧后的氧化物而使金属分割开的切割方法，如图 3-24 所示。气割的过程由金属的预热、燃烧和氧化物吹除三个阶段组成。

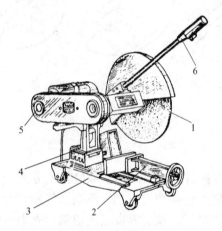

图 3-23　砂轮切割机

1—砂轮片；2—可转夹钳；3—底座；
4—调修机构；5—动力头；6—手柄

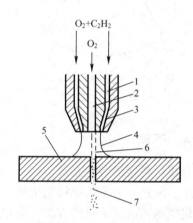

图 3-24　气割原理

1—混合气体通道；2—切割氧通道；3—割嘴；
4—预热火焰；5—工件；6—切割氧；7—氧化熔渣

① 金属气割应具备的条件如下：

a. 金属的燃点必须低于其熔点，这是保证切割在燃烧过程中进行的基本条件。否则，切割时便成了金属先熔化后燃烧的熔割过程，这样会使割缝过宽，而且极不整齐。

b. 金属氧化物的熔点低于金属本身的熔点，同时流动性应好，否则将在割缝表面形成固态熔渣，阻碍氧气流与下层金属接触，使气割不能连续进行。

c. 金属燃烧时应放出较多的热。满足这一条件，才能使上层金属燃烧产生的热量对下层金属起预热作用，使切割过程能连续进行。

d. 金属的导热性不应太好，否则散热太快会使割缝金属温度急剧下降，达不到燃点，使气割中断。如果加大火焰能率，又会使割缝过宽。

综合上述可知，纯铁、低碳钢、中碳钢和普通低合金钢能满足上述条件，所以能顺利地进行气割。

② 气割设备及工具。气割所需要的主要设备及工具有乙炔瓶、氧气瓶、减压器、橡胶软管、割炬等，如图 3-25 所示。

a. 乙炔瓶。由于乙炔发生器操作复杂、安全性差，目前在工厂已广泛应用乙炔瓶代替乙炔发生器。乙炔瓶外表涂白色，并用红色标明"乙炔"字样。瓶内装有浸满丙酮的多孔性填料，使乙炔能稳定、安全地储存在瓶内。使用时，溶解在丙酮内的乙炔分解出来，而

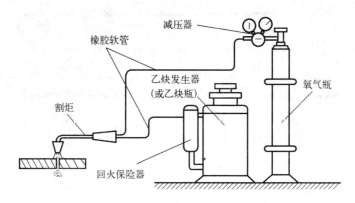

图 3-25　气割设备及工具

丙酮仍留在瓶内，以溶解再次压入的乙炔。乙炔瓶阀下面填料中心部分长孔内放有石棉，其作用是帮助乙炔从多孔性填料中分解出来。

目前生产中使用的乙炔瓶规格：容积 40 L，充装丙酮量为 13.2 ～ 14.3 kg，充装乙炔量为 6.2 ～ 7.4 kg（15℃、1 个大气压时为 5.3 ～ 6.3 m³）。乙炔瓶的使用必须严格按照安全操作规程执行。

b. 氧气瓶。按规定氧气瓶外表涂成天蓝色，并用黑漆标明"氧气"字样。常用氧气瓶的容积为 40 L，工作压力为 15 MPa，常压下可以储存 6 m³ 氧气。

必须严格按照安全操作规程使用氧气瓶，否则有爆炸的危险。禁止撞击氧气瓶；严禁瓶嘴沾染油脂；夏天要防止阳光曝晒气瓶，冬天瓶嘴冻结时严禁火烤，应用热水解冻；气割工作场地或其他火源要距氧气瓶 5 m 以外；氧气瓶应直立使用，若卧放应使减压器处于最高位置；氧气瓶不应与其他气瓶混杂在一起。

c. 减压器。减压器的作用是将储存在气瓶内的高压气体减压到所需的工作压力，并且以稳定的压力向外输出气体。减压器的种类繁多，按用途分有集中式和岗位式；按构造分有单级式和多级式；按作用原理分有正作用式和负作用式；按使用介质分有氧气表、乙炔表、丙烷表等。

减压器的工作原理如图 3-26 所示。减压器工作时，从气瓶流出的高压气体进入高压室 2 后，由高压表 3 指示出压力。减压器不工作时，应当放松调压弹簧 9，使活门 6 被活门弹簧 5 压下，关闭通道 7，使高压气体不能进入低压室 1。如图 3-26（a）所示。

工作时，调节调压螺杆 10 的旋入程度，可改变低压室的压力，获得所需的工作压力。

气割时，随着气体的输出，低压室中的气体压力改变，使得薄膜上鼓或下压，带动活门开启程度变化，使高压氧流入低压室的量得以控制，从而保持输出压力的稳定，即可以稳定地进行工作，如图 3-26（b）所示。

d. 回火防止器（安全阀）。正常气焊时，火焰在割炬的割嘴外面燃烧，但当发生气体供应不足或管路割嘴阻塞等情况时，火焰会进入喷嘴而沿着乙炔管路向里燃烧，这种现象称为回火。回火时，如火焰倒流回乙炔发生器，则会发生爆炸事故。回火防止器就是装在燃料气体系统上的防止向燃气管路或气源回烧的保险装置，一般有水封式和干式两种。

图 3-27 所示为水封式回火防止器工作示意图。回火时，燃烧气体经出气管倒流入回火防止器，将水下压使单向阀关闭，切断气源，同时推开上边安全阀而排入大气，因此可以避免燃烧火焰进入乙炔发生器。

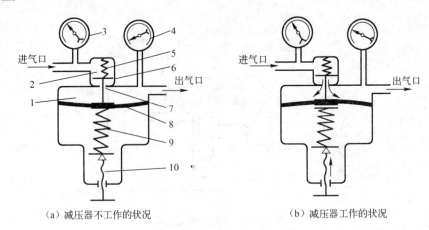

（a）减压器不工作的状况　　　　　　　　　（b）减压器工作的状况

图 3-26　减压器的工作原理

1—低压室；2—高压室；3—高压表；4—低压表；5—活门弹簧；6—活门；
7—通道；8—薄膜；9—调压弹簧；10—调压螺杆

图 3-28 所示为干式回火防止器工作示意图。当回火时，高温高压的回火气体从出气口倒流入回火防止器，活门关闭，爆破橡皮膜泄压后排入大气。

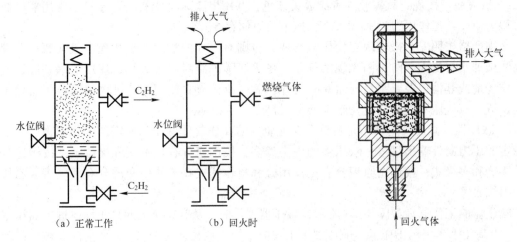

图 3-27　水封式回火防止器工作示意图　　　　图 3-28　干式回火防止器工作示意图

　　e. 割炬。割炬的作用是使乙炔与氧气混合，构成预热火焰，并在割炬中心喷出高压氧气流，进行切割。割炬的种类很多，按形成混合气体的方式可分为射吸式和等压式两种，按用途不同可分为普通割炬、重型割炬和焊割两用炬。

　　图 3-29 所示为射吸式割炬的工作原理和外部结构。工作时，预热氧高速进入混合室，吸入周围的乙炔，以一定的比例形成混合气体，由割炬嘴喷出，点燃后形成预热火焰；切割氧则经切割氧气管由割嘴中心孔喷出，形成高速切割氧流。气割时，应根据有关规范选择合适的割炬型号和割嘴规格。

　　f. 橡胶软管。气割时，流过乙炔和氧气的橡胶软管是用优质橡胶夹麻织物或棉纤维制成的。氧气管允许的工作压力为 1.5 MPa，孔径为 8 mm；乙炔管允许的工作压力为 0.5 MPa，孔径为 10 mm。氧气管为红色，乙炔管为绿色。

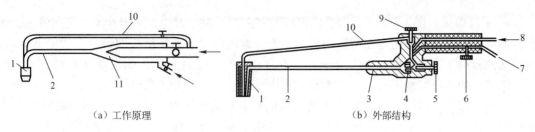

（a）工作原理　　　　　　　　　　（b）外部结构

图 3-29　射吸式割炬的工作原理和外部结构

1—割嘴；2—混合气管；3—喷射管；4—喷嘴；5—预热氧阀门；6—乙炔阀门；

7—乙炔；8—氧气；9—切割氧阀门；10—切割氧气管；11—气体混合室

③ 气割的操作过程如下：

a. 气割操作时，首先应点燃割炬，随即调整火焰。预热火焰通常采用中性焰或轻微氧化焰，如图 3-30 所示。

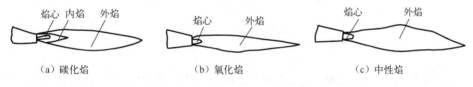

（a）碳化焰　　　　　　　（b）氧化焰　　　　　　　（c）中性焰

图 3-30　预热火焰的选择

b. 开始气割时，必须用预热火焰将切割处金属加热至燃烧温度（即燃点），一般碳钢在纯氧中的燃点为 1 100 ～ 1 150℃，并注意割嘴与工件表面的距离保持 10 ～ 15 mm，如图 3-31（a）所示。并使气割角度控制在 20°～ 30°，如图 3-31（b）所示。

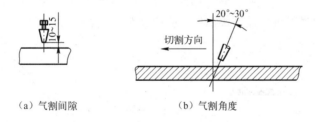

（a）气割间隙　　　　　　　　（b）气割角度

图 3-31　气割操作示意图

c. 把切割氧气喷射至已达到燃点的金属时，金属便开始剧烈地燃烧（即氧化），产生大量的氧化物（熔渣），燃烧时放出的大量的热使氧化物呈液体状态。

d. 燃烧时所产生的大量液态熔渣被高压氧气流吹走，这样由上层金属燃烧时产生的热传至下层金属，使下层金属又预热到燃点，气割过程由表面深入到整个厚度，直到将金属割穿。同时，金属燃烧时产生的热量和预热火焰一起又把邻近的金属预热到燃点，将割炬沿气割线以一定的速度移动，即可形成割缝，使金属分离。

2. 机械下料

（1）剪切。剪切就是利用上、下剪切刀刃相对运动切断材料的加工方法。剪切生产率高、切口光洁平整，能剪切各种钢和中等厚度以下的板材。

① 剪床的分类。根据被剪切零件的厚度和几何形状，剪床可分为平口剪床、斜口剪床、圆盘剪床、振动剪床和龙门剪床等。

a. 平口剪床。图3-32所示为平口剪床,有上、下两个刀片,下刀片3固定在剪床工作台4的前沿,上刀片1固定在剪床的滑块5上。滑块在曲柄连杆机构的带动下做上下运动。被剪切的板料2放在工作台上,置于上、下刀片之间,通过上刀片的运动将板料分离。因上、下刀片的刃口互相平行,故称为平口剪床。

这种剪床的特点是上刀片刃口与被剪切的板料在整个宽度方向同时接触,板料的整个宽度同时被剪断,因此所需的剪切力较大,适用于剪切宽度较小而厚度较大的钢条。

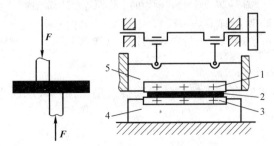

图3-32 平口剪床
1—上刀片;2—板料;3—下刀片;4—工作台;5—滑块

b. 斜口剪床。斜口剪床的结构形式和工作原理与平口剪床相同,只是上刀刃呈倾斜状,与下刀刃成一个夹角β,如图3-33(a)所示。与平口剪床相比,斜口剪床剪切时并非沿板料的整个宽度方向同时剪切分离,而只是某一部分材料受剪,随着刀刃的下降,板料的两部分连续地沿宽度方向逐渐分离。因此,在剪切过程中所需要的剪切力较小。其值近似为一常数,可以剪切又宽又厚的钢板,因而这种剪床得到了较广泛的应用。但是,由于上刀刃的下降将推开已剪部分板料,使其向下弯、向外扭而产生弯扭变形,如图3-33(b)所示。上刀刃倾斜角越大,弯扭现象越严重。在大块钢板上剪切窄而长的条料时,变形尤为明显。

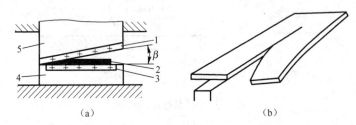

（a）　　　　　　　　　　　　（b）

图3-33 斜口剪床剪切示意图
1—上刀片;2—板料;3—下刀片;4—工作台;5—滑块

平口剪床和斜口剪床只能剪切直线。

c. 圆盘剪床。圆盘剪床的剪切部分由上、下两个滚刀组成,剪切时,上、下滚刀做同速反向转动,材料在滚刀的摩擦力作用下进入刃口进行剪切。圆盘剪床由于上、下刃重叠很少,瞬时剪切长度极短,切板料的转动不受限制,故适合剪切曲线。圆盘剪床的剪切是连续进行的,生产率较高,能剪切各种曲线轮廓,但材料弯曲变形较大,边缘有毛刺。圆盘剪床一般只能剪薄板的直线或曲线轮廓。图3-34所示为圆盘剪床的工作简图。

d. 振动剪床。振动剪床的工作原理与斜口剪床相同,如图3-35所示,但上、下剪刀窄而尖,上剪刀1通过连杆与曲柄连接,偏心轴直接由电动机带动,使上剪刀紧靠固定的下剪刀2做快速往复运动,类似振动,其频率可达每分钟1 200～2 000次。

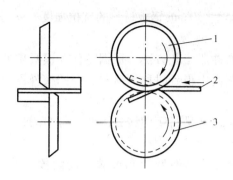

图 3-34　圆盘剪床的工作简图

1—上圆盘剪刀；2—板料；3—下圆盘剪刀

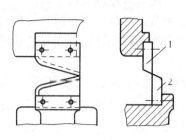

图 3-35　振动剪床的工作简图

1—上剪刀；2—下剪刀

振动剪床能剪 3 mm 以下钢板的各种曲线。振动剪床剪刀的刃口容易磨损，剪断面有毛刺，生产率很低，仅适用于单件或小批生产。

e. 龙门剪床。龙门剪床主要用于剪切直线，它的刀刃比其他剪切机的刀刃长，能剪切较宽的板料。因此，龙门剪床在剪切加工中是应用最广的一种剪切设备。龙门剪床根据传动系统的布置，分为上传动和下传动两种结构形式。如剪板机 Q11 – 13×2500，型号的含义如下：

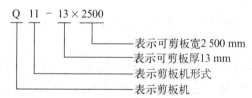

$$Q\ 11\ -\ 13\times 2500$$

表示可剪板宽2 500 mm
表示可剪板厚13 mm
表示剪板机形式
表示剪板机

② 剪切断面。在剪切过程中，材料在上下剪切刀刃的作用下局部发生了弹性变形、塑性弯曲和拉伸变形，如图 3-36（a）所示。根据材料剪切断面的特点可将其分为四个区域，如图 3-36（b）所示。当上剪刀开始向下运动时，压料装置已压紧被剪钢板，由于材料受上、下剪刀的作用，金属的纤维产生弯曲和拉伸而形成带圆角的塌角带，一般塌角带占板厚的 10% ~ 20%。当剪刀继续压下时，材料受剪力而开始被剪切，这时剪切所得的表面称为剪切带，由于这一平面是受剪力而剪下的，所以比较平整光滑，一般占板厚的 25% ~ 50%。当剪刀继续向下时，板料在两刀口处出现细裂纹，随着剪刀的不断向下，上、下裂纹继续扩展至重合，在剪裂带的下端留有毛刺，其高度与两刀刃间的间隙有关。间隙大小要适当，其值取决于被剪材料的厚度，一般为材料厚度的 2% ~ 7%。

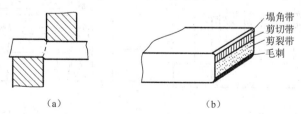

（a）　　　　　　　　　（b）

塌角带
剪切带
剪裂带
毛刺

图 3-36　剪切过程及剪切断面

③ 剪切力。在一般情况下不需要计算剪切力，只要被剪板厚度不超过剪床规格中给出的最大剪板厚度就可以了。剪床的最大剪板厚度是以 25 ~ 30 mm 钢板的抗拉强度为依据计

算出来的。如果被剪切板料的抗拉强度大于 25 ～ 30 mm 钢板材料的抗拉强度，就需要计算剪切力，以防剪床过载受损。

（2）冲裁。冲裁是利用模具使板料分离的冲压工艺方法。根据零件在模具中的位置不同，冲裁分为落料和冲孔。当零件从模具的凹模中得到时称为落料，在凹模外面得到时称为冲孔。

冲裁的基本原理和剪切相同，但由于凹模通常是封闭曲线，因此零件对刃口有一个张紧力，使零件和刃口的受力状态都与剪切不同。

板料分离过程分为三个阶段，即弹性变形、塑性变形和剪裂分离阶段，如图 3-37 所示。

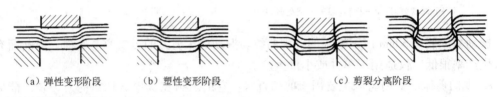

（a）弹性变形阶段　　（b）塑性变形阶段　　（c）剪裂分离阶段

图 3-37　冲裁时板料的分离过程

冲压件的工艺性是指冲压件对冲压工艺的适应性，包括冲压件的结构形状、尺寸大小、尺寸公差与尺寸基准等方面。

① 冲裁模。冲裁是利用安装在压力机上的冲裁凸凹模来实施的，冲裁模的结构形式很多，常用的有简单冲裁模和导柱冲裁模。

如图 3-38（a）所示为简单冲裁模，它在冲床上每一次行程只能完成冲孔或落料一道工序。其结构简单，制造容易，适用于生产批量不大、精度要求不高、外形简单的零件冲裁。

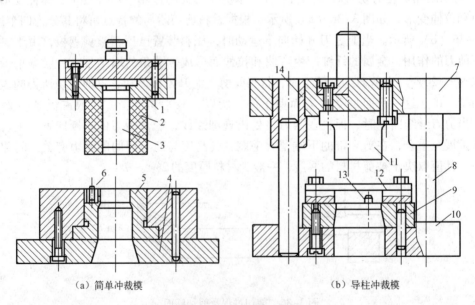

（a）简单冲裁模　　　　　　　（b）导柱冲裁模

图 3-38　冲裁模结构图

1—凸模固定板；2—退料橡皮；3、11—凸模；4、9—凹模；5、10—下模板；6—挡料销；

7—上模板；8—导柱；12—卸料板；13—定位销；14—导套

图 3-38（b）所示为导柱冲裁模，它具有安装方便、使用寿命长的特点，但制作复杂，一般适用于大批量的零件冲裁。

② 冲裁间隙。冲裁间隙是指冲裁模的凸模与凹模刃口之间的间隙，如图 3-39 所示。设凹模刃口尺寸为 D，凸模刃口尺寸为 d，冲裁间隙 Z 用下式表示：

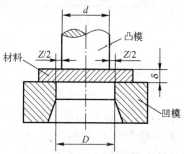

图 3-39　冲裁间隙

$$Z = D - d \tag{3-4}$$

冲裁间隙 Z 的大小对冲裁件质量、模具寿命、冲裁力的影响很大，它是冲裁工艺与模具设计中的一个重要的工艺参数。冲裁时，如果间隙合适，那么产生的冲裁断面比较平直、光洁、毛刺较小，工件的断面质量较好。如果间隙过小，则零件的尺寸精度会有所提高，但冲裁力增加，对设备的要求提高，模具磨损加剧；如果间隙过大，则零件的弯曲变形加大，尺寸精度降低，断口的塌角和毛刺加大。因此，应根据零件精度、模具寿命、设备能力要求等因素进行综合分析，确定一个合理的冲裁间隙值，参见表 3-6。

表 3-6　冲裁模的初始双边间隙值　　　　　　　　　　　　　单位：mm

材料厚度/mm	08、10、35、Q235		16Mn		40、50		65Mn	
	Z_{max}	Z_{min}	Z_{max}	Z_{min}	Z_{max}	Z_{min}	Z_{max}	Z_{min}
小于 0.5	无　间　隙							
0.5	0.040	0.060	0.040	0.060	0.040	0.060	0.040	0.060
0.6	0.048	0.072	0.048	0.072	0.048	0.072	0.048	0.072
0.7	0.064	0.092	0.064	0.092	0.064	0.092	0.064	0.092
0.8	0.072	0.104	0.072	0.104	0.072	0.104	0.064	0.092
0.9	0.090	0.126	0.090	0.126	0.090	0.126	0.090	0.126
1.0	0.100	0.140	0.100	0.140	0.100	0.140	0.090	0.126
1.2	0.126	0.180	0.132	0.180	0.132	0.180		
1.5	0.132	0.240	0.170	0.240	0.170	0.230		
1.75	0.220	0.320	0.220	0.320	0.220	0.320		
2.0	0.246	0.360	0.260	0.380	0.260	0.380		
2.1	0.260	0.380	0.280	0.400	0.280	0.400		
2.5	0.360	0.500	0.380	0.540	0.380	0.540		
2.75	0.400	0.560	0.420	0.600	0.420	0.600		
3.0	0.460	0.640	0.480	0.660	0.480	0.660		
3.5	0.540	0.740	0.580	0.780	0.580	0.780		
4.0	0.640	0.880	0.680	0.920	0.680	0.920		
4.5	0.720	1.000	0.680	0.960	0.780	1.040		
5.5	0.940	1.280	0.780	1.100	0.980	1.320		
6.0	1.080	1.440	0.840	1.200	1.140	1.500		
6.5			0.940	1.300				
8.0			1.200	1.680				

③ 合理排样。在实际生产中，排样方法可分为有废料排样、少废料排样和无废料排样三种，如图 3-40 所示。

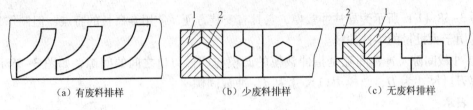

（a）有废料排样   （b）少废料排样   （c）无废料排样

图 3-40　合理排样

1—零件；2—废料

排样时，工件与工件之间或孔与孔之间的距离称为搭边，工件或孔与坯料侧边之间的余量称为边距。如图 3-41 所示，b 为搭边，a 为边距。搭边和边距的作用是用来补偿工件在冲压过程中的定位误差的，同时，搭边还可以保持坯料的刚度，便于向前送料。生产中，搭边和边距的大小对冲压件的质量和模具寿命均有影响。若搭边和边距过大，则材料的利用率会降

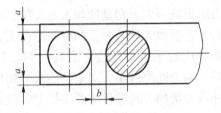

图 3-41　搭边和边距

低；若搭边和边距太小，在冲压时条料很容易被拉断，并使工件产生毛刺，有时还会使搭边被拉入模具间隙中。

（3）热切割。热切割包括数控切割、等离子弧切割、光电跟踪气割、仿形切割等。

① 数控切割。近年来，焊接生产中的下料工艺有了重大进步，表现为热切割工艺和设备得到了很大的发展。热切割设备由各种小型的半自动机械、直角坐标仿形、光电跟踪仿形发展到各种大、中型数控全自动切割机。特别是微机控制的数控全自动切割机和编程机的发展和广泛应用，使划线、放样和下料三工序合并，大大提高了切割质量，包括零件的外观质量、尺寸精度、形位精度，为装配、焊接等后续工序取得高质量提供了良好的条件，解决了某些难以机加工的弧形曲线外轮廓零件和大厚度钢板零件的切割加工。

数控切割是利用电子计算机控制的自动切割，它能准确地切割出直线与曲线组成的平面图形，也能用足够精确的模拟方法切割其他形状的平面图形。数控切割的精度很高，其生产率也比较高，它不仅适用于成批生产，还适合自动化生产。数控切割是由数控切割机来实现的，该机主要由数字程序控制系统（包括稳压电源、光电输入机、运算控制小型电子计算机等）和执行系统（即切割机部分）两大部分组成。

目前国内陆续有一批自动编程套料系统软件问世并投入使用，整个系统一般分为编程、套料两大模块。编程模块能够提供零件的生成、计算、绘图、显示、编辑、储存、打印和穿孔等功能，有的还具有指针动态式编译、三维零件的展开等功能，自动提供切割引入线。套料模块是在编程模块的基础上，利用计算机专用软件在屏幕上进行排料设计，分人机和自动两种套料。前者通过人机交互式，把多个零件通过平移、旋转等多种手段，排在板材最合适的位置上，达到最大程度利用板材的套料切割目的；后者则是自动从零件库提取与钢板面积大致相等的一批零件，自动完成多种编排方案，显然它有较高的工作效率。

② 等离子弧切割。等离子弧切割是利用高温高速等离子弧，将切口金属及氧化物熔化，并将其吹走而完成切割过程。等离子弧切割属于熔化切割，这与气割在本质上是不同的。由于等离子弧的温度和速度极高，所以任何高熔点的氧化物都能被熔化并吹走，因此可切割各种金属。等离子弧切割目前主要用于切割不锈钢、铝、镍、铜及其合金等金属和

非金属材料。

③ 光电跟踪气割。光电跟踪气割是一台利用光电原理对切割线进行自动跟踪移动的气割机，它适用于复杂形状零件的切割，是一种高效率、多比例的自动化气割设备。

光电跟踪原理有光量感应法和脉冲相位法两种基本形式。

光量感应法是将灯光聚焦形成的光点投射到钢板所划线上（要求线粗一些，以便跟踪），并使光点的中心位于所划线的边缘，如图 3-42 所示。当光点的中心位于线条的中心时，白色线条会使反射光减少，光电感应电也相应减少，通过放大器控制和调节伺服电动机，使光点中心恢复到线条边缘的正常位置。

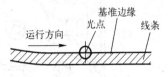

图 3-42　光量感应法

3. 合理用料

在钢板上划单个零件时，为提高材料的利用率，总是将零件靠近钢板的边缘，以留出一定的加工余量。如果零件制造的数量较多，则必须考虑在钢板上如何排列才能使余料最少，即为合理用料。图 3-43 为同一种零件两种排样方案的比较，显然图 3-43（a）排样方式的材料利用率不及图 3-43（b）的高，从这个例子可以看到排样对节约材料所起的重要作用。所谓材料的利用率是指零件的总面积与板料的总面积之比，用百分数表示，即

$$K = \frac{na}{A} \times 100\% \qquad (3-5)$$

式中　K——材料利用率，%；

　　　n——板料上的零件数，个；

　　　a——每一零件的面积，mm^2；

　　　A——板料的面积，mm^2。

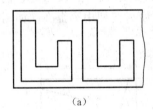 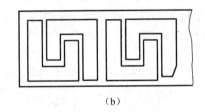

（a）　　　　　　　　　　　　　　　　（b）

图 3-43　两种排料方法的比较

下料时必须采用各种途径，最大限度地提高原材料的利用率，以节约材料，提高材料利用率的方法有集中号料法、长短搭配法、零料拼整法、排样套料法等。

① 集中号料法。就是把不同尺寸的零件集中在一起，用小件填充大件的间隙，从而达到提高材料利用率的作用，图 3-44 所示是由 8 种零件集中下料的实例。

② 长短搭配法。长短搭配法适用于型钢号料。由于零件长度不一，而原材料又有一定的规格，号料时先将较长的料排出来，然后计算出余料的长度，根据余料的长度再排短料，从而使余料量最小。

③ 零料拼整法。是在工艺许可的条件下有意以小拼整。常用于尺寸较大的环形钢板件，通常把圆环分成 1/3 或 1/4 拼焊而成，如图 3-45 所示。尤其以 1/4 为单元要比 1/2 为单元的利用率高。

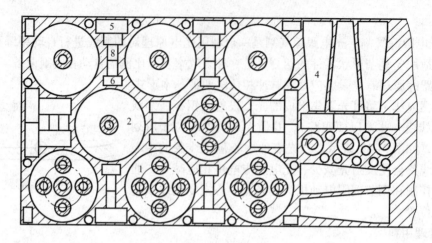

图 3-44 集中下料的排料方法

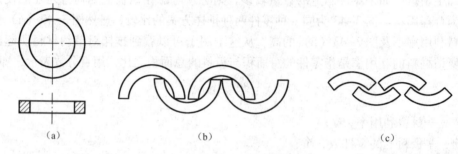

图 3-45 圆环零件的排料方法

④ 排样套料法。也称为穿插套号法，即利用零件的形状特点设法把它们穿插在一起，或者在大件的里边划小件，或者改变排料方案等方法使材料利用率提高。如图 3-46 所示为支脚的几种排样套料实例。

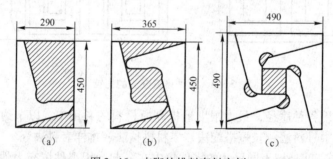

图 3-46 支脚的排料套料实例

3.2.5 边缘加工

板料的边缘加工主要是指焊接结构件的坡口加工，常用的方法有机械切割、气割及碳弧气刨等。采用机械加工方法可加工各种形式的坡口，如 I、V、U、X 及双 U 形等。也可用热切割方法切割坡口，如采用自动或半自动切割设备，同时使用 1 ～ 3 把割炬，一次可切割出 I、V、X 形坡口。

（1）机械加工。机械加工坡口常用的设备有刨边机、坡口加工机和铣床、车床等各种通用机床。刨边机可加工各种形式的直线坡口，尺寸准确，不会出现加工硬化和热切割中出现的那种淬硬组织与熔渣等，适合低合金高强度钢、高合金钢以及复合钢板、不锈钢的加工，缺点是机器外廓尺寸大、价格较贵。

坡口加工机体积小、结构简单、操作方便，工效是铣床或刨床的 20 倍。所加工的板材除厚度外，在理论上不受直径、长度、宽度的限制。缺点是受铣刀结构的限制，不能加工 U 形坡口及坡口的钝边，如图 3-47 所示为坡口加工机。

（2）风铲加工。用风铲加工 V 形或 X 形坡口时，风铲头的切削角度以 50°左右为宜，角度小了强度低，角度大了铲削阻力大。为了减小铲削阻力和摩擦，防止铲头发热退火，铲头要适当地涂些润滑剂。风铲加工坡口劳动强度大、噪声大、效率低，目前已较少使用。

（3）碳弧气刨加工。碳弧气刨是目前已被广泛应用的一种坡口加工方法，是利用碳极电弧的高温，将金属局部加热到熔化状态，同时再用压缩空气的气流将熔化金属吹掉，以达到刨削金属的目的。

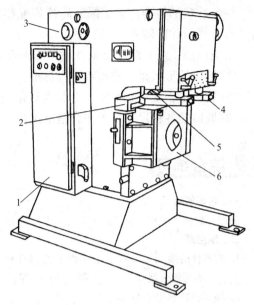

图 3-47 坡口加工机
1—控制柜；2—导向装置；3—床身；
4—压紧和防翘装置；5—铣刀；6—工作台

图 3-48 所示为碳弧气刨示意图，碳棒 1 为电极，刨钳 2 用来夹持碳棒。气刨时，刨钳接正极，工件接负极，电弧在碳棒和工件之间产生，并熔化工件；压缩空气气流及时将熔化的金属吹走，从而完成刨削。图 3-48 中箭头 Ⅰ 表示刨削方向，箭头 Ⅱ 表示碳棒进给方向。碳棒与工件的倾角开始时取 15°～30°，然后逐渐增加到 25°～40°，即可进行正常刨削。

图 3-49 所示为碳弧气刨枪的结构。使用时，应尽可能顺风操作，防止铁水或熔渣烧损工作服或烫伤体肤。操作结束后，应先断弧，过几秒钟后再关闭气阀。

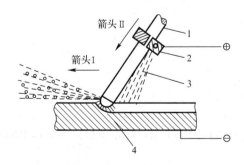

图 3-48 碳弧气刨示意图
1—碳棒；2—刨钳；3—高压空气流；4—工件

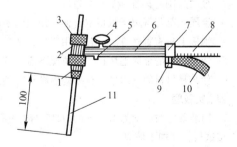

图 3-49 碳弧气刨枪的结构
1—嘴头；2—刨钳；3—紧固螺帽；4—空气阀；
5—空气导管；6—绝缘手把；7—导柄套；
8—空气软管；9—螺栓；10—导线；11—碳棒

碳弧气刨开坡口效率高，特别适用于仰、立位的刨切，无很大的噪声，工人的劳动强度较低。碳弧气刨在焊接生产中主要用于清根、刨除焊接缺陷、开坡口等。碳弧气刨在生产中会产生一定的烟雾，所以应注意通风。

（4）坡口的检查。为了保证后续装配和焊接质量，坡口加工完之后必须进行检查，只有检查合格后才能转入下道工序。

对坡口加工质量的主要检查项目和内容如下。

① 坡口的形状是否准确或符合标准。

② 坡口是否光滑、平整，毛刺或氧化铁熔渣是否清理彻底。

③ 坡口的各种尺寸是否在合格范围内。

综合练习

一、名词解释

划线　放样　下料　材料利用率　集中号料法　长短搭配法　零料拼整法　排样套料法

二、填空题

1. 将零件的表面摊开在一个平面上的过程称为_____。常见可展表面有_____、_____和_____；不可展表面有_____和_____等。

2. 提高材料利用率的方法有_____、_____、_____、_____等。

3. 放样常用的方法有_____、_____、_____等。

4. 可展开曲面的展开方法有_____、_____、_____等三种。

5. 放射线展开法适用于_____的表面展开。

6. 冲裁是利用模具使板料分离的冲压工艺方法，零件从模具凹模中得到时称为_____，零件在凹模外面得到时称为_____。

7. 冲裁间隙 Z 的大小对_____、_____、_____的影响很大，它是冲裁工艺与模具设计中的一个重要的工艺参数。

8. 常见的剪床形式有_____、_____、_____和_____。

9. 等离子弧切割可采用_____电弧或_____电弧。_____等离子弧适宜于切割非金属材料，切割金属材料通常都采用_____等离子弧。

三、简答题

1. 钢结构施工图有哪些特点？

2. 金属气割应具备哪些基本条件？

3. 金属气割与等离子弧切割有何本质上的不同？

4. 钢板下料有哪些方法？各适用于什么情况？

5. 切割下料的金属毛坯在哪些情况下需进行边缘加工？

6. 什么是材料的利用率？有哪些提高材料利用率的方法？

四、实践题

1. 用准备好的厚度为 10 mm 的 Q235 钢板进行划线、气割练习，按要求切割出规格为 100 mm × 150 mm 的焊接试板，并加工坡口。

2. 用平行线法、放射线法、三角形法分别对斜切圆柱面、圆锥面、棱台面等可展开表面进行展开练习。

任务3　弯曲成形、冲压成形

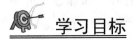 **学习目标**

掌握零件加工过程中几种常用的弯曲成形工艺原理及方法；掌握常用冲压成形工艺的原理、应用范围及工艺方法。

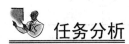 **任务分析**

在焊接结构制造中，弯曲与成形加工占有相当大的份量。制造某些焊接结构时，金属材料的80%～90%需进行弯曲与成形加工，如压力容器、各种石油塔、罐、球形封头及锅炉的锅筒等。大多数金属材料的弯曲与成形加工是在冷态（常温）下进行的，在一定条件下也可以进行加热弯曲与成形。弯曲与成形就是将坯料弯成所需形状的工艺方法，简称弯形。弯形时根据坯料温度可分为冷弯和热弯，根据弯形的方法可分为手工弯形和机械弯形。

焊接结构制造过程中，还有许多零件因为形状复杂而要用弯曲成形以外的方法加工。如锅炉及压力容器封头、带有翻边的孔的筒体、封头、锥体、翻边的管接头等，这些复杂曲面开始的成形加工通常在压力机上进行，常用的工艺方法有压延、旋压和爆炸成形等。

 相关知识及工作过程

3.3.1　弯曲成形

1. 钢材弯曲变形过程

弯曲成形加工所用坯料通常为钢材等塑性材料，这些材料的变形过程如下。

（1）初始阶段。当坯料上作用有外弯曲力矩时，将发生弯曲变形。坯料变形区内，靠近曲率中心的一侧（简称内层）的金属在外弯矩引起的压应力作用下被压缩缩短，远离曲率中心的一侧（简称外层）的金属在外弯矩引起的拉应力作用下被拉伸伸长。初始阶段外弯矩的数值不大，坯料内应力的数值小于材料的屈服点，仅使坯料发生弹性变形。

（2）塑性变形阶段。当外弯矩的数值继续增大时，坯料的曲率半径也随之缩小，材料内应力的数值开始超过其屈服点，坯料变形区的内表面和外表面首先由弹性变形状态过渡到塑性变形状态，以后塑性变形由内、外表面逐步向中心扩展。

（3）断裂阶段。坯料发生塑性变形后，若继续增大外弯矩，待坯料的弯曲半径小到一定程度时，将因变形超过材料自身变形能力的限度，在坯料受拉伸的外层表面首先出现裂纹，并向内伸展，致使坯料发生断裂破坏。

弯曲过程中，材料的横截面形状也要发生变化，无论宽板、窄板，在变形区内材料的厚度均有变薄现象。

2. 钢材的变形特点对弯曲加工的影响

（1）弯力。弯曲成形是使被弯曲材料发生塑性变形。无论采用何种弯曲成形方法，弯力都必须能使被弯曲材料的内应力超过材料的屈服点。实际弯力的大小要根据被弯曲材料的力学性能、弯曲方式和性质、弯曲件形状等多方面因素来确定。

（2）回弹现象。通常在材料发生塑性变形时，仍有部分弹性变形存在。而弹性变形部分在卸载时（除去外弯矩）要恢复原态，使弯曲件的曲率和角度发生变化，这种现象叫做回弹。回弹可表现为弯角减小。如图 3-50 所示，若弯角由卸载前的 α_1 减小至卸载后的 α，则回弹角 $\Delta\alpha = \alpha_1 - \alpha$。回弹现象的存在直接影响弯曲件的几何精度，必须加以控制。

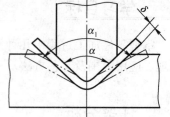

图 3-50　回弹角

① 影响回弹的主要因素如下：

a. 材料的屈服点越高，弹性模量越小，加工硬化越激烈，弯曲变形的回弹越大。

b. 材料的相对弯曲半径 r/δ 越大，材料变形程度就越小，则回弹越大。

c. 在弯曲半径一定时，弯曲角 α 越大，材料变形程度就越小，则回弹越大。

d. 其他因素，如零件的形状、模具的构造、弯曲方式及弯曲力的大小等，对弯曲件的回弹也有一定的影响。

② 减小回弹的主要措施如下：

a. 将凸模角度减去一个回弹角，使板料弯曲程度加大，板料回弹后恰好等于所需要的角度。

b. 采取矫正弯曲。在弯曲终了时进行矫正，即减小凸模的接触面积或加大弯曲部件的压力。

c. 缩小模具间隙。当其他条件相同时，减小凸模与凹模的间隙，使材料有挤薄现象发生，也可有效地减小回弹。

d. 采用拉弯工艺。

e. 提高材料的塑性，如果条件允许，必要时可采用加热弯曲。

（3）最小弯曲半径。材料在不发生破坏的情况下所能弯曲的最小曲率半径称为最小弯曲半径。材料的最小弯曲半径是材料性能对弯曲加工的限制条件，超过这个变形程度，板料将产生裂纹。因此，材料的最小弯曲半径是设计弯曲件、制定工艺规程所必须考虑的一个重要问题。

影响材料最小弯曲半径的因素包括以下几个：

a. 材料的塑性。材料的塑性越好，其允许变形程度越大，则最小弯曲半径可以越小。

b. 弯曲角。在相对弯曲半径 r/δ 相同的条件下，弯曲角 α 越小，材料外层受拉伸的程度越小而不易弯裂，最小弯曲半径可以取较小值；反之，弯曲角 α 越大，最小弯曲半径也应增大。

c. 材料的方向性。轧制的钢材形成各向异性的纤维组织，钢材平行于纤维方向的塑性指标大于垂直于纤维方向的塑性指标。因此，当弯曲线与纤维方向垂直时，材料不易断裂，弯曲半径可以小些。

d. 材料的表面质量和剪断面质量。当材料的表面质量和剪断面质量较差时，弯曲时易产生应力集中而使材料过早破坏，这种情况下应采用较大的弯曲半径。

e. 其他因素。材料的厚度和宽度等因素也对最小弯曲半径有影响，如薄板可以取较小的弯曲半径，窄板也可取较小的弯曲半径。

在一般情况下，弯曲半径应大于最小弯曲半径。若由于结构要求等原因，弯曲半径必须小于或等于最小弯曲半径时，则应分两次或多次弯曲，也可采用热弯或预先退火的方法，以提高材料的塑性。

3.3.2 板材、型材展开长度的计算

1. 板材展开长度的计算

求展开长度都是先确定中性层，再通过作图和计算，将断面图中的直线和曲线逐段相加。钢板弯曲时，中性层的位置随弯曲变形的程度而向弯曲中心偏移，中性层曲率半径见公式（3-3）。

【实例 3-2】如图 3-51 所示，已知 $r = 60$ mm，$\delta = 20$ mm，$l_1 = 200$ mm，$l_2 = 300$ mm，$\alpha = 120°$，求该 V 形板的展开长度 L。

解： 因为 $r/\delta = 60/20 = 3$，查表 3-5 得 $k = 0.47$，故

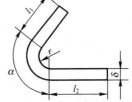

$$
\begin{aligned}
L &= l_1 + l_2 + \frac{\pi\alpha(r + k\delta)}{180°} \\
&= 200 + 300 + \frac{3.14 \times 120° \times (60 + 0.47 \times 20)}{180°} \\
&= 645 \text{ mm}
\end{aligned}
$$

图 3-51 V 形板展开长度的计算

2. 圆钢展开长度的计算

圆钢弯曲的中性层一般总是与中心线重合，所以圆钢的料长可按中心线计算。

（1）直角形圆钢展开长度的计算。如图 3-52（a）所示，已知尺寸 A、B、d、R，则展开长度应是直段长度和圆弧段长度之和。展开长度为

$$
L = A + B - 2R + \frac{\pi(R + d/2)}{2} \tag{3-6}
$$

式中　L——展开长度；

　　　A——直段长度；

　　　B——另一段直段长度；

　　　R——内圆角半径；

　　　d——圆钢直径。

【实例 3-3】图 3-52（a）中，已知 $A = 400$ mm，$B = 300$ mm，$d = 20$ mm，$R = 100$ mm，求圆钢的展开长度。

解： 展开长度为

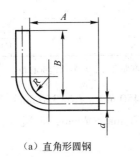 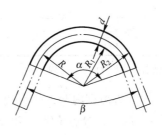

（a）直角形圆钢　　　　　　　　　（b）圆弧形圆钢

图 3-52 常用圆钢展开长度的计算

$$L = A + B - 2R + \frac{\pi(R + d/2)}{2}$$

$$= 400 + 300 - 2 \times 100 + \frac{3.14 \times (100 + 20/2)}{2}$$

$$= 673 \text{ mm}$$

（2）圆弧形圆钢展开长度的计算。如图3-52（b）所示，已知尺寸 R_2、d、β，则展开长度为

$$L = \pi R \cdot \frac{\alpha}{180°}$$

或

$$L = \pi R \cdot \frac{180° - \beta}{180°}$$

或

$$L = \pi \left(R_1 + \frac{d}{2} \right) \cdot \frac{\alpha}{180°}$$

或

$$L = \pi \left(R_2 - \frac{d}{2} \right) \cdot \frac{(180° - \beta)}{180°}$$

【实例3-4】图3-52（b）中，已知 $R_2 = 400 \text{ mm}$，$d = 40 \text{ mm}$，$\beta = 60°$，求圆钢的展开长度。

解： 展开长度为

$$L = \pi \left(R_2 - \frac{d}{2} \right) \cdot \frac{(180° - \beta)}{180°} = 3.14 \times \left(400 - \frac{40}{2} \right) \times (180° - 60°) \times \frac{1}{180°} = 795 \text{ mm}$$

3. 角钢展开长度的计算

角钢的断面是不对称的，所以中性层的位置不在断面的中心，而是位于角钢根部的重心处，即中性层与重心重合。设中性层离开角钢根部的距离为 z_0，z_0 值与角钢断面尺寸有关，可从相关手册中查得。等边角钢展开长度的计算见表3-7。

表3-7 等边角钢展开长度的计算

内 弯	外 弯
$L = l_1 + l_2 + \dfrac{\pi\alpha(R - z_0)}{180°}$	$L = l_1 + l_2 + \dfrac{\pi\alpha(R + z_0)}{180°}$

注：l_1、l_2 为角钢直边长度，R 为角钢外（内）弧半径，α 为弯曲角度，z_0 为角钢重心距。

【实例3-5】已知等边角钢内弯，两直边 $l_1 = 450 \text{ mm}$、$l_2 = 350 \text{ mm}$，角钢外弧半径 $R = 120 \text{ mm}$，弯曲角度 $\alpha = 120°$，等边角钢为 $70 \text{ mm} \times 70 \text{ mm} \times 7 \text{ mm}$，求展开长度 L。

解： 由相关手册查得 $z_0 = 19.9 \text{ mm}$，则

$$L = l_1 + l_2 + \frac{\pi\alpha(R - z_0)}{180°} = 450 + 350 + \frac{3.14 \times 120° \times (120 - 19.9)}{180°} = 1\,010 \text{ mm}$$

【实例 3-6】已知等边角钢外弯，两直边 $l_1 = 550$ mm、$l_2 = 450$ mm，角钢外弧半径 $R = 80$ mm，弯曲角度 $\alpha = 150°$，等边角钢为 63 mm × 63 mm × 6 mm，求展开长度 L。

解：由相关手册查得 $z_0 = 17.8$ mm，则

$$L = l_1 + l_2 + \frac{\pi\alpha\,(R + z_0)}{180°} = 550 + 450 + \frac{3.14 \times 150° \times (80 + 17.8)}{180°} = 1\,256 \text{ mm}$$

3.3.3　板材压弯成形

在压力机上使用弯曲模进行弯曲成形的加工方法称为机械压弯。压弯成形时，材料的弯曲变形可以有自由弯曲、接触弯曲和校正弯曲三种方式。如图 3-53（a）所示，材料弯曲时，板料仅与凸、凹模三条线接触，弯曲圆角半径 r_1 是自然形成的，这种弯曲方式称为自由弯曲；如图 3-53（b）所示，若板料弯曲到直边与凹模表面平行且在长度 ab 上互相靠紧时停止弯曲，弯曲件的角度等于模具的角度，而弯曲圆角半径 r_2 仍靠自然形成，则这种弯曲方式称为接触弯曲；如图 3-53（c）所示，若将板料弯曲到与凸、凹模完全靠紧，弯曲圆角半径 r_3 等于模具圆角半径 $r_凸$ 时才结束弯曲，则这种弯曲方式称为校正弯曲。

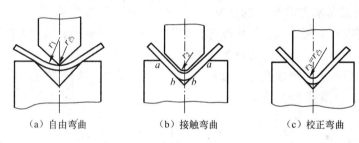

（a）自由弯曲　　　　　　（b）接触弯曲　　　　　　（c）校正弯曲

图 3-53　压弯成形时的弯曲变形

采用自由弯曲所需的弯力较小，工作时靠调整凹模槽口的宽度和凸模的下压点位置来保证零件的形状，批量生产时弯曲件质量不稳定，所以它多用于小批量生产中大型零件的压弯。

采用接触弯曲或校正弯曲时，由模具来保证弯曲件精度，弯曲件质量较高而且稳定，但所需弯曲力较大，且模具制造周期长、费用高，所以它多用于大批量生产中中小梁零件的压弯。

3.3.4　板材滚弯成形

通过旋转辊轴使毛坯（钢板）弯曲成形的方法称为滚弯，又称卷板。滚弯时，钢板置于卷板机的上、下辊轴之间，当上辊轴下降时，钢板受到弯矩的作用而发生弯曲变形，如图 3-54 所示。由于上、下辊轴的转动，通过辊轴与钢板间的摩擦力带动钢板移动，使钢板受压位置连续不断地发生变化，从而形成平滑的曲面，完成滚弯成形工作。

钢板滚弯由预弯（压头）、对中、滚弯三个步骤组成。

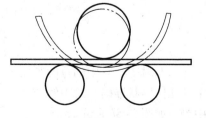

图 3-54　板材卷板

（1）预弯。卷弯时只有钢板与上辊轴接触的部分才能得到弯曲，所以钢板的两端各有一段长度不能发生弯曲，这段长度称为剩余直边。剩余直边的大小与设备的弯曲形式有关，钢板弯曲时的理论剩余直边值如表3-8所示。

表3-8　钢板弯曲时的理论剩余直边值

设备类型		卷　板　机			压　力　机
弯曲形式		对称弯曲	不对称弯曲		模具压弯
			三辊	四辊	
剩余直边	冷弯	$L/2$	$(1.5\sim2)\delta$	$(1\sim2)\delta$	1.0δ
	热弯	$L/2$	$(1.3\sim1.5)\delta$	$(0.75\sim1)\delta$	0.5δ

注：L为卷板机侧辊中心距，δ为钢板厚度。

常用的预弯方法如图3-55所示。

① 在压力机上用通用模具进行多次压弯成形，如图3-55（a）所示。这种方法适用于各种厚度的极预弯。

② 在三辊卷板机上用模板预弯，如图3-55（b）所示。这种方法适用于$\delta\leqslant\delta_0/2$且$\delta\leqslant$24 mm，并不超过设备能力的60%的情况。

③ 在三辊卷板机上用垫板、垫块预弯，如图3-55（c）所示。这种方法适用于$\delta\leqslant\delta_0/2$且$\delta\leqslant$24 mm，并不超过设备能力的60%的情况。

④ 在三辊卷板机上用垫块预弯，如图3-55（d）所示。这种方法适用于较薄的钢板，但操作比较复杂，一般较少采用。

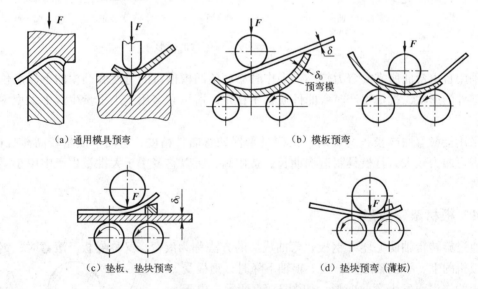

（a）通用模具预弯　　　　　　　　（b）模板预弯

（c）垫板、垫块预弯　　　　　　　　（d）垫块预弯（薄板）

图3-55　常用的预弯方法

（2）对中。对中的目的是使工件的素线与辊轴轴线平行，防止产生扭斜，保证滚弯后工件几何形状准确。对中的方法有侧辊对中、专用挡板对中、倾斜进料对中、侧辊开槽对中等，如图3-56所示。

（3）滚弯。图3-57所示为各种卷板机的滚弯过程。

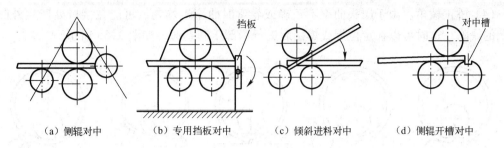

（a）侧辊对中　　（b）专用挡板对中　　（c）倾斜进料对中　　（d）侧辊开槽对中

图 3-56　几种常用的对中方法

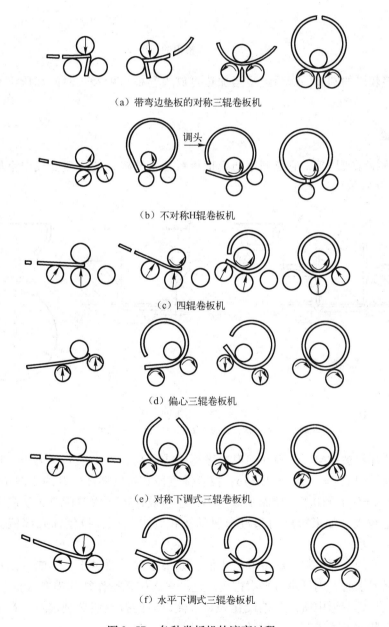

（a）带弯边垫板的对称三辊卷板机

（b）不对称H辊卷板机

（c）四辊卷板机

（d）偏心三辊卷板机

（e）对称下调式三辊卷板机

（f）水平下调式三辊卷板机

图 3-57　各种卷板机的滚弯过程

（4）矫正棱角。由于压头曲率不正确或卷弯时曲率不均匀，可能在接口处产生外凸或内凹的缺陷，这时可以在定位焊或焊接后进行局部压制卷弯，如图3-58所示。

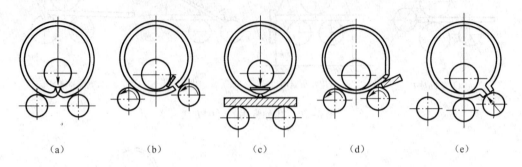

（a）　　　　　（b）　　　　　（c）　　　　　（d）　　　　　（e）

图3-58　矫正棱角的几种方法

对于壁厚较厚的圆筒，焊后经适当加热再放入卷板机内经长时间加压滚动，可以把圆筒矫得很圆。

3.3.5　拉延

拉延也称拉深或压延，它是利用凸模把板料压入凹模，使板料变成中空形状零件的工序，如图3-59所示。

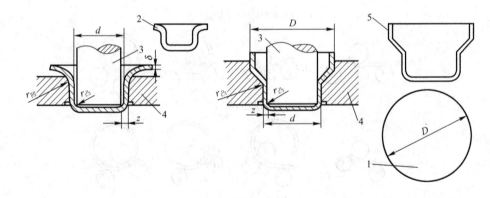

图3-59　拉延的工序
1—坯料；2—第一次拉延的产品；3—凸模；4—凹模；5—成品

为了防止坯料被拉裂，凸模和凹模边缘均做成圆角，其半径 $r_凸 < r_凹 = (5 \sim 15)\delta$；凸模和凹模之间的间隙 $z = (1.1 \sim 1.2)\delta$；拉延件直径 d 与坯料直径 D 的比例 $d/D = m$（拉深系数），一般 $m = 0.5 \sim 0.8$。拉深系数越小，坯料被拉入凹模越困难，从底部到边缘过渡部分的应力也越大。如果拉应力超过金属的抗拉强度极限，拉延件底部就会被拉穿，如图3-60（a）所示。

对于塑性好的金属材料，m 可取较小值。如果拉深系数过小，不能一次拉制成高度和直径合乎成品要求时，则可进行多次拉延。这种多次拉延操作往往需要进行中间退火处理，以消除前几次拉延变形中所产生的硬化现象，使以后的拉延能顺利进行。在进行多次拉延时，其拉深系数 m 应一次比一次略大。

在拉延过程中，由于坯料边缘在切线方向受到压缩，因而可能产生波浪形，最后形成起皱，如图 3-60（b）所示。拉延所用坯料的厚度越小，拉延的深度越大，越容易产生起皱。为了预防起皱的产生，可用压板把坯料压紧，如图 3-61 所示。为了减小由摩擦而引起的拉延件壁部拉应力的增大并减少模具的磨损，拉延时通常加润滑剂。

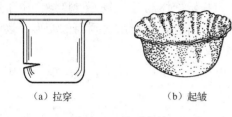
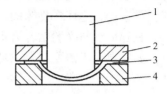

（a）拉穿　　　　　（b）起皱

图 3-60　拉延废品

图 3-61　用压板压紧坯料

1—凸模；2—压板（压边圈）；3—坯料；4—凹模

（1）壁厚变化。拉延过程中拉延件各部位的壁厚都会发生变化。图 3-62 所示是碳钢封头拉延后测得的壁厚变化情况。

图 3-62（a）中，椭圆形封头在曲率半径最小处变薄量最大，可达 8%～10%；图 3-62（b）中，球形封头在底部变薄最严重，可达 12%～14%。

为了弥补封头壁厚的变薄，可以适当加大封头毛坯料的板厚，以使封头变薄处的厚度接近容器的壁厚。

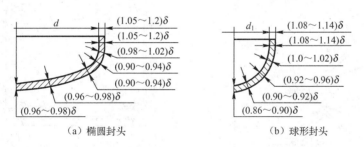

（a）椭圆封头　　　　　（b）球形封头

图 3-62　碳钢封头壁厚变化情况

（2）对拉延件的基本要求如下：

① 拉延件外形应简单、对称，且不要太高，以便使拉延次数尽量少。

② 在不增加工艺程序的情况下，拉延件的最小许可半径如图 3-63 所示，否则需要增加拉延次数及整形工作。

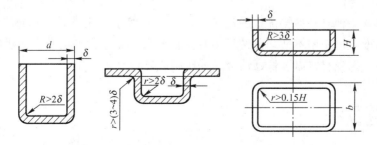

图 3-63　拉延件的最小许可半径

3.3.6 旋压

拉延也可用旋压法来完成。旋压是在专用的旋压机上进行的，图3-64所示为旋压工作简图。毛坯用尾顶针上的压块紧紧压在模胎上，当主轴旋转时，毛坯和模胎一起旋转，操作旋棒对毛坯施加压力，同时旋棒又做纵向运动。开始旋棒与毛坯是一点接触，由于主轴旋转和旋棒向前运动，毛坯在旋棒的压力作用下产生由点到线及由线到面的变形，逐渐地被赶向模胎，直到最后与模胎贴合为止，完成旋压成形。

这种方法的优点是不需要复杂的冲模，变形力小，但生产率较低，故一般用于中小批生产中。

3.3.7 爆炸成形

爆炸成形是将爆炸物质放在一特制的装置中，点燃爆炸后，利用所产生的化学能在极短的时间内转化为周围介质（空气或水）中的高压冲击波，使坯料在很高的速度下变形并贴模成形，或使金属粉末材料成为高密度零件的加工方法。

图3-65所示为爆炸成形装置。爆炸成形可以对板料进行多种工序的冲压加工，例如，拉延、冲孔、剪切、翻边、胀形、校形、弯曲、压花纹等，也可以对非金属粉末材料进行同样的加工。

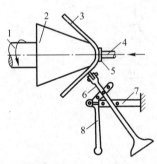

图3-64 旋压工作简图

1—主轴；2—模胎；3—毛坯；
4—尾顶针；5—压块；6—旋棒；
7—支架；8—助力臂

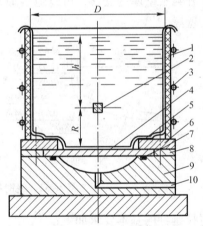

图3-65 爆炸成形装置

1—纤维板；2—炸药；3—绳；4—坯料；
5—密封袋；6—压边圈；7—密封圈；
8—定位圈；9—凹板；10—抽气孔

爆炸成形是一种具有独特优点的加工方法，它开辟了加工领域。这种方法可使松散材料达到理论密度，可采用不适合传统压力加工的材料来制造零件。爆炸成形可将传统上不可压缩的金属、陶瓷材料以及低延性金属等压制成复合材料。

 综合练习

一、填空题

1. 弯曲成形加工所用坯料通常是钢材等塑性材料。这些材料的变形过程分为三个阶段，分别为

_____、_____、_____。

2. 弯曲时，弯曲内半径与板厚之比在_____的情况下，中性层即为材料的_____，计算下料和放样展开可以材料的_____尺寸为准。

3. 圆钢、管材弯曲件展开长度的计算是按_____进行的。

4. 当钢板的相对弯曲半径 $r/\delta \leqslant 5$ 时，中性层就会向_____偏移。

5. 钢板滚弯由_____、_____、_____三个步骤组成。

6. 常用低碳钢、普低钢的热卷加热温度为_____，终止温度不低于_____。

7. 拉延也称_____或_____，它是将平板毛坯或空心半成品利用拉延模拉延成_____的零件。拉延具有生产率高、成本低、成形美观等特点。

8. 拉延工艺中容易出现的问题有_____、_____、_____。

9. 旋压的优点是不需要复杂的冲模、变形力较小，但生产率较低，故一般用于_____。

二、简答题

1. 什么是最小弯曲半径？弯曲半径和哪些因素有关？

2. 钢板的卷弯原理及卷板的工艺过程是什么？

3. 什么叫回弹？影响回弹的因素有哪些？如何减小回弹？

4. 对拉延件的基本要求有哪些？

5. 爆炸成形的基本原理是什么？

任务4　焊接结构的装配

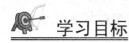 学习目标

理解焊接结构的装配方法；具备根据生产条件实施焊接结构装配的基本能力；能正确选用和使用装配工具与设备。

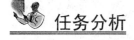 任务分析

在焊接结构制造过程中，将组成结构的各个零、部件按生产图样和技术要求组合成部件或整个产品的工序称为装配。装配工序的工作量大，约占整体产品制造工作量的40% ～ 60%，甚至更多，且装配的质量和顺序将直接影响焊接工艺、产品质量和劳动生产率。所以，提高装配工作的效率和质量，对缩短产品制造周期、降低生产成本、保证产品质量等方面都具有重要的意义。

 相关知识及工作过程

3.4.1　装配方式的分类

装配方式可按结构类型、生产批量、工艺过程、工艺方法及工作地点等来分类。

1）按结构类型及生产批量的大小分类

（1）单件小批量生产。经常采用划线定位的装配方法。该方法所用的工具、设备比较简单，一般是在装配台上进行。划线法装配工作比较繁重，要获得较高的装配精度，要求

装配工人必须具有熟练的操作技术。

（2）成批生产。通常在专用的胎架上进行装配。胎架是一种专用的工艺装备，上面有定位器、夹紧器等，具体结构是根据焊接结构的形状特点设计的。

2）按工艺过程分类

（1）由单独的零件逐步组装成结构。对结构简单的产品，可以是一次装配完毕后进行焊接；当装配复杂构件时，大多数是装配与焊接交替进行。

（2）由部件组装成结构。装配工作是将零件组装成部件后，再由部件组装成整个结构并进行焊接。

3）按装配工作地点分类

（1）工件固定式装配。装配工作在固定的工作位置上进行，这种装配方法一般用在重型焊接结构或产量不大的情况下。

（2）工件移动式装配。工件沿一定的工作地点按工序流程进行装配，在工作地点上设有装配用的胎具和相应的工人。这种装配方式在产量较大的流水线生产中应用广泛，但有时为了使用某种固定的专用设备，也常采用这种装配方式。

3.4.2 装配的基本条件

在金属结构装配中，将零件装配成部件的过程称为部件装配，将零件或部件总装成产品则称为总装配。通常装配后的部件或整体结构直接送入焊接工序，但有些产品先要进行部件装配焊接，经矫正变形后再进行总装配。无论何种装配方案，都需要对零件进行定位、夹紧和测量，这就是装配的三个基本条件（三项基本工作）。

1. 定位

定位就是确定零件在空间的位置或零件间的相对位置。图 3-66 所示为在平台上装配工字梁。工字梁两翼板的相对位置是由腹板和挡铁来确定的，它们的端部是由挡铁来定位的。平台的工作面既是整个工字梁的定位基准面，又是结构的支撑面。

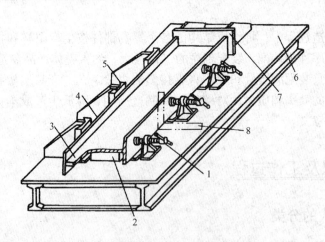

图 3-66　工字梁的装配

1—调节螺杆；2—垫铁；3—腹板；4—翼板；5、7—挡铁；6—平台；8—90°角尺

2. 夹紧

夹紧就是借助通用或专用夹具的外力将已定位的零件加以固定的过程。在图 3-66 中，

翼板与腹板间的相对位置确定后，是通过调节螺杆来实现夹紧的。

3. 测量

测量是指在装配过程中，对零件间的相对位置和各部件尺寸进行一系列的技术测量，从而鉴定定位的正确性和夹紧力的效果，以便调整。

上述三个基本条件是相辅相成的。定位是整个装配工序的关键，定位后不进行夹紧就难以保证和保持定位的可靠与准确；夹紧是在定位的基础上进行的，如果没有定位，夹紧就失去了意义；测量是为了保证装配的质量，但在有些情况下可以不进行测量（如一些胎夹具装配、定位元件定位装配等）。

零件的正确定位不一定与产品设计图上的定位一致，而是从生产工艺的角度考虑焊接变形后的工艺尺寸。如图 3-67 所示的槽形梁，设计尺寸应保持两槽板平行，而在考虑焊接收缩变形后，工艺尺寸为 204 mm，使槽板与底板有一定的角度，正确的装配应按工艺尺寸进行。

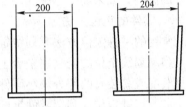

图 3-67　槽形梁的工艺尺寸

3.4.3　零件的定位

1. 定位原理

零件在空间的定位是利用六点定位法则进行的，即限制每个零件在空间的六个自由度，使零件在空间有确定的位置，这些限制自由度的点就是定位点。在实际装配中，可将定位销、定位块、挡铁等定位元件作为定位点；也可以将装配平台或工件表面上的平面、边棱等作为定位点；还可以设计成胎架模板形式的平面或曲面代替定位点；有时在装配平台或工件表面划出定位线，也起定位点的作用。这部分知识，将在后文"装配 - 焊接工艺装备的应用"中加以详述。

2. 定位基准及其选择

（1）定位基准。在结构装配过程中，必须根据一些指定的点、线、面来确定零件或部件在结构中的位置，这些作为依据的点、线、面称为定位基准。

图 3-68 所示为容器上各接口间的相对位置，是以轴线和组装面 M 为定位基准确定的。装配接口 Ⅰ、Ⅱ、Ⅲ 在筒体上的相对高度是以 M 面为定位基准而确定的，各接口的横向定位则以筒体轴线为定位基准。

（2）定位基准的选择。合理地选择定位基准，对于保证装配质量、安排零、部件装配顺序和提高装配效率均有重要影响。

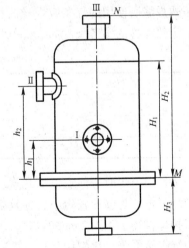

图 3-68　容器上各接口间的相对位置

选择定位基准时应着重考虑以下几点：

① 装配定位基准尽量与设计基准重合，这样可以减少基准不重合所带来的误差。比如，各种支撑面往往是设计基准，宜将它作为定位基准；各种有公差要求的尺寸，如孔心距等也可作为定位基准。

② 同一构件与其他构件有连接或配合关系的各个零件应尽量采用同一定位基准，这样能保证构件安装时与其他构件的正确连接和配合。

③ 应选择精度较高又不易变形的零件表面或边棱作定位基准，这样能够避免由于基准面、线的变形而造成的定位误差。

④ 所选择的定位基准应便于装配中的零件定位与测量。在确定定位基准时应综合生产成本、生产批量、零件精度要求和劳动强度等因素。例如，以已装配零件作为基准，可以大大简化工装的设计和制造过程，但零件的位置、尺寸一定会受已装配零件的装配精度和尺寸的影响。如果前一零件的尺寸精度或装配精度低，则后一零件的装配精度也低。

3. 零件的定位方法

常用的零件定位方法有划线定位、销轴定位、挡铁定位、样板定位。

（1）划线定位。就是在平台上或零件上划线，按线装配零件。通常用于简单的单件小批量装配或总装时的部分较小零件的装配。

（2）销轴定位。利用零件上的孔进行定位。如果允许，也可以钻出专门用于销轴定位的工艺孔。由于孔和销轴的精度较高，故定位比较准确。

（3）挡铁定位。应用比较广泛，可以利用小块钢板或小块型钢作为挡铁，取材方便。也可以使用经机械加工后的挡铁，以提高精度。挡铁的安置要保证构件重点部位（点、线、面）的尺寸精度，也要便于零件的装拆。

（4）样板定位。利用样板来确定零件的位置、角度等定位方法，常用于钢板之间的角度测量定位和容器上各种管口的安装定位。

4. 装配中的定位焊

定位焊也称点固焊，用来固定各焊接零件之间的相互位置，以保证整体结构件得到正确的几何形状和尺寸。定位焊缝一般比较短小，焊接质量不够稳定，容易产生各种焊接缺陷。而且该焊缝作为正式焊缝留在焊接结构之中，故所使用的焊条或焊丝的牌号和质量应与正式焊缝所使用的焊条或焊丝的相同。

定位焊缝的参考尺寸如表3-9所示。

表3-9 定位焊缝参考尺寸　　　　　　　　　　　　　　　单位：mm

焊接厚度	焊缝高度	焊缝长度	间距
≤4	<4	5～10	50～100
4～12	3～6	10～20	100～200
>12	～6	15～30	100～300

进行定位焊时应注意以下几点：

（1）定位焊缝比较短小，并且要求保证焊透，故应选用直径小于4 mm的焊条或CO_2气体保护焊直径小于1.2 mm的焊丝。由于工件温度较低、热量不足而容易产生未焊透，故定位焊缝焊接电流应比焊接正式焊缝时大10%～15%。

（2）若定位焊缝有未焊透、夹渣、裂纹、气孔等焊接缺陷，则应铲掉并重新焊接，不允许留在焊缝内。

（3）定位焊缝的引弧和熄弧处应圆滑过渡，否则焊正式焊缝时在该处易造成未焊透、夹渣等缺陷。

（4）在焊缝交叉处和焊缝方向急剧变化处不要进行定位焊，而应离开 50 mm 左右。

（5）定位焊缝的长度尺寸一般根据板厚选取。对于强行装配的结构，因定位焊缝承受较大的外力，故应根据具体情况适当加大定位焊缝的长度，间距适当缩小，必要时采用碱性低氢焊条，而且特别注意定位焊后应尽快进行焊接，避免中途停顿和间隔时间过长。

（6）对于装配后需吊运的工件，定位焊缝应保证吊运中零件不分离，因此对起吊中受力部分的定位焊缝可加大尺寸或数量；或在完成一定的正式焊缝以后吊运，以保证安全。

3.4.4　装配中的测量

测量是检验定位质量的一个工序，装配中的测量包括正确、合理地选择测量基准；准确地完成零件定位所要进行的测量项目。在焊接结构生产中，常见的测量项目有线性尺寸、平行度、垂直度、同轴度及角度等。

1. 测量基准

测量中，为衡量被测点、线、面的尺寸和位置精度而选作依据的点、线、面称为测量基准。一般情况下，多以定位基准作为测量基准。如图 3-68 所示的容器，尺寸 h_1、h_2 和 H_2 都是以 M 面为测量基准进行测量的，这样接口的设计标准、定位标准、测量标准三者合一，可以有效地减小装配误差。

当以定位基准作为测量基准不利于保证测量的精度或不便于进行测量操作时，就应本着能使测量准确、操作方便的原则，重新选择合适的点、线、面作为测量基准。如图 3-69 所示的工字梁，其腹板平面是腹板与翼板垂直定位的基准，但以此平面作为测量基准去测量腹板与翼板的垂直度却不是很方便，也不利于获得精确的测量值。此时，若按图 3-69 所示采用装配平台面作为测量基准，用 90°角尺测量翼板与平台的垂直度和腹板与平台的平行度，则既容易测量，又能保证测量的准确性。

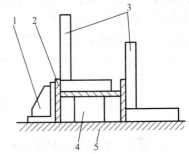

图 3-69　间接测量的方法
1—定位支架；2—工字梁；3—直角尺；
4—定位垫块；5—装配平台

2. 各种项目的测量

（1）线性尺寸的测量。线性尺寸是指工件上被测点、线、面与测量基准间的距离。线性尺寸的测量是最基础的测量项目，其他项目的测量往往是通过线性尺寸的测量来间接进行的。线性尺寸的测量主要是利用刻度尺（卷尺、盘尺、直尺等）来完成，特殊场合利用激光测距仪来进行。

（2）平行度的测量。平行度的测量主要有下列两个项目：

① 相对平行度的测量。相对平行度是指工件上被测的线（或面）相对于测量基准线（或面）的平行度。平行度的测量是通过线性尺寸测量来进行的，其基本原理是测量工件上线的两点（或面上的三点）到基准的距离，若相等就平行，否则就不平行。

在实际测量中为减小误差应注意：测量的点应多一些，以避免工件不直而造成的误差；测量工具应垂直于基准；直接测量不方便时，应间接测量。

图 3-70 所示为相对平行度测量的例子。图 3-70（a）测量线的平行度，测量三个点以上；图 3-70（b）测量面的平行度，测量两个以上位置。

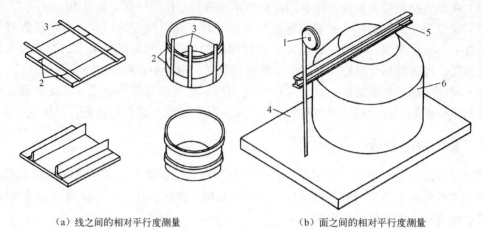

（a）线之间的相对平行度测量　　　　　（b）面之间的相对平行度测量

图 3-70　相对平行度的测量

1—钢卷尺；2—基准线；3—钢直尺；4—平台；5—大平尺；6—工件

② 水平度的测量。容器里的液体（如水）在静止状态下其表面总是处于与重力作用方向相垂直的位置，这种位置称为水平。水平度就是衡量零件上被测的线（或面）是否处于水平位置。许多金属结构制品在使用中要求有良好的水平度。例如，桥式起重机的运行轨道就需要有良好的水平度，否则将不利于起重机在运行中的控制，甚至引起事故。

施工装配中常用水平尺、软管水平仪、水准仪、经纬仪等量具或仪器来测量零件的水平度。

a. 用水平尺测量。水平尺是测量水平度最常用的量具。测量时，将水平尺放在工件的被测平面上，查看水平尺上玻璃管内气泡的位置，如在中间即达到水平。使用水平尺要轻拿轻放，避免工件表面的局部凹凸不平影响测量结果。

b. 用软管水平仪测量。软管水平仪是由一根较长的橡皮管两端各接一根玻璃管所构成的，管内注入液体。加注液体时要从一端注入，防止管内留有空气。冬天要注入不易冻的酒精、乙醚等。测量时，观察两玻璃管内的水平面高度是否相同，如图 3-71 所示。软管水平仪通常用来测量较大结构的水平度。

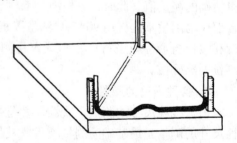

图 3-71　用软管水平仪测量水平度

c. 用水准仪测量。水准仪由望远镜、水准器和基座组成，如图 3-72（a）所示。利用它测量水平度，不仅能衡量各种测量点是否处于同一水平，还能给出准确的误差值，便于调整。

图 3-72（b）所示为用水准仪测量球罐柱脚水平的例子。球罐柱脚上预先标出基准点，把水准仪安置在球罐柱脚附近，用水准仪测视。如果水准仪测出各基准点的读数相同，则表示各柱脚处于同一水平面；若不同，则可根据由水准仪读出的误差值来调整柱脚高低。

（3）垂直度的测量。垂直度的测量主要有下列两个项目：

① 相对垂直度的测量。相对垂直度是指工件上被测的直线（或面）相对于测量基准线（或面）的垂直度。相对垂直度是装配工作中极常见的测量项目，并且很多产品都对其有严格的要求。例如，高压电线塔等呈棱锥形的结构，往往由多节组成，装配时技术要求的重

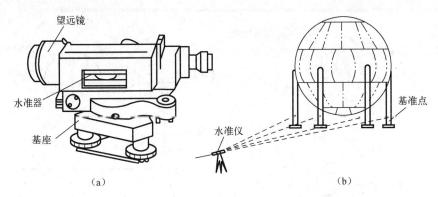

望远镜

水准器

基座

水准仪

基准点

（a）　　　　　　　　　　　　　　　（b）

图 3-72　用水准仪测量水平度

点是每节两端面与中心线垂直。只有每节的垂直度符合要求，才有可能保证总体安装的垂直度。

尺寸较小的工件可以利用 90°角尺直接测量；当工件尺寸很大时，可以采用辅助线测量法，即用刻度尺作为辅助线测量直角三角形的斜边长。例如，两直角边各为 1 000 mm，斜边长应为 1 414.2 mm。另外，也可用直角三角形直角边与斜边之比值为 3∶4∶5（勾股定理）的关系来测定。

对于一些桁架类结构，当某些部位的垂直度难以测量时，可采用间接测量法测量。图 3-73 所示为对塔类桁架进行端面与中心线垂直度间接测量的例子。首先过桁架两端面的中心拉一钢丝，再将其平置于测量基准面上，并使钢丝与基准面平行，然后用直角尺测量桁架两端面与基准面的垂直度，若桁架两端面垂直于基准面，则必同时垂直于桁架中心线。

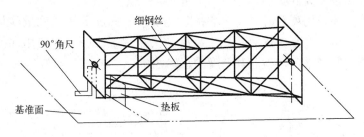

90°角尺

细钢丝

基准面

垫板

图 3-73　用间接测量法测量相对垂直度

② 铅垂度的测量。铅垂度的测量是测定焊件上线或面是否与水平面垂直。常用吊线锤或经纬仪进行测量。采用吊线锤测量时，将吊线锤的吊线拴在支杆上（临时点焊上的小钢板或利用其他零件），通过测量焊件与吊线之间的距离来测量铅垂度。

当结构尺寸较大而且铅垂度要求较高时，常采用经纬仪来测量铅垂度。经纬仪主要由望远镜、垂直度盘、水平度盘和基座等组成，如图 3-74（a）所示，它可测角、测距、测高、测定直线、测铅垂度等。

图 3-74（b）所示为用经纬仪测量球罐柱脚铅垂度的实例。先把经纬仪安置在柱脚的横轴方向上，目镜上十字线的纵线对准柱脚中心线的下部，将望远镜上下微动观测。若纵线重合于柱脚中心线，说明柱脚在此方向上垂直；如果发生偏离，就需要调整柱脚。然后，用同样的方法把经纬仪安置在柱脚的纵轴方向观测，如果柱脚中心线在纵轴上也与纵轴线重合，则柱脚处于铅垂位置。

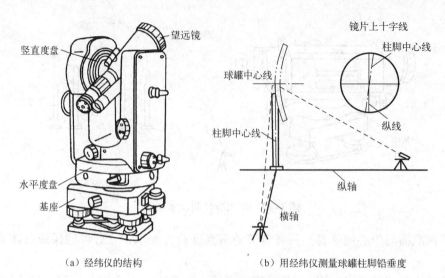

（a）经纬仪的结构　　　　　　　（b）用经纬仪测量球罐柱脚铅垂度

图 3-74　经纬仪及其应用

（4）同轴度的测量。同轴度是指工件上具有同一轴线的几个零件，装配时其轴线的重合程度。测量同轴度的方法很多，这里介绍一种常用的测量方法。

图 3-75 所示为由三节圆筒组成的筒体，测量它的同轴度时，可在各节圆筒的端面安上临时支撑，在支撑中间找出圆心位置并钻出直径为 20 ～ 30 mm 的小孔，然后由两外端面中心拉一细钢丝，使其从各支撑孔中通过，观测钢丝是否处于孔中间，以测量其同轴度。

（5）角度的测量。装配中，通常利用各种角度样板来测量零件间的角度。图 3-76 所示为利用角度样板测量角度的实例。

装配测量除上述常用项目外，还有斜度、挠度、平面度等一些测量项目。需要强调的是，量具的精度、可靠性是保证测量结果准确的决定因素之一。在使用和保管中，应注意保护量具不受损，并经常定期检验其精度的正确性。

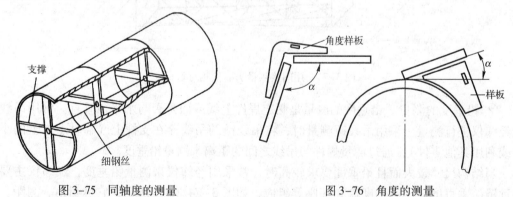

图 3-75　同轴度的测量　　　　　　　　　图 3-76　角度的测量

3.4.5　装配用工具及常用设备

1. 装配用工具及量具

常用的装配工具有大锤、小锤、錾子、手动砂轮、撬杠、扳手及各种划线用的工具等。常用的量具有钢卷尺、钢直尺、水平尺、90°角尺、吊线锤及各种检验零件定位情况的样板等。图 3-77 所示为几种常用的工具，图 3-78 所示为几种常用的量具。

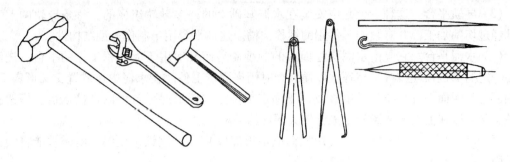

图 3-77　装配常用工具

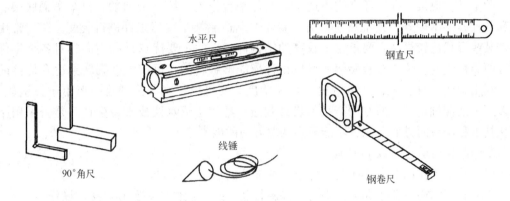

图 3-78　装配常用量具

2. 装配用夹具

装配夹具是指在装配中用来对零件施加外力，使其获得可靠定位的工艺装备。主要包括通用夹具和装配胎架上的专用夹具。装配夹具按夹紧力来源分为手动夹具和非手动夹具两大类。手动夹具包括螺旋夹具、楔条夹具、杠杆夹具、偏心轮夹具等；非手动夹具包括气动夹具、液压夹具、电动夹具、磁力夹具等。这部分知识，将在后文"装配 – 焊接工艺装备的应用"中加以详述。

3. 装配用设备

装配用设备有平台、转胎、专用胎架等。

1）对装配用设备的一般要求

（1）平台或胎架应具备足够的强度和刚度。

（2）平台或胎架表面应光滑平整，要求水平放置。

（3）尺寸较大的装配胎架应安置在相当坚固的基础上，以免基础下沉导致胎具变形。

（4）胎架应便于对工件进行装、卸、定位焊等装配操作。

（5）设备构造简单，使用方便，成本较低。

2）装配用平台

（1）铸铁平台。它是由许多块铸铁组成的，结构坚固，工作表面进行机械加工，平面度比较高，面上具有许多孔洞，便于安装夹具。常用于进行装配以及钢板和型钢的热加工弯曲。

（2）钢结构平台。这种平台是由型钢和厚钢板焊制而成的。它的上表面一般不经过切削加工，所以平面度较差。常用于制作大型焊接结构或桥架结构。

（3）导轨平台。这种平台是由安装在水泥基础上的许多导轨组成的。每条导轨的上表面都经过切削加工，并有紧固工件用的螺栓沟槽。这种平台用于制作大型结构件。

（4）水泥平台。它是由水泥浇注而成的一种简易而又适用于大面积工作的平台。浇注前在一定的部位预埋拉桩、拉环，以便装配时用来固定工件。在水泥中还放置交叉形扁钢，扁钢面与水泥面平齐，作为导电板或用于固定工件。这种水泥平台可以拼接钢板、框架和构件，又可以在上面安装胎架来进行较大部件的装配。

（5）电磁平台。它是由平台（用型钢或钢板焊成）和电磁铁组成的。电磁铁能将型钢吸紧固定在平台上，焊接时可以减少变形。

3）胎架

胎架又称模架，在工件结构不适于以装配平台作为支撑（如船舶、机车车辆底架、飞机和各种容器结构等）或批量生产时，就需要制造胎架来支撑工件进行装配。胎架常用于制作某些形状比较复杂、要求精度较高的结构件。它的主要优点是利用夹具对各个零件进行方便而精确的定位。有些胎架还可以设计成能够翻转的，可把工件翻转到适合焊接的位置。利用胎架进行装配，既可以提高装配精度，又可以提高装配速度。但由于投资较大，故多用于某种批量较大的专用产品的设计制造，适用于流水线或批量生产。是否采用胎架要从技术和经济两方面考虑，不能只强调单方面的因素。

制作胎架时应注意以下事项：

（1）胎架工作面的形状应与工件被支撑部位的形状相适应。

（2）胎架结构应便于在装配中对工件施行装、卸、定位、夹紧和焊接等操作。

（3）胎架上应划出中心线、位置线、水平线和检查线等，以便于装配中对工件随时进行校正和检验。

（4）胎架上的夹具应尽量采用快速夹紧装置，并有适当的夹紧力；定位元件需尺寸准确并耐磨，以保证零件准确定位。

（5）胎架必须有足够的强度和刚度，并安置在坚固的基础上，以避免在装配过程中基础下沉或胎架变形而影响产品的形状和尺寸。

如图 3-79 所示为双臂杠杆的装配胎架，该构件由三个轴套和两个臂杆组成。从胎架的结构看，其装配方法是先将三个轴套用定位销 1 和 3 定位（其中定位销 3 为固定式，1 为活动式），然后再将双臂放在定位挡块 2 上。三个轴套的角度及圆心距由胎架上的定位销孔保证，双臂的水平高度、中心线位置及角度由挡块及轴套外形保证。全部装配都用定位器定位完成，因此装配质量可靠，生产率高。

4）转胎

转胎就是可以旋转的胎架。当工件构造比较复杂，单方向装配难以操作时，将胎架设计为可旋转式，可把工件转到另一个角度进行装配。由于胎架要进行旋转，各零件的定位、夹紧要求可靠，所以大量采用螺旋压紧器，故操作起来不如普通胎架快捷方便。

转胎可分为专用与通用两种。专用转胎在设计时就应考虑旋转时的平衡问题，防止操作时出现事故；通用转胎在使用时应注意旋转前应使工件与转胎处于平衡状态，防止旋转时突然倾翻而发生事故。

由于转胎具有使工件变位的能力，可将工件转到便于施焊的位置进行焊接，因此转胎还常用于焊接工序。

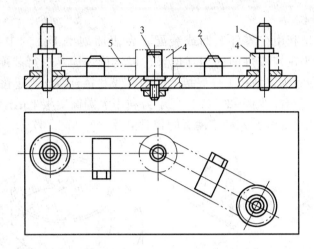

图 3-79　双臂杠杆的装配胎架

1、3—定位销；2—定位挡块；4—轴套；5—臂杆

3.4.6　装配工艺过程

1. 装配前的准备

装配前的准备工作是装配工艺的重要组成部分。充分细致的准备工作，是高质量、高效率地完成装配工作的有力保证。

装配前的准备通常包括如下几方面。

（1）熟悉产品图样和工艺规程。要弄清各部件之间的关系和连接方法，选择好装配基准和装配方法。

（2）装配现场和装配设备的选择。根据产品的大小和结构件的复杂程度选择或安置装配平台和装配胎架。装配工作场地应尽量设置在起重机的工作区间内，而且要求场地平整、清洁，人行道通畅。

（3）工量具的准备。装配中常用的工、量、夹具和各种专用吊具都必须配齐并组织到场。此外，根据装配需要配置的其他设备，如焊机、气割设备、钳工操作台、风动砂轮等，也必须安置在规定的场所。

（4）对零、部件的预检和除锈。产品装配前，对于从上道工序转来或零件库中领取的零、部件都要进行核对和检查，以便于装配工作的顺利进行。同时，对零、部件连接处的表面要进行去毛刺、除锈清垢等清理工作。

（5）适当划分部件。对于比较复杂的结构，往往是部件装焊之后再进行总装，这样既可以提高装配、焊接质量，又可以提高生产率，还可以减小焊接变形。为此，应将产品划分为若干部件。

2. 装配基本方法

所谓装配基本方法是指将两个分离的零件组合为一个整体的方法。从前面装配的基本条件可知，零件的装配都应先经过定位、夹紧和测量后才能将其连接为一个整体，所不同的是根据零件结构的形状尺寸、复杂程度以及生产性质等选择装配方法。

装配方法按定位方式不同可分为划线定位装配、工装定位装配；按装配地点不同可分为工件固定式装配、工件移动式装配。

1）划线定位装配

划线定位装配是利用在零件表面或装配平台表面划出工件的中心线、接合线、轮廓线等作为定位线来确定零件间的相互位置，以定位焊固定进行装配。

图 3-80（a）所示为以划在工件底板上的中心线和接合线作为定位线来确定槽钢、立板和三角形加强筋的位置；图 3-80（b）所示为利用大圆筒盖板上的中心线和小圆筒上的等分线（也常称其为中心线）来确定两者的相对位置。

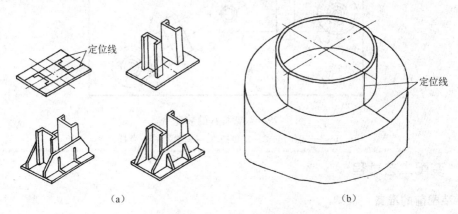

（a）　　　　　　　　　　　　　　　　（b）

图 3-80　划线定位装配示例

图 3-81 所示为钢屋架的划线定位装配。先在装配平台上按 1:1 的实际尺寸划出屋架各零件的位置和接合线（称地样），如图 3-81（a）所示，然后依照地样将零件组合起来，如图 3-81（b）所示。此装配法也称地样装配法。

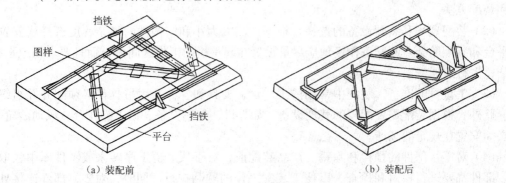

（a）装配前　　　　　　　　　　　　　　　　（b）装配后

图 3-81　钢屋架地样装配法

2）工装定位装配

（1）样板定位装配。利用样板来确定零件的位置、角度等的定位，然后夹紧并经定位焊完成装配。常用于钢板与钢板之间的角度装配和容器上各种管口的安装。

图 3-82 所示为斜 T 形结构的样板定位装配，根据斜 T 形结构立板的斜度预先制作样板，装配时在立板与平板接合线位置确定后，即以样板去确定立板的倾斜度，使其得到准确定位后施定位焊。

断面形状对称的结构，如钢屋架、梁、柱等结构，可采用样板定位的特殊形式即仿形复制法进行装配。图 3-83 所示为简单钢屋架部件的仿形复制装配过程，将图 3-81 中用地样装配法装配好的半片屋架吊起翻转后放置在平台上作为样板（称仿模），在其对应位置放置对应的节点板和各种杆件，用夹具夹紧后定位焊，便复制出与仿模对称的另一半片屋架。这样连续地复制装配出一批屋架后，即可组成完整的钢屋架。

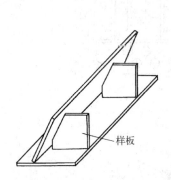

图 3-82　斜 T 形结构的样板定位装配

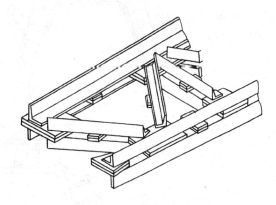

图 3-83　钢屋架仿形复制装配

（2）定位元件定位装配。用一些特定的定位元件（如板块、角钢、销轴等）构成空间定位点来确定零件位置，并用装配夹具夹紧装配。它不需要划线，装配效率高质量好，适用于批量生产。

图 3-84 所示为挡铁定位装配示例。在大圆筒外部加装钢带圈时，在大圆筒外表面焊上若干挡铁作为定位元件，确定钢带圈在圆筒上的高度位置，并用弓形螺旋夹紧器把钢带圈与筒体壁夹紧密贴，定位焊牢，完成钢带圈装配。

应当注意的是，用定位元件定位装配时，要考虑装配后工件的取出问题。因为零件装配时是逐个分别安装上去的，自由度大，而装配完后零件与零件已连成一个整体，如定位元件布置不适当，则装配后工件难以取出。

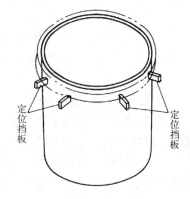

图 3-84　挡铁定位装配示例

（3）胎夹具（又称胎架）装配。对于批量生产的焊接结构，若需装配的零件数量较多而内部结构又不很复杂，可将工件装配所用的各定位元件、夹紧元件和胎架三者组合为一个整体，构成装配胎架。

图 3-85 所示为汽车横梁结构及其装配胎架。装配时，首先将角形铁 6 置于胎架上，用活动定位销 11 定位并用螺旋压紧器 9 固定，然后装配槽形板 3 和主肋板 5，它们分别用挡板 8 和螺旋压紧器 9 压紧，再将各板连接定位焊。该胎架还可以通过回转轴 10 回转，把工件翻转到使焊缝处于最有利的施焊位置进行焊接。

利用装配胎架进行装配和焊接，可以显著地提高装配工作效率，保证装配质量，减轻劳动强度，同时也易于实现装配工作的机械化和自动化。

3. 装配工艺过程的制定

1）装配工艺过程制定的内容

（1）零件、组件、部件的装配次序。

（2）在各装配工艺工序上采用的装配方法。

（3）选用何种提高装配质量和生产率的装备、胎夹具和工具。

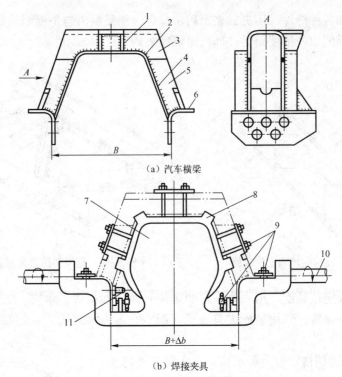

(a) 汽车横梁

(b) 焊接夹具

图 3-85　汽车横梁结构及其装配胎架

1、2—焊缝；3—槽形板；4—拱形板；5—主肋板；6—角形铁；
7—胎架；8—挡板；9—螺旋压紧器；10—回转轴；11—定位销

2）装配工艺方法的选择

零件备料及成形加工的精度对装配质量有直接的影响，加工精度越高，其工艺成本就越高。根据不同产品和不同生产类型的条件，常用的装配工艺方法主要有以下几种。

（1）互换法。互换法的实质是通过控制零件的加工误差来保证装配精度。这种装配法零件是完全可以互换的，装配过程简单，生产率高，对装配工人的技术水平要求不高，便于组织流水作业，但要求零件的加工精度较高。互换法适用于批量及大量生产。

（2）选配法。在零件加工时为降低成本而放宽零件加工的公差带，故零件精度不是很高。装配时需挑选合适的零件进行装配，以保证规定的装配精度要求。这种方法对零件的加工工艺要求放宽，便于零件加工，但装配时工人要对零件进行挑选，增加了装配工时和难度。

（3）修配法。零件预留修配余量，在装配过程中修去部分多余的材料，使装配精度满足技术要求。此法零件的制作精度可放得较宽，但增加了手工装配的工作量，而且装配质量取决于工人的技术水平。

在选择装配工艺方法时，应根据生产类型、产品种类等方面来考虑。一般单件、小批量生产或重型焊接结构生产常以修配法为主，互换件的比例小，工艺灵活性大，工序较为集中，大多使用通用工艺装备；成批生产或一般焊接结构主要采用互换法，也可灵活采用选配法和修配法，工艺划分应以生产类型为依据，使用通用或专用工艺装备，可组织流水作业生产。

3）装配顺序的制定

焊接结构制造时，装配与焊接的关系十分密切。在实际生产中，装配与焊接往往是交替进行的，在制定装配工艺过程时要全面分析，使所拟定的装配工艺过程对以后各工序都带来有利的影响。在确定部件或结构的装配顺序时，不能单纯地从装配工艺的角度去考虑，必须与焊接工艺结合起来全面分析，实际上就是确定装配－焊接顺序。

装配－焊接顺序基本上有三种类型：整装－整焊、随装随焊和分部件装配焊接－总装配焊接。

（1）整装－整焊。将全部零件按图样要求装配起来，然后转入焊接工序，将全部焊缝焊完。此种类型是装配工人与焊接工人各自在自己的工位上完成，可实行流水作业，停工损失很小。装配可采用装配胎具进行，焊接可采用滚轮架、变位机等工艺装备和先进的焊接方法，有利于提高装配焊接质量。这种方法适用于结构简单、零件数量少、大批量的生产条件。

（2）随装随焊。先将若干个零件组装起来，随之焊接相应的焊缝，然后再装配若干个零件，再进行焊接，直至全部零件装完并焊完，并成为符合要求的构件。这种方法是装配工人与焊接工人在一个工位上交替作业，影响生产率，也不利于采用先进的工艺装备和工艺方法。此法仅适用于单件小批量产品和复杂结构的生产。

（3）分部件装配焊接－总装配焊接。将结构件分解成若干个部件，先由零件装配焊接成部件，然后再由部件装配焊接成结构件，最后再把它们焊成整个产品结构。这种方法适合批量生产，可实行流水作业，几个部件可同步进行，有利于应用各种先进的工艺装备、控制焊接变形和采用先进的焊接工艺方法，因此适用于可分解成若干个部件的复杂结构，如机车车辆底架、船体结构等。

① 分部件装配－焊接法的优越性。该方法能促进生产率的提高，改善产品质量和工人的劳动条件，同时对加强生产管理、协调各部件的生产进度以保证生产的节奏起到很大的促进作用。具体如下。

a. 可提高装配－焊接质量，改善工人的劳动条件。把整体结构划分成若干部件后，它们就变得质量较轻、尺寸较小、形状简单，因而便于操作，同时把一些需要全位置操作的工序改为在便于操作的位置施焊，尽量减少立焊、仰焊、横焊，并且可将角焊缝变为船形位置。

b. 容易控制和减少焊接应力及焊接变形。焊接应力和焊接变形与焊缝在结构中所处的位置有着密切的关系，在划分部件时，要充分考虑将部件的焊接应力与焊接变形控制到最小。一般都将总装配时的焊接量减少到最小，以减少可能引起的焊接变形。另外，在部件生产时，可以比较容易地采用胎架或其他措施来防止变形，即使已经产生了较大的变形，也比较容易修整和矫正。这对于成批和大量生产的构件，显得更为重要。

c. 可以缩短产品的生产周期。生产组织中各部件的生产是平行进行的，避免了工种之间的相互影响和等候。生产周期可缩短 $1/3 \sim 1/2$，对于提高工厂的经济效益是非常有利的。

d. 可以提高生产面积的利用率，减少和简化总装时所用的胎架数。

e. 在成批和大量生产时可广泛采用专用胎架，分部件后可大大简化胎架的复杂程度，并且使胎架的成本降低。另外，工人有专门的分工，熟练程度可得到提高。

② 部件的划分。部件的合理划分是发挥上述优越性的关键，应从以下几方面来考虑。

a. 尽可能使各部件本身是一个完整的构件，便于各部件间最后的总装。另外，各部件间的接合处应尽量避开结构上应力最大的地方，从而保证不因划分工艺部件而损害结构的强度。

b. 能最大限度地发挥部件生产的优点，使装配工作和焊接工作方便，同时在工艺上易于达到技术条件的要求，如焊接变形的控制，防止因结构刚性过大而引起裂纹的产生等。

c. 划分部件时还应考虑现场生产能力和条件对部件在质量、体积上的限制。如在建造船体时，分段划分必须考虑到起重设备的能力和车间装配－焊接场地的大小。对焊后要进行热处理的大部件，要考虑到退火炉的容积大小等问题。

　　d. 在大量生产的情况下，要考虑对生产均衡性的要求。

　　另外，确定装配－焊接顺序时还必须考虑如下几点：

　　① 有利于施焊和质量检查，使所有焊缝能方便焊接和检验。

　　② 有利于控制焊接应力与变形，要方便焊后热处理。

　　③ 有利于生产组织与管理，能提高生产率。

　　④ 避免强力装配。

3.4.7　典型结构件的装配

　　焊接结构装配方法的选择应根据产品的结构特点和生产类型进行。同类的焊接结构可采用不同的装配方法，即使是同一个焊接结构也可以按装配的前后顺序采用几种装配方法。

1. 钢板的拼接

　　钢板拼接是最基本的部件装配，多数的钢板结构或钢板混合结构都要先进行这道工序。

　　钢板拼接分为厚板拼接和薄板拼接。在拼接钢板时，焊缝应错开，避免出现十字交叉焊缝，焊缝与焊缝之间的最小距离应大于板厚的 3 倍且大于 100 mm，容器结构焊缝之间通常错开 500 mm 以上。

　　钢板拼接时应注意以下几点。

　　(1) 按要求留出装配间隙并保证接口处平齐。

　　(2) 对于厚板对接定位焊，可以按每 250 ～ 300 mm 间距用 30 ～ 50 mm 长的定位焊缝焊固。如果局部应力较大，可根据实际情况适当缩短定位焊缝的距离。

　　(3) 厚度大于 34 mm 的碳素结构钢和厚度不小于 30 mm 的低合金结构钢板拼接时，为防止低温时焊缝产生裂纹，当环境温度较低时，可先在焊缝坡口两侧各 80 ～ 100 mm 范围内进行预热，其预热温度及层间温度应控制在 100 ～ 150℃。

　　(4) 对于 3 mm 以下的薄钢板，焊缝长度在 2 m 以上时，焊后容易产生波浪变形。拼板时可以把薄钢板四周用短焊缝固定在平台上，然后在接缝两侧压上重物，接缝定位焊缝长为 8 mm，间距为 40 mm，采用分段退焊法，焊后用手锤或铆钉枪轻打焊缝，消除应力后钢板即可平直。

　　图 3-86 所示为厚板拼接的一般方法。先按拼接位置将各板排列在平台上，然后将各板靠紧，或按要求留出一定的间隙。如板缝高低不平，可用压马调平，然后定位焊固定。若板缝对接采用埋弧焊，则应根据焊接规程的要求开或不开坡口。如不开坡口，则应预先在定位焊处铲出沟槽，使定位焊缝的余高与未定位焊的接缝基本相平，不影响埋弧焊的质量。对于采用埋弧焊的对接缝，在电磁平台焊剂垫上进行焊接更好。

2. T 形梁的装配

　　T 形梁是由翼板和腹板组合而成的焊接结构，根据生产类型的不同，可采用下列两种装配方法。

　　(1) 划线定位装配法。在小批量或单件生产时采用，先将腹板和翼板矫直、矫平，然后在翼板上划出腹板的位置线，并打上样冲眼。将腹板按位置线立在翼板上，并用 90° 角尺校对两板的相对垂直度，然后进行定位焊。定位焊后再经检验校正，才能焊接，如图 3-87 所示。

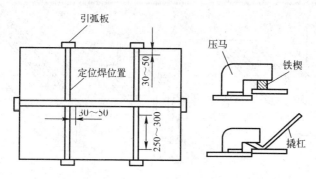

图 3-86 厚板拼接的一般方法

（2）胎夹具装配法。成批量装配 T 形梁时，采用图 3-88 所示的简单胎夹具。装配时不用划线，将腹板立在翼板上，端面对齐，以压紧螺栓的支座为定位元件来确定腹板在翼板上的位置，并由水平压紧螺栓和垂直压紧螺栓分别从两个方向将腹板与翼板夹紧，然后在接缝处进行定位焊。

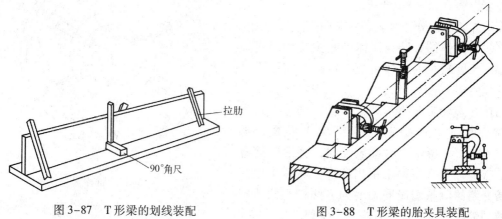

图 3-87 T 形梁的划线装配   图 3-88 T 形梁的胎夹具装配

3. 箱形梁的装配

箱形梁一般由翼板、腹板和肋板组合焊接而成。根据生产类型的不同，可采用下列装配方法。

（1）划线装配法。图 3-89（a）所示为箱形梁，装配前先把翼板、腹板分别矫直、矫平，板料长度不够时应先进行拼接。装配时将翼板放在平台上，划出腹板和肋板的位置线，并打上样冲眼。各肋板按垂直位置装配于翼板上，用 90°角尺检验垂直度后进行定位焊，同时在肋板上部焊上临时支撑角钢，固定肋板之间的距离，如图 3-89（b）中的虚线所示。再装配两腹板，使它们紧贴肋板立于翼板上，并与翼板保持垂直，用 90°角尺校正后施定位焊固定。装配完两腹板后，由焊工按一定的焊接顺序先进行箱形梁内部焊缝的焊接，并经焊后矫正，内部涂上防锈漆后再装配上盖板，即完成了整个箱形梁的装配工作，如图 3-89（c）所示。

（2）胎夹具装配法。批量生产箱形梁时，也可以利用装配胎夹具进行装配，以提高装配质量和装配效率。

4. 圆筒节对接装配

圆筒节对接装配的要点在于保证对接环缝和两节圆筒的同轴度误差符合技术要求。为使圆筒节易于获得同轴度和装配中便于翻转，装配前两圆筒节应分别进行矫正，使其圆度

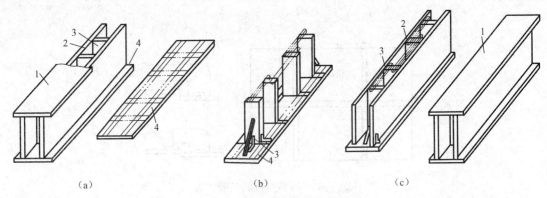

图 3-89　箱形梁的装配
1、4—翼板；2—腹板；3—肋板

符合技术要求。对于大直径薄壁圆筒体的装配，为防止筒体椭圆变形，可以在筒体内使用径向推撑器撑圆，如图 3-90 所示。

筒体装配可分为卧装和立装两类。

（1）筒体的卧装。筒体卧装主要用于直径较小、长度较长的筒体装配，装配时需要借助于装配胎架。图 3-91（a）、图 3-91（b）所示为筒体在滚轮架和辊筒架上装配。筒体直径很小时，也可以在槽钢或型钢架上装配，如图 3-91（c）所示。对接装配时，将两圆筒置于胎架上靠紧或按要求留出间隙，然后采用前面所介绍的测量圆筒同轴度的方法校正两节圆筒的同轴度，校正合格后施行定位焊。

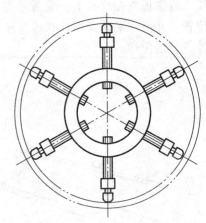

图 3-90　用径向推撑器装配筒体

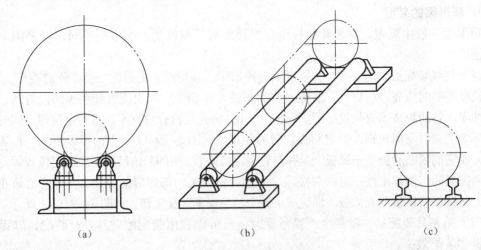

图 3-91　筒体卧装示意图

（2）筒体的立装。为防止筒体因自重而产生椭圆变形，直径较大和长度较短的筒节拼装多数采用立装，即竖装，以克服由于自重而引起的变形。

立装时可采用图3-92所示的方法。先将一节圆筒放在平台（或水平基础）上并找平，在靠近上口处焊上若干个螺旋压马；然后将另一节圆筒吊上，用螺旋压马和焊在两节圆筒上的若干个螺旋拉紧器拉紧并进行初步定位；最后检验两节圆筒的同轴度并校正。检查环缝接口情况并对其调正，合格后进行定位焊。

装配油罐等大型圆筒容器时，因直径较大而不能卧装，可采用倒装法（见图3-93）。倒装法是首先对罐顶与第一节筒体进行装配并全部焊完，然后用起重机械将第一节筒体提升一定高度，接着把第二节筒体平移到第一节筒体下面，再用前面所述的立装法把第一节筒体缓缓地落在第二节筒体上面，接口处用若干螺旋压马进行定位，并用若干螺旋拉紧器拉紧，调整筒体同轴度和接口情况，合格后进行定位焊。最后将该节筒体全部焊缝焊完。再用起重机械将第二节筒体提升一定高度，用同样的方法装配第三节筒体，依此类推，直到装完最后一节筒体，最后一节筒体还必须与罐底板连接并焊成一体。

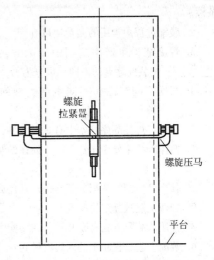

图 3-92　筒体立装示意图

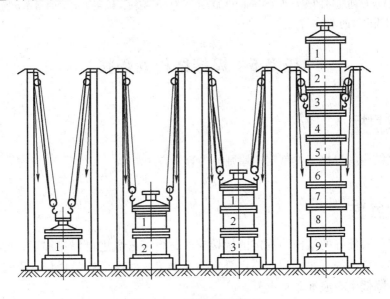

图 3-93　倒装法装配筒体

倒装法的筒体环缝焊接位置始终在最底一节筒体上，比正装法省去了搭脚手架的麻烦；同时，筒体的提升可根据平衡情况降低挂钩起吊位置，又可省去使用高大的起重设备（但最大起重量接近整个筒体的重量，比正装法要大得多），所以是比较常用的装配方案。

 综合练习

一、填空题

1. 无论何种装配方案，都需要对零件进行_____、_____和_____，这就是装配的三个基本条件。

2. 装配过程中常用的测量项目有_____、_____、_____、_____。

3. 焊接结构生产中应用的装配方法很多，根据零件定位方法的不同，装配可分为_____、_____；按装配地点的不同，可分为_____、_____。

4. 根据不同产品和不同生产类型的条件，常用的装配工艺方法主要有_____、_____和_____三种。

5. 装配－焊接顺序基本上有三种类型，即_____、_____和_____。

6. 筒体卧装主要用于_____筒体的装配，筒体立装主要用于_____筒体的装配。

二、简答题

1. 什么是装配？装配的基本条件是什么？

2. 如何正确选择定位基准？

3. 常用的装配方法有哪几种？在装配中应该如何选择装配方法？

4. 装配工艺过程制定的内容有哪些？

5. 装配－焊接顺序有几种类型？各有什么特点？

6. 筒体立式装配中的倒装法与正装法各有什么优缺点？

三、实践题

1. 对简单的焊接结构进行平行度、垂直度、同轴度等测量方法的练习。

2. 用前面已经预处理过的规格为 150 mm × 100 mm 的 Q235 钢板，练习 T 形梁的制作。通过练习，掌握划线、测量及划线定位的手工装配方法。

任务 5　焊接结构的焊接

学习目标

掌握焊接结构的焊接工艺制定的原则、内容及方法。

任务分析

焊接是将已装配好的结构用规定的焊接方法、焊接参数进行焊接加工，使各零、部件连接成一个牢固整体的工艺过程。制定合理的焊接工艺对保证产品质量、提高生产率、减轻劳动强度、降低生产成本非常重要。

相关知识及工作过程

3.5.1　焊接工艺制定

1. 焊接工艺制定的原则

（1）能获得满意的焊接接头，保证焊缝的外形尺寸和内部质量都能达到技术要求。

（2）焊接应力与变形应尽可能小，焊接后构件的变形量应在技术条件许可的范围内。

（3）焊缝可达到性好，有良好的施焊位置，翻转次数少。

（4）当钢材淬硬倾向大时，应考虑采用预热、后热处理，防止焊接缺陷产生。

（5）有利于实现机械化、自动化生产，有利于采用先进的焊接工艺方法。

（6）有利于提高劳动生产率和降低成本，尽量使用高效率、低能耗的焊接方法。

2. 焊接工艺制定的内容

（1）根据产品中各接头焊缝的特点，合理地选择焊接方法及相应的焊接设备与焊接材料。

（2）合理地选择焊接工艺参数，如焊条电弧焊时的焊条直径、焊接电流、电弧电压、焊接速度、施焊顺序和方向、焊接层数等。

（3）合理地选择焊丝和焊剂牌号以及气体保护焊时的气体种类、气体流量、焊丝伸出长度等。

（4）合理地选择焊接热参数，如预热、中间加热、后热及焊后热处理的工艺参数（如加热温度、加热部位和范围、保温时间及冷却速度的要求等）。

（5）选择或设计合理的焊接工艺装备，如焊接胎具、焊接变位机、自动焊机的引导移动装置等。

3.5.2　焊接方法、材料及设备的选择

（1）选择焊接方法。为了正确地选择焊接方法，必须了解各种焊接方法的生产特点及适用范围（如焊件厚度、焊缝空间位置、焊缝长度和形状等），还需要考虑各种焊接方法对装配工作的要求（工件坡口要求、所需工艺装备等）、焊接质量及其稳定程度、经济性（劳动生产率、焊接成本、设备复杂程度等）以及工人劳动条件等。

在成批或大量生产时，为降低生产成本、提高产品质量及经济效益，对于能够用多种焊接方法来生产的产品，应进行试验和经济比较，如材料、动力和工时消耗等，最后核算成本，选择最佳的焊接方法。

（2）选择焊接材料。选择了最佳的焊接方法后，就可根据所选焊接方法的工艺特点来确定焊接材料。确定焊接材料时，必须考虑到焊缝的力学性能、化学成分以及在高温、低温或腐蚀介质工作条件下的性能要求等。总之，必须做到综合考虑才能合理选用焊接材料。

（3）选择焊接设备。焊接设备的选择应根据已选定的焊接方法和焊接材料，同时还要考虑焊接电流的种类、焊接设备的功率、工作条件等方面，使选用的设备能满足焊接工艺的要求。

3.5.3　焊接参数的选择

正确、合理的焊接参数有利于保证产品质量，提高生产率。焊接参数的选择主要考虑以下几方面。

（1）深入地分析产品的材料及其结构形式，着重分析在材料的化学成分和结构因素共同作用下的焊接性。

（2）考虑焊接热循环对母材和焊缝的热作用，这是获得合格产品以及使焊接接头焊接应力和变形最小的保证。

（3）根据产品的材料、焊件厚度、焊接接头形式、焊缝的空间位置、接缝装配间隙等查找各种焊接方法的有关标准和资料。

（4）通过试验确定焊缝的焊接顺序、焊接方向以及多层焊的熔敷顺序等。

（5）参考已有的技术资料和成熟的焊接工艺。

（6）确定焊接参数不应忽视焊接操作者的实践经验。

3.5.4 焊接热参数的确定

为保证焊接结构的性能与质量，防止裂纹的产生，改善焊接接头的韧性，消除焊接应力，有些结构需进行加热处理。加热处理工艺可在焊接工序之前或之后进行，主要包括预热、（中间加热）、后热及焊后热处理。

（1）预热。预热指焊前对焊件进行全部或局部加热。其目的是减缓焊接接头加热时的温度梯度及冷却速度，适当延长在500℃～800℃区的冷却时间，从而减少或避免产生淬硬组织，有利于氢的逸出，防止冷裂纹的产生。

预热温度的高低应根据钢材淬硬倾向的大小、冷却条件和结构刚性等因素通过焊接性试验而定。钢材的淬硬倾向大、冷却速度快、结构刚性大，其预热温度要相应提高。

常用的一些确定预热温度的计算公式都是根据不产生裂纹的最低预热温度而建立的，而且都是在一定的试验条件下得到的。因此，选用公式时要特别注意其应用范围，否则会导致错误的结果。

许多大型结构采用整体预热是困难的，甚至不可能，如大型球罐、管道等，因此常采用局部预热的方法防止裂纹的产生。

（2）后热。后热是在焊后立即对焊件全部（或局部）利用预热装置加热到300℃～500℃并保温1～2 h后空冷的工艺措施，其目的是防止焊接区扩散氢的聚集，避免延迟裂纹的产生。

试验表明，选用合适的后热温度可以降低一定的预热温度，一般可以降低50℃左右，这在一定程度上改善了焊工劳动的条件，也可代替一些重大产品所需要的焊接中间热处理，简化生产过程，提高生产率，降低成本。

对于焊后要立即进行热处理的焊件，因为在热处理过程中可以达到除氢处理的目的，故不需要另外进行后热。但是，焊后若不能立即热处理而焊件又必须除氢，则需焊后立即进行后热处理，否则有可能在热处理前的放置期间内产生延迟裂纹。

（3）焊后热处理。焊接结构的焊后热处理是为了改善焊接接头的组织和性能、消除残余应力而进行的热处理。焊后热处理的目的如下：

① 消除或降低焊接残余应力。

② 消除焊接热影响区的淬硬组织，提高焊接接头的塑性和韧性。

③ 促使残余氢逸出。

④ 对某些钢材（如低碳钢、500 MPa级高强度钢），可以使其断裂韧性得到提高；但对另一些钢材（如800 MPa级高强度钢），由于能产生回火脆性而使其断裂韧性降低，故不宜采用焊后热处理。

⑤ 提高结构的几何稳定性。

⑥ 增强构件抵抗应力腐蚀的能力。

实践证明，许多承受动载的结构焊后必须进行热处理，消除结构内的残余应力后才能保证其正常工作，如大型球磨机、挖掘机框架、压力机等。对于焊接的机器零件，用热处理方法来消除内应力尤为必要，否则在机械加工之后会发生变形，影响加工精度和几何尺寸，严重时会造成焊件报废。对于合金钢来说，通常是经过焊后热处理来改善其焊接接头的组织和性能之后，才能显现出材料性能的优越性。

一般来说，对于结构的板厚不大，又不是用于动载荷，而且是用塑性较好的低碳钢来制造的情况，就不需要进行焊后热处理。对于板厚较大且承受动载荷的结构，其外形尺寸越大，焊缝越多越长，残余应力也越大，也就越需要进行焊后热处理。

焊后热处理最好是将焊件整体放入炉中加热至规定温度，如果焊件太大，可采取局部或分部件加热处理，或在工艺上采取措施解决。消除残余应力的热处理一般都是将焊件加热到 500℃ ～ 650℃进行退火即可，在消除残余应力的同时，对焊接接头的性能也有一定的改善，但对焊接接头的组织则无明显的影响。若要求焊接接头的组织细化、化学成分均匀并提高焊接接头的各种性能，对一些重要结构常采用先正火随后立即回火的热处理方法，它既能起到改善接头组织和消除残余应力的作用，又能提高接头的韧性和疲劳强度，是生产中常用的一种热处理方法。

预热、后热、焊后热处理方法的工艺参数主要由结构的材料、焊缝的化学成分、焊接方法、结构的刚度及应力情况、承受载荷的类型、焊接环境的温度等来确定。

3.5.5　焊接工艺评定

焊接工艺评定是为验证所拟定的焊接工艺的正确性而进行的试验过程及结果评价。

1. 焊接工艺评定的目的

NB/T 47014—2011《钢制压力容器焊接工艺评定》规定，受压元件焊缝、与受压元件相邻的焊缝、熔入永久焊缝内的定位焊缝以及受压元件母材表面堆焊、补焊等，在生产前都必须进行焊接工艺评定。

焊接工艺评定的目的在于验证焊接工艺指导书的正确性。焊接工艺正确与否的标志在于焊接接头的使用性能是否符合要求。

焊接工艺评定有两个功能：其一是验证施焊单位拟定的焊接工艺的正确性；其二是评定施焊单位焊制焊接接头的使用性能符合设计要求的能力。

经过焊接工艺评定合格后，提出《焊接工艺评定报告》作为编制《焊接工艺规程》的主要依据之一。焊接工艺评定可以作为施焊单位技术储备的标志之一。

2. 焊接工艺评定的条件与规则

（1）焊接工艺评定的条件。被焊材料已经通过（或有可靠的依据）严格的焊接性能检验；焊接工艺评定所用设备、仪表与辅助机械均应处于正常工作状态；所选被焊材料与焊接材料必须符合相应的标准，并需由本单位技能熟练的焊接人员焊接试件和进行热处理。

（2）焊接工艺评定的规则。评定对接焊缝与角焊缝的焊接工艺均可采用对接焊缝接头形式；板材对接焊缝试件评定合格的焊接工艺，适用于管和板材的角焊缝。

（3）凡有下列情况之一者，需要重新进行焊接工艺评定：

① 改变焊接方法。

② 新材料或施焊单位首次焊接的钢材。

③ 改变焊接材料，如焊丝、焊条、焊剂的牌号和保护气体的种类或成分。

④ 改变焊接参数，如焊接电流、电弧电压、焊接速度、电源极性、焊道层数等。

⑤ 改变热规范参数，如预热温度、层间温度、后热和焊后热处理等工艺参数。

3. 焊接工艺评定的方法

焊接工艺评定是评定某一焊接工艺是否能获得力学性能符合要求的焊接接头。首先按施焊单位制定的焊接工艺对试件进行施焊，然后对焊接试件进行力学性能试验，判断该焊接工艺是否合格。焊接工艺评定是评定焊接工艺的正确性，而不是评定焊工技艺。因此，为减少人为因素，试件的焊接应由技术熟练的焊工承担。

4. 焊接工艺评定程序

（1）统计焊接结构中应进行焊接工艺评定的所有焊接接头的类型及各项有关数据，如材料、板厚、管子壁厚、焊接位置、坡口形式及尺寸等，确定出应进行焊接工艺评定的若干典型接头，避免重复评定或漏评。

（2）编制《焊接工艺指导书》或《焊接工艺评定任务书》。在进行焊接评定试件前由焊接工艺人员负责编制。其内容如下。

① 焊接工艺指导书的编号和日期。

② 相应的焊接工艺评定报告的编号。

③ 焊接方法及自动化程度。

④ 接头形式、有无衬垫及衬垫的材料牌号。

⑤ 用简图表明坡口、间隙、焊道分布和顺序。

⑥ 母材的钢号、分类号。

⑦ 母材熔敷金属的厚度范围。

⑧ 焊条、焊丝的牌号和直径，焊剂的牌号和类型，钨极的类型、牌号和直径，保护气体的名称和成分。

⑨ 焊接位置、立焊的焊接方向。

⑩ 预热的最低温度、预热方式、最高层间温度、焊后热处理的温度范围和保温时间范围。

⑪ 每层焊缝的焊接方法，焊条。焊丝、钨极的牌号和直径，焊接电流的种类、极性和数值范围，电弧电压范围，焊接速度范围，送丝速度范围，导电嘴至工件的距离，喷嘴尺寸及喷嘴与工件的角度，保护气体，气体垫和尾部气体保护的成分和流量，施焊技术（有无摆动、摆动方法、清根方法、有无锤击等）。

⑫ 焊接设备及仪表。

⑬ 编制人和审批人的签字、日期等。

在编制《焊接工艺指导书》时，各评定单位可根据评定所涉及的内容自行设计一种实用的表格。统计需进行焊接工艺评定的接头种类，每一种焊接接头需编制一份《焊接工艺指导书》。

编制《焊接工艺指导书》时，其中有关焊接参数方面的具体数据应参考有关资料及试验来确定，对于新型材料应通过焊接性试验来确定。编制《焊接工艺指导书》的正确性或精确性将直接影响焊接工艺评定的结果。

（3）焊接试件的准备。试件的材质必须与实际结构相同，试件的类型根据所统计的焊接接头的类型需要来确定选取哪些试件及其数量。试件类型如图 3-94 所示。

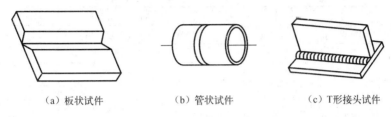

（a）板状试件　　　　　（b）管状试件　　　　　（c）T形接头试件

图 3-94　焊接工艺评定试件的类型

（4）焊接设备及工艺装备的准备。焊接工艺评定所用的焊接设备应与结构施焊时所用的设备相同。要求焊机的性能稳定，调节灵活。焊机上应装有准确的电流表、电压表、焊接速度表、气体压力表和流量计等。

焊接工艺装备就是为了方便焊接各种位置的各种试件而制作的装置。将试件按要求的焊接位置固定在装置上进行焊接，有利于保证试件的焊接质量。

（5）焊工准备。焊接工艺评定试件应由技术熟练的焊工施焊，且应按所编制的《焊接工艺指导书》进行施焊。

（6）试件的焊接。焊接工艺评定中试件的焊接是关键环节。除要求焊工认真操作外，还应由专人做好记录。记录内容主要有试件名称编号、接头形式、焊接位置、焊接电流、电弧电压、焊接速度或一根焊条焊接焊缝的长度与焊接时间等。做实焊记录应事先准备好记录卡。记录卡是现场焊接的原始资料，也是编制焊接工艺评定报告的重要依据，故应妥善保存。

（7）焊接试件的性能试验。试件焊完即可交给力学性能与焊缝质量检测部门进行各有关项目的检测。送交试件时应随带《检测任务书》，指明每个试件所要进行的检测项目及要求等。

常规性能检测项目包括焊缝外观检验、力学性能检验（拉伸试验，面弯、背弯或侧弯等弯曲试验及冲击韧性试验等）、金相检验、射线探伤、断口检验等。

（8）编制《焊接工艺评定报告》。评定试件的各项试验报告汇集之后，即可编制《焊接工艺评定报告》。

《焊接工艺评定报告》的内容主要有报告编号、相应的《焊接工艺指导书》的编号或相应的焊接工艺规程编号、焊接方法或焊接工艺名称、焊缝形式、坡口形式及尺寸、焊接参数和操作方法、评定时的环境温度和相对湿度、试验项目和试验结果、评定用母材及焊接材料的质量证明书、焊工姓名和钢印号、评定结论等。表 3-10 为一种《焊接工艺评定报告》的格式，可供参考。

焊接工艺评定结论为"合格"者，即可将全部评定用资料汇总，作为一份完整的评定材料进行存档，以备编制焊接工艺规程时用。如评定结论为"不合格"，则应分析原因，提出改进措施，修改《焊接工艺指导书》，重新进行评定直到合格为止。

表 3-10 焊接工艺评定报告

编　　号				日　　期		年 月 日
相应的焊接工艺指导书编号						
焊接方法				接头形式		
工艺评定试件母材	钢板	材　质		管子	材　质	
		分类号			分类号	
		规　格			规　格	
质量证明书				复检报告编号		
焊条型号				焊条规格		
焊接位置				焊条烘干温度		
焊接参数	电弧电压/V		焊接电流/A	焊接速度/(cm/min)	焊工姓名	
					焊工钢印号	
试验结果	外观检验	射线探伤	拉伸试验	弯曲试验 δ =	宏观金相试验	冲击韧性试验
			δ_s	δ_b	面弯	背弯		
报告号						
焊接工艺评定结论						
审　批				报告编制		

3.5.6　焊接工艺评定实例

【实例 3-7】锅炉、压力容器焊接工艺评定程序

焊接工艺评定程序按照产品的类型和等级而定，对于自行设计的大型焊接结构，其程序如下。

（1）焊接工艺评定立项如下：

① 焊接工艺评定按焊接工艺方案立项。对于重大的新设计的产品，通常要求编制焊接工艺方案，其中包括该产品结构需完成的焊接工艺评定项目。因此，产品焊接工艺方案经企业总工程师批准后，其中所列的焊接工艺评定项目即可列入工作计划。

② 按新产品施工图立项。对老结构新型号或结构相似而工作参数不同的新产品，由于无须编制焊接工艺方案，故可按新产品施工图，根据所采用的新材料、新焊接方法和壁厚范围提出焊接工艺评定项目。

③ 按产品制造过程中的重大更改立项。在产品制造过程中可能出现结构、材料和工艺的重大更改，此时焊接工艺规程需重新编制，则对重要工艺参数变更后的焊接工艺规程需重新进行焊接工艺评定。

（2）下达《焊接工艺评定任务书》。焊接工艺评定立项后，通过审批程序，根据产品的技术条件编制《焊接工艺评定任务书》。其内容包括产品订货号、接头形式、母材金属牌号及规格、对接头性能的要求、检验项目和合格标准。

（3）编制《焊接工艺规程设计书》。按照《焊接工艺评定任务书》提出的条件和技术要求编制《焊接工艺规程设计书》。设计书的格式与焊接工艺规程相似，但比较简单。在设计书中，原则上只要求填写所要评定的焊接工艺的所有重要参数，而焊接工艺的次要参数，尤其是操作技术参数可列也可不列，由编制者自行决定。但为便于正式焊接工艺规程的编

制，大多数《焊接工艺规程设计书》都列出焊接工艺的次要参数，特别是那些对评定试板焊接质量有较大影响的次要参数。

（4）编制焊接工艺评定试验执行计划。该执行计划的内容应包括完成所列焊接工艺评定试验的全部工作，即试板备料、坡口加工、试板组焊、焊后热处理、无损探伤和理化检验等的计划进度、费用预算、负责单位、协作单位分工及要求。

（5）评定试板的焊接。试板的焊接应由考试合格的熟练焊工按《焊接工艺规程设计书》规定的各种工艺参数焊接。试板焊接过程中应监控并记录焊接工艺参数的实测数据。次要工艺参数一般可不做记录，如负责工艺评定试验的工程师认为有必要，也可记录试板焊接过程中各参数的实际使用范围，供编制正式焊接工艺规程时参考。如试板要求进行焊后热处理，则应记录热处理过程中试板的实际温度和保温时间。如热处理设备装有自动温度记录仪，则可利用打印机记录纸的复印件记录相关数据。

（6）评定试板的检验。焊接工艺评定试板原则上不做无损探伤，应在试板焊接后或焊后热处理后直接取样。

（7）编写《焊接工艺评定报告》。完成下列所要求的试验项目且试验结果全部合格后，即可编写《焊接工艺评定报告》。《焊接工艺评定报告》的内容大体上分为两部分，第一部分记录焊接工艺评定试验的条件，包括试板材料牌号、类别号、接头形式、焊接位置、焊接材料、保护气体、预热温度、焊后热处理、焊接能量参数；第二部分记录各项检验结果，其中包括拉伸、弯曲、冲击、硬度、宏观金相、着色试验和化学成分分析结果等。

编写《焊接工艺评定报告》最重要的原则是如实记录，无论是试验条件和检验结果都必须是实测记录数据，并应有相应的记录卡和试验报告等原始证据。《焊接工艺评定报告》是一种必须由企业管理者代表签字的重要质保文件，也是技术监督部门和用户代表审核企业质保能力的主要依据之一。因此，编写人员必须认真负责，一丝不苟，如实填写，不得错填和涂改。报告应经有关人员校对和审核。

焊接工艺评定试验可能由于接头的某项性能不符合标准要求而失败。在这种情况下，首先应分析失败的原因，然后重新编制《焊接工艺规程设计书》，重复进行上述程序，直至评定试验结果全部合格。

【实例 3-8】船舶结构焊接工艺评定程序

船舶结构焊接工艺评定工作实行多年，已成为船舶制造中控制焊接质量的有效手段，并积累了相当多的经验，形成了一套较完整的焊接工艺评定程序。其主要内容如下。

（1）由造船厂设计所或有关技术部门根据产品的设计结构、材料、接头形式、所采用的焊接方法、钢板的厚度范围以及生产过程中焊接工艺的重大改动，提出焊接工艺评定项目并开具工艺评定项目申请单。

（2）由该厂焊接研究所或焊接技术部门根据工艺评定项目申请单编写《工艺评定试验计划书》，送交验船师审批。同时开具下料清单，交监造师备料。

（3）《工艺评定试验计划书》经批准后即可加工试板，领取试验用焊接材料。根据试验用料的检验号、炉批号和焊接材料检验号核对合格证和质保证。

（4）烘干焊接材料，组装试板，将试板编号。准备工作就绪后，请验船师到试验现场，在试板上打上验船师钢印予以确认。焊接试验全过程由焊接工程师监督进行。试板焊完后请验船师检查焊缝外形，并对焊缝外形拍照存档。

（5）将焊接试板送无损探伤室检验，检验合格后请验船师在探伤报告上签字确认。如检验不合格，则重焊试板。

（6）根据力学性能的测试项目，在焊接试板上划试样线并编号。

（7）请验船师到场监督试板铅印转移到每个试样上的全过程。

（8）将试样毛坯送理化实验室或试样加工单位，按要求加工试样。

（9）将面弯、背弯试样的受拉面进行打磨，棱角按要求倒角。冲击试样加工过程中需再次请验船师监督铅印的转移。

（10）试样加工后，请验船师到理化实验室监督力学性能试验，试样试验后拍外观照片备案，力学性能试验报告送交验船师签字确认。

（11）各项检验和力学性能试验合格后，由负责工艺评定的焊接工程师编写《焊接工艺评定报告》，经校对、审核、会签和审定程序后，将评定报告送交验船师审批。

（12）《焊接工艺评定报告》经审批后，将该报告的正本存档，副本存焊接技术部门备查。同时应将《焊接工艺评定报告》送交申请部门——造船设计所。

若焊接工艺评定试板的检验结果中有某项性能不合格，则应及时分析原因，与验船师协商，根据船检的要求重新取样。若因工艺、材料等因素造成工艺评定失败，则应向造船设计所及时反馈信息，重复上述试验程序，调整工艺参数后重焊试板，直至工艺评定试验的所有项目全部合格。

随着船舶新产品的不断开发，焊接工艺评定项目将日渐增多，对焊接工艺评定的科学管理也会提出更高的要求。为简化检索程序、缩短核查时间，应将评定报告的内容，包括报告编号、项目名称、焊接方法、钢号及厚度、接头形式、焊接材料等输入计算机，编制出一份报告总目录，以备有关人员查阅并提供质量管理部门随时审查。

 综合练习

一、填空题

1. 加热处理工艺可在焊接工序之前或之后进行，主要包括_____、_____、_____的处理工艺。

2. 预热温度的高低应根据_____、_____和_____等因素，通过焊接试验而定。

3. 焊接结构的焊后热处理是采用_____、_____等处理手段对焊件进行的热处理，其目的是为了改善焊接接头的_____、_____，提高结构的几何稳定性。

4. 焊接工艺评定有两个功能：其一是验证施焊单位拟定的_____的正确性；其二是评定施焊单位焊制焊接接头的_____符合设计要求的能力。

5. 编写焊接工艺评定报告的内容大体分成两大部分，第一部分记录_____，包括试件材料编号、类别号、接头形式、焊接位置、焊接材料、保护气体、预热温度、焊后热处理制度和焊接能量参数等；第二部分是记录_____，其中包括拉伸、弯曲、冲击、硬度、宏观金相、无损检验和化学成分分析结果等。

二、简答题

1. 焊接工艺制定的内容有哪些？制定的原则是什么？

2. 焊接方法、焊接材料、焊接设备的选择依据分别是什么？

3. 如何选择焊接工艺参数？

4. 焊接热参数包括哪些内容？作用是什么？应如何选择？

5. 什么是焊接工艺评定？其目的是什么？

任务 6　装配 – 焊接工艺装备的应用

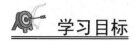 学习目标

　　了解焊接工装、焊接变位机械的常见形式及应用，能正确选用和使用装配 – 焊接工装夹具与装备；了解焊接机器人的应用。

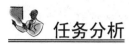 任务分析

　　装配与焊接是焊接结构生产过程中的核心，直接关系到焊接结构的质量和生产效率。装配 – 焊接工艺装备是焊接结构装配与焊接生产过程中起配合及辅助作用的工装夹具、机械装置或设备的总称。焊接工装的应用对提高产品质量、减轻焊接工人的劳动强度、加速焊接生产实现机械化、自动化进程等方面起着非常重要的作用。焊接变位机械是通过改变焊件、焊机、焊工的操作位置，以达到和保持最佳施焊条件，从而实现机械化和自动化焊接的各种机械装置。这类机械装备中还包括焊接机器人及多种机械组合应用装置等。

 相关知识及工作过程

3.6.1　焊接工装的基础知识

1. 焊接工装的地位与作用

　　焊接结构生产过程中，纯焊接工作所需要的作业工时仅占构件装配与焊接工时的 25% ～30%，其余作业工时则用于备料、装配及其他辅助工作。随着高效率焊接方法的应用，这种工时比的差异更为突出。因此，积极推广使用机械化和自动化程度较高的焊接工装，是解决工时比差异的最佳途径。

　　焊接工装的作用主要表现在如下几方面。

　　（1）定位准确、夹紧可靠，可部分或全部取代下料和装配时的划线工作，减小制品的尺寸偏差，提高零件的精度和互换性。

　　（2）防止和减小焊接变形，降低焊接后的矫正工作量，达到提高劳动生产率的目的。

　　（3）能够保证最佳的施焊位置，焊缝的成形性优良，工艺缺陷明显降低，可获得满意的焊接接头。

　　（4）采用机械装置进行零、部件装配的定位、夹紧及焊件翻转等繁重的工作，可改善工人的劳动条件。

　　（5）可以扩大先进工艺方法和设备的使用范围，促进焊接结构生产机械化和自动化的综合发展。

2. 焊接工装的分类及应用

　　焊接工装可按其功能、适用范围或动力源等进行分类。分类方法如表 3–11 所示。

表 3-11　焊接工装的分类及应用

分类方法	工装名称	主要形式		基本应用
按功能分类	装配焊接夹具	定位器		主要是对焊件进行准确的定位和可靠的夹紧
		夹紧器		
		拉紧及顶撑器		
		装配胎架		
	焊接变位机械	焊件变位机	焊接回转台	将焊件回转或倾斜，使接头处于水平或船形位置
			焊接翻转机	
			焊接滚轮架	
			焊接变位机	
		焊机变位机	平台式操作机	将焊接机头或焊枪送到并保持在待焊位置，或以选定的焊接速度沿规定的轨迹移动焊机
			悬臂式操作机	
			伸缩臂操作机	
			门架式操作机	
		焊工变位机		焊接高大焊件时，带动焊工升降
		焊接辅助装置		为焊接工作提供辅助性服务
按适用范围分类	专用工装			适用于某一种焊件的装配和焊接
	通用工装			不需调整即能适用于多种焊件的装配或焊接
	组合工装			使用前需将各夹具元件重新组合才能适用于另一种产品的装配和焊接
按动力源分类	手动工装			靠人工完成焊件的定位、夹紧或运动
	气动工装			利用压缩空气作为动力源
	液压式工装			利用液体压力作为动力源
	电动工装	电磁工装		利用电磁铁产生的磁力作为动力源
		电动工装		利用电动机的扭矩作为动力源

3. 焊接工装的组成及选用原则

（1）焊接工装的组成。焊接工装的构造是由其用途及可实现的功能所决定的。

装配-焊接夹具一般是由定位器、夹紧器和夹具体组成。夹具体起连接各定位器和夹紧器的作用，有时还起支承焊件的作用。

焊接变位机、焊接操作机基本由原动机（力源装置）、传动装置（中间传动机构）和工作机（夹紧器）三个基本部分组成，并通过机体把它们连接成整体。

图 3-95 所示是一种典型的夹具装置，力源装置是产生夹紧作用力的装置，通常是指机械夹紧时所用的气压、液压、电动等动力装置；中间传动机构起着传递夹紧力的作用，工作时可以通过它改变夹紧作用力的方向和大小，并保证夹紧机构在自锁状态下安全可靠；夹紧元件是夹紧机构的最终执行元件，通过它和焊件受压表面直接接触完成夹紧。

（2）焊接工装选用的基本原则。焊接工装的选用与焊接结构产品的各项技术要求及经济指标有着密切的联系。

① 焊接结构的生产规模和生产类型，在很大程度上决定了选用工艺装备的经济性、专

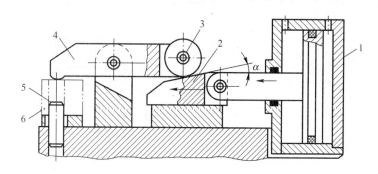

图 3-95 典型夹紧装置组成示例

1—气缸；2—斜楔；3—辊子；4—压板；5—定位销；6—焊件

用化程度、完善性、生产效率及构造类型。

② 产品的质量、外观尺寸、结构特征以及产品的技术等级、重要性等也是选择工艺装备的重要依据。

③ 在产品生产工艺规程中对工艺装备的选用有着较明确的要求和说明（零、部件有效定位、夹紧、反变形、定位焊、施焊等），这些内容对选择工艺装备有很强的指导性。

除上述之外，还有以下几点原则：

① 工艺装备的可靠性。主要包括承载能力、结构刚性、夹紧力大小、机构的自锁性、安全防护与制动、结构自身的稳定性以及负载条件下的稳固性等。

② 对焊件的适应性。主要包括焊件装卸的方便性、待焊焊缝的可达性、可观察性、对焊件表面质量的破坏性以及焊接飞溅对结构的损伤等。

③ 焊接方法对夹具的特殊要求。例如，闪光对焊时，夹具兼作导电体；钎焊时，夹具兼作散热体。因此，要求夹具本身具有良好的导电性和导热性。

④ 安装、调试、维护的可行性。主要涉及生产车间的安装空间、起重能力、力源配备、主要易损件的备件提供方式、车间维护能力、操作者技术水平等。

⑤ 尽量选用已通用化、标准化的工艺装备。这样，可减少投资成本并缩短开发周期。

3.6.2 焊接工装夹具

1. 零件在夹具中的定位

（1）零件在夹具中的定位原理。零件在空间有无限个位置可放。为了确定零件的具体位置，必须消除它对于直角坐标系活动的六个自由度，即在图 3-96 所示的沿着 x 轴、y 轴、z 轴的移动和转动，这样零件的位置便被确定下来。

在 xoz 平面（A 平面）内的三个支点（1，2，3）使矩形零件受到支托，同时也使其不能绕 x 轴和 z 轴转动，也不能沿 y 轴移动，限制了它的三个自由度。将该平面称为定位基准，通常选择焊件上最大的表面作为定位基准。

在 yoz 平面（B 平面）内的两个支点（4，5）使得零件不能沿 x 轴移动和绕 y 轴转动，限制了它的二个自由度。将该平面称为导向基准，通常选择焊件上最长的表面作为导向基准。

在 xoy 平面（C 平面）内加置一个支点（6），限制了零件沿 z 轴移动的可能，于是零件的位置便被确定下来。将该平面称为止推基准，通常选择焊件上最短、最窄的表面作为

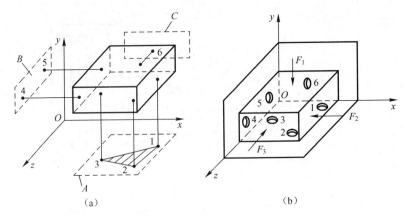

图 3-96　零件定位简图

止推基准。

　　焊件上的六个自由度均被限制的定位称为完全定位；焊件被限制的自由度少于六个，但仍能保证加工要求的定位称为不完全定位。在焊接生产中，为了调整和控制不可避免的焊接应力与变形，有些自由度是不宜限制的，故可采用不完全定位的方法。

　　（2）定位基准的选择。在设计胎夹具时，首先应根据焊件的形状选择合理的基准，尽量选用零件表面粗糙度较小的面作为基准。同时又要使一个基准具有多种用途以减少基准的数量，从而简化胎夹具的结构。因此在选择基准时常常将设计基准作为定位和测量基准。

　　零件在装配－焊接夹具中的定位基准可以是平面、圆柱面、圆锥面，或者是复杂零件的复合表面等。其定位方法如下：

　　① 平面定位。其利用挡铁或支承钉进行定位。

　　② 圆柱面定位。其外圆柱面采用 V 形块定位，内圆柱面采用定位销定位。

　　③ 圆锥面定位。其利用短 V 形块定位。

　　2. 定位器

　　定位器是确定零件位置的一种器具，其实质是与外力配合，起到限制零件自由度和夹紧零件的作用。由于零件外形和焊接结构千差万别，因此正确设计或选用不同类型的定位器具来适应不同的定位对象是实施装配的基础。

　　根据定位方式的不同，定位器一般分为挡铁，支撑板、定位销、V 形铁等几大类，下面分别介绍其结构形式和使用特点。

　　（1）挡铁。挡铁的"挡"就是止推的意思，即挡住零件在一个方向的运动。一个挡铁可以限制零件的一个自由度，多个挡铁配合使用，即可确定零件的空间位置。

　　常见挡铁的形式有以下几种。

　　① 固定式挡铁。其结构如图 3-97（a）所示，它用来在水平面或垂直平面上定位零件，它也可用焊接方法刚性地固定在夹具上，适用于单一产品且批量较大的焊接生产。

　　② 可拆式挡铁。如图 3-97（b）所示，可拆式挡铁用螺栓固定在平台上或直接插入夹具体或装配平台的锥孔中，适用于单件或多品种焊件的装配。

　　③ 永磁式挡铁。如图 3-97（c）所示，为了方便拆卸工件，挡铁在拔去插销和移动之后，工件即可方便地取走。

　　④ 可退出式挡铁。如图 3-97（d）所示，挡铁可绕铰链转动，靠插销固定。这样工件

装配成整体之后，拔去插销，即可方便地取下工件。

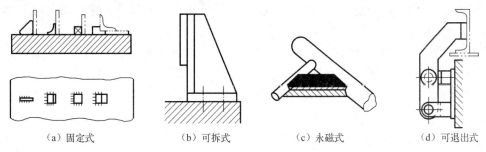

（a）固定式　　　　　（b）可拆式　　　　　（c）永磁式　　　　　（d）可退出式

图 3-97　挡铁的结构形式

总体来说，挡铁定位的方法简单易行，但定位精度不高。在实施定位时，所用挡铁的数量、位置取决于构件的结构形式、选取的基准以及夹紧装置的位置。对于受力较大的挡铁，应保证其具有足够的强度，并应使挡铁与零件有足够的接触面积，以保证定位的可靠和零件的稳定性。

（2）支承板（钉）。支承板（钉）主要用于对平面的定位，通常要承受一定的重力。常见支承板（钉）的形式有以下几种：

① 固定式支承钉。其结构如图 3-98（a）所示，平头支承钉用来支承已加工过的表面；球头支承钉用来支承未经加工的粗糙不平的毛坯表面或焊件窄小表面的定位；带齿纹头的支承钉多用在焊件侧面，以增大摩擦系数，防止焊件滑动。

② 可调式支承钉。其结构如图 3-98（b）所示，可调式支承钉用于焊件表面未经加工或表面精度相差较大的情况。采用螺母旋合的方式按需要调整高度，适当补偿焊件的尺寸误差，多用于装配形状相同而规格不同的焊件。

③ 支承板。其结构如图 3-98（c）所示，支承板一般用螺钉紧固在夹具体上，可进行侧面、顶面和底面定位，适用于焊件经切削加工的平面或较大平面。

（3）定位销。定位销一般用于定位圆孔类零件，利用零件上的装配孔、螺钉孔或螺栓孔及专业定位孔等内表面作为定位基准来进行定位。常见定位销的形式有以下几种：

① 固定式定位销。如图 3-99（a）所示，其末端配合于夹具体上，伸出部分用于定位工件。

② 可拆式定位销。又称为插销，如图 3-99（b）所示，焊件之间依靠孔进行定位。一般用于零件不便于安装与拆卸（如需要先放零件再定位）或定位焊后必须先拆除该定位销才能进行焊接的场合。

③ 可换式定位销。如图 3-99（c）所示，它是通过螺纹与夹具体相连接的。适用于大批量生产时，定位销磨损较快，为保证精度须定期维修和更换定位销的场合。

④ 可退式定位销。如图 3-99（d）所示，采用铰链形式使圆锥形定位销应用后可及时退出，便于焊件的装上或卸下。

（4）V 形铁。V 形铁是一种圆外表面定位器，其结构特点是具有两个成一定角度的斜面，在外力的作用下，圆柱形物体会自动贴紧两表面，从而确定其位置。V 形铁两斜面的夹角有 60°、90°、120°三种，角度越小，对中定位作用越好，但适应工件直径的变化范围越小。在选用时应注意工件直径与 V 形铁尺寸的关系，不能用太小的 V 形铁定位过大的圆柱。焊接夹具中 V 形铁两斜面夹角多为 90°。常见 V 形铁的形式如下：

① 固定式 V 形铁。如图 3-100（a）所示，在装配钻孔前，用螺钉先定位到胎具上，之后

钻装配孔。这种 V 形铁对中性好，可不受定位基准直径误差的影响，现已经实现标准化。

　　② 活动式 V 形铁。如图 3-100（b）所示，可沿某一方向移动，常与固定式 V 形铁一起使用，用于支撑不同长度的圆柱。

　　③ 可调节式 V 形铁。如图 3-100（c）所示，可调整 V 形铁在夹具上的位置或调整 V 形开口的大小，适用于同一类型但尺寸有变化的焊件，或用于可调式夹具中。

　　图 3-100（d）是 V 形铁与螺旋夹紧器配合使用的工作状态。

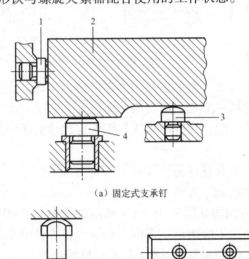

（a）固定式支承钉

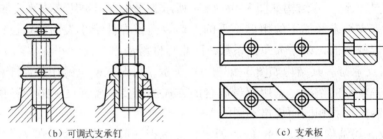

（b）可调式支承钉　　　　　　　　（c）支承板

图 3-98　支承钉（板）的结构形式

1—齿纹头式；2—焊件；3—球头式；4—平头式

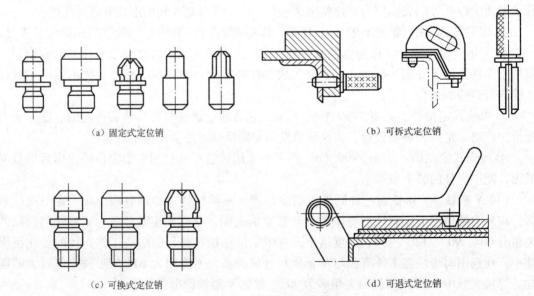

（a）固定式定位销　　　　　　　　（b）可拆式定位销

（c）可换式定位销　　　　　　　　（d）可退式定位销

图 3-99　定位销的结构形式

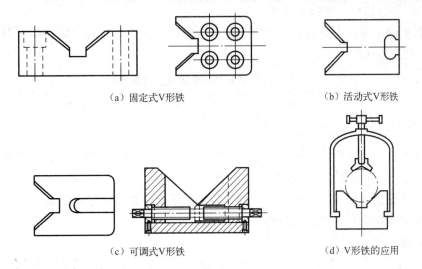

（a）固定式V形铁　　　　　　　（b）活动式V形铁

（c）可调式V形铁　　　　　　　（d）V形铁的应用

图 3-100　V 形铁的结构形式与应用

（5）定位样板。定位样板是一种高效的定位器具，在实施定位操作时，只要预先把定位样板定位、固定，零件的定位就非常方便、快捷。定位样板的高效体现在一个样板可以对多个零件进行定位，以及可以对一些特殊位置的零件进行定位。有时，一个样板像一个异化了的装配胎具，但其制作却很简单，往往现场工人就可制作出一些简单的定位样板。如图 3-101 所示为定位样板应用的例子。

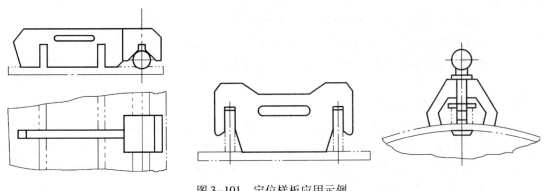

图 3-101　定位样板应用示例

（6）定位器布置的注意事项。定位器一般不应作为受力元件，以免损伤它的精度。若必须同时作为受力元件，则应适当增加它的强度和刚度；定位器不应设置在有碍工人操作的位置，同时还应考虑到制品在装配或焊接后便于从工艺装备中取出；定位器的工作表面应具有良好的耐磨性，以便较长时期地保持定位精度；定位器在磨损或损坏时应是容易修复或更换的。制品中经过机械加工的面、孔等原则上都可以作为定位基准，但应符合定位要求。

定位器通常不单独使用。为了使工件在装配与焊接过程中不发生移动，常对夹具施力以使工件固定。因此，在胎具上定位器总是与夹紧器联合作用以确定工件的位置。

布置定位器时还应注意以下事项：

① 应有足够的定位点数目，但不宜超定位，坚决不允许欠定位。定位器及其所能限制的自由度数见表3-12。

表3-12　定位器及其所能限制的自由度数

定位支撑	平面	狭条（直线）	长V形铁	短V形铁	长心轴	销钉	菱形销
限制自由度相当支点数	3	2	4	2	4	2	1

② 胎具上的定位面应适合工件的定位基准。定位面的支承应稳定，在工件自重、压夹力及焊接收缩力的作用下应不发生移动或变形。

③ 支撑的设置应便于操作和取放工件，应考虑给焊件以自由伸缩的余地。

④ 支撑的安置应便于调整或修换。

3. 夹紧器

当零件定位好后，需要将其固定下来，以保持其位置在随后的装配、焊接过程中不会改变。定位与夹紧两者有着密切的联系，不能截然分开，否则就会直接影响到产品的质量。零件的固定通常采用夹紧器来实现。

1）对夹紧器的要求

（1）施力夹紧后不应再破坏工件的正确位置。

（2）在保证工件不发生移动的情况下，尽量减少夹紧力，以免使工件变形或损伤其表面。

（3）夹紧力的作用方向应垂直于装配基准，且着力点应在支撑点上或在由支撑点所组成的平面内。

（4）夹紧件应具备一定的刚性和强度，夹紧作用力应是可调的。

（5）夹紧作用准确，处于夹紧状态时应能保持自锁，保证夹紧定位的安全可靠。

（6）夹紧器的结构应简单、操作方便、动作迅速、省力、容易制造维修，移动式的还应尽量轻便。

2）典型夹紧器的构造

夹紧器是指在装配中用来对零件施加外力，使其获得可靠定位的工艺装备。主要包括通用夹具和装配胎架上的专用夹具。夹紧器按夹紧力来源分为手动夹紧器和非手动夹紧器两大类。手动夹紧器包括螺旋、楔条、杠杆、偏心轮夹紧器等；非手动夹紧器包括气动、液压、电动、磁力夹紧器等。

（1）机械式夹紧器：

① 螺旋夹紧器。夹紧器一般由螺杆、螺母和主体三部分组成，通过螺杆与螺母的相对转动来传递外力，以达到夹紧工件的目的。根据其结构不同，可分别具有夹、压、拉、顶、撑等功能。为避免螺杆直接压紧工件而造成工件表面的压伤和产生位移，通常在螺杆的端部装有可以摆动的压块，形式如图3-102所示。

螺旋夹紧器的种类很多，它在胎模上可装置成固定式、可拆式、可退让式或可转动式的。这种夹紧器的特点是制造方便，行程长，自锁性好，夹紧可靠，但施力过程较慢。为克服螺旋夹紧器夹紧动作缓慢、辅助时间长和工作效率不高的缺点，技术人员研制了几种快速夹紧的结构形式，如图3-103所示。螺旋夹紧器的应用示例如图3-104所示。

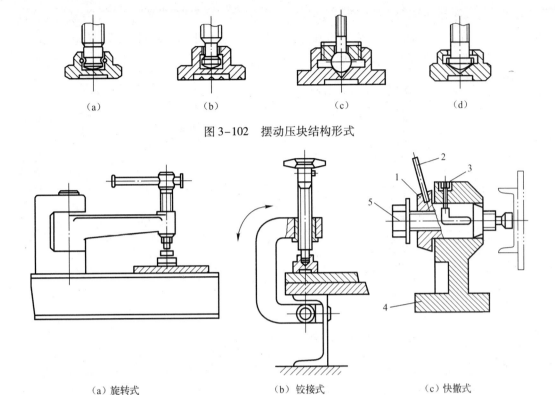

图 3-102　摆动压块结构形式

（a）旋转式　　　　　　　　（b）铰接式　　　　　　　　（c）快撤式

图 3-103　快速夹紧的螺旋夹紧器

1—螺母套筒；2—手柄；3—定位销；4—主体；5—螺杆

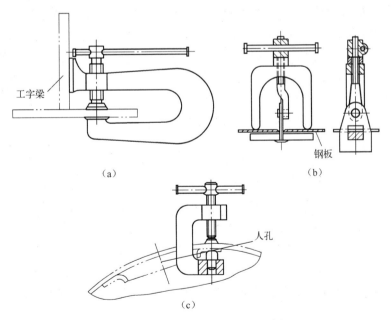

图 3-104　螺旋夹紧器的应用示例

　　a. 弓形螺旋夹（又称 C 形夹）。利用丝杠起到夹紧作用。常用的弓形螺旋夹有图 3-105 所示的几种结构。图 3-105（a）所示的弓形螺旋夹断面成丁字形，这种结构质量轻、刚性好；

图3-105（b）所示的弓形螺旋夹断面成工字形，其强度比丁字形断面的高；对于大型的弓形螺旋夹，为了减轻其质量而又不影响其强度，可在弓形板上开孔，如图3-105（c）所示；为提高弓形螺旋夹的强度和刚度，断面可制成箱形结构，如图3-105（d）所示。

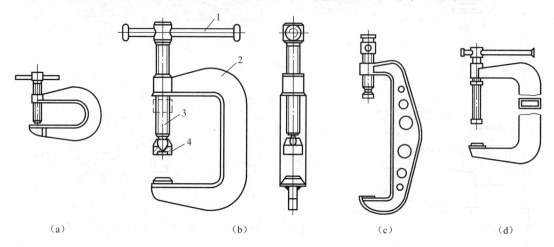

（a）　　　　　　　　　　（b）　　　　　　　（c）　　　　　　　（d）

图 3-105　弓形螺旋夹
1—手柄；2—主体；3—螺杆；4—压块

　　b. 螺旋拉紧器。利用螺母在丝杠上的相对运动起到拉紧作用。其结构形式有多种，如图3-106（a）、图3-106（b）所示为常见的螺旋拉紧器，旋转螺母就可以起拉紧作用。图3-106（a）所示的拉紧器有两根独立的丝杠，丝杠上的螺纹方向相反，两螺母用扁钢连成一体，旋转螺母便能调节两丝杠间的距离，起到拉紧作用。图3-106（b）所示为双头螺栓拉紧器，螺栓两端的螺纹方向相反，旋转螺栓就可以调节两勾头的距离。

　　c. 螺旋压紧器。图3-106（c）、图3-106（d）所示为常见的螺旋压紧器。通常是将压紧器的支架临时固定在焊件上，再利用丝杠起压紧作用。图3-106（c）所示的螺旋压紧器是借助L形铁来达到调整钢板高低的目的；图3-106（d）所示的螺旋压紧器是借助门形铁起到压紧作用的。

　　d. 螺旋推撑器。起到顶紧或撑开作用，可用于装配和矫正。图3-106（e）、图3-106（f）所示为简单的螺旋推撑器，它由丝杠、螺母、圆管组成。图3-106（e）所示的螺旋推撑器顶杆头部是尖的，只适合顶厚板或较大的型钢。图3-106（f）所示的螺旋推撑器丝杠头部增加了垫块，顶压时不会损伤工件，也不会打滑。

　　② 楔条夹紧器。楔条夹紧器是用锤击或其他机械方法获得外力，利用楔条的斜面移动将外力转变为夹紧力，从而达到对工件的夹紧。用楔条进行装配，方便灵活速度快。为了确保压紧工件，楔条应能自锁，因此对楔条斜面角度有一定要求，即其自锁条件是楔条（或楔板）的楔角小于楔条与焊件、楔条与夹具体之间的摩擦角之和。手动夹紧时一般采用的楔角小于6°～8°；气动或液压夹紧时，斜楔升角可扩大至15°～30°，为非自锁式。图3-107所示为楔条夹紧器的应用示例。

　　③ 杠杆夹紧器。杠杆夹紧器是利用杠杆原理将原始力转变为夹紧力来完成工件夹紧的机构。杠杆夹紧器特点是夹紧动作迅速，而且通过改变杠杆的支点和受力点的位置，可起到增力的作用，适用于大批生产中。但自锁能力较差，受振动时易松开，设计时应注意其

调节机构及防滑锁紧装置。杠杆夹紧器多与气压或液压作夹紧力源或与其他夹紧器联合使用，组成形式多样的复合夹紧机构。

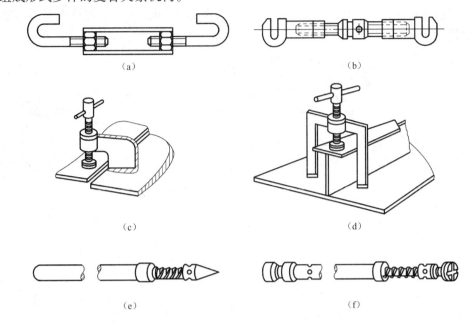

（a）　　　　　　　　　　　　　　　（b）

（c）　　　　　　　　　　　　　　　（d）

（e）　　　　　　　　　　　　　　　（f）

图 3-106　螺旋拉紧器、压紧器和推撑器

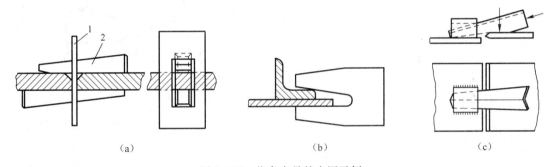

（a）　　　　　　　　　（b）　　　　　　　　　（c）

图 3-107　楔条夹具的应用示例

1—主体；2—楔条

图 3-108 所示为三种杠杆的夹紧作用示意图，从传力的大小来看，若夹紧作用力 F 一定，且 $L_1 = L/2$ 时，图 3-108（c）的夹紧力 F' 最大，图 3-108（b）次之，图 3-108（a）的夹紧力最小。

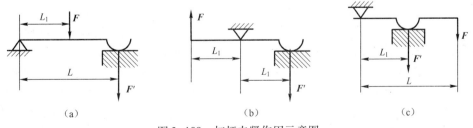

（a）　　　　　　　　　（b）　　　　　　　　　（c）

图 3-108　杠杆夹紧作用示意图

图 3-109（a）所示为几种简易杠杆夹具的形式，图 3-109（b）、（c）、（d）所示为杠杆夹具应用示例。在图 3-109（c）所示的杠杆夹紧器中，当向右拉动手柄时，间隙 s 减小，焊件被夹紧；当向左推动手柄时，焊件被松开。图 3-109（d）所示为杠杆夹紧器与螺旋夹紧器联合使用示例。

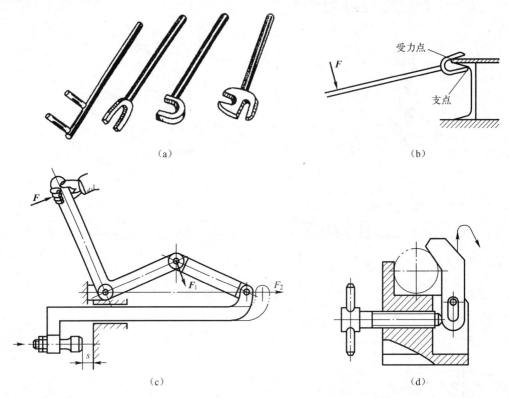

图 3-109　常用的几种简易杠杆夹具的形式及应用

④ 偏心轮夹紧器。偏心轮是指绕一个与自身几何中心相对偏移一定距离的回转中心旋转的零件。

偏心轮旋转时，在某一方向上，回转中心与轮边缘的距离会发生变化，利用这一变化来夹紧和松开零件。

偏心轮夹紧器夹紧动作迅速（旋转一次手柄即可压紧工件），是快速作用式夹紧器，其结构简单，但行程较短，特别适用于尺寸偏差较小、夹紧力不大及很少振动情况下的成批大量生产。

一般情况下，应保证偏心轮具有自锁性，以便施力结束后能保持压力。如图 3-110 所示为偏心轮夹紧器应用的几个示例。

⑤ 弹簧夹紧器。其结构如图 3-111 所示。弹簧夹紧器可分板簧与圆柱簧两种，它也是快速作用式夹具。板簧很适用于薄板件的装配，厚度为 4 ～ 8 mm。

⑥ 铰链夹紧器。铰链夹紧器是用铰链把若干个杆件连接起来实现夹紧焊件的机构。其结构与工作特点如图 3-112 所示。这种夹紧器的夹紧力小、自锁性能差、怕振动。但夹紧和松开的动作迅速，可退出且不妨碍焊件的装卸。因此，在大批量的薄壁结构焊接生产中广泛采用。

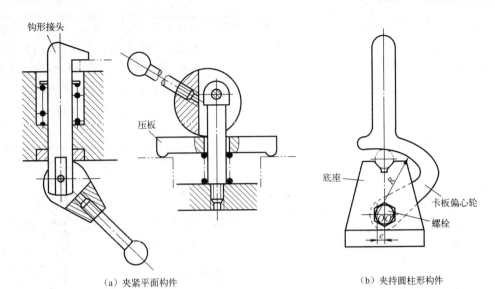

（a）夹紧平面构件　　　　　　　　（b）夹持圆柱形构件

图 3-110　偏心轮夹紧器的应用

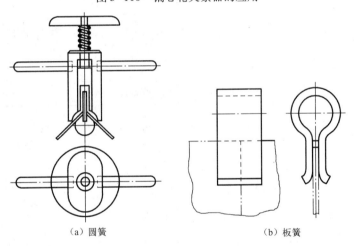

（a）圆簧　　　　　　　　　　（b）板簧

图 3-111　弹簧夹紧器

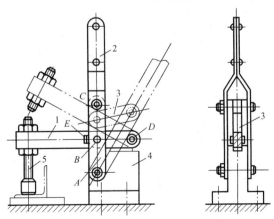

图 3-112　连杆式铰链快速夹紧器
1—夹紧杆；2—手柄杆；3—连杆；4—支座（架）；5—螺杆

（2）气动及液压夹紧器。气动夹紧器是以压缩空气为传力介质，推动气缸活塞与连杆动作，实现对焊件的夹紧作用。气压传动用的气体工作压力一般为 0.4 ～ 0.6 MPa。气动夹紧器具有夹紧动作迅速，夹紧力比较稳定并可调，结构简单，操作方便，不污染环境及有利于实现程序控制操作等优点。适于夹紧力不大、小件、单件或小批量生产的场合。气动夹紧器所使用的活塞式气缸的结构如图 3-113 所示。气动夹紧器的结构示例见表 3-13。

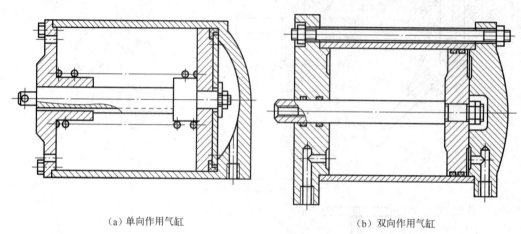

（a）单向作用气缸   （b）双向作用气缸

图 3-113　活塞式气缸

表 3-13　气动夹紧器的结构示例

名　称	结　构　举　例	说　明
气动斜楔夹紧器	栓塞　斜楔　活塞杆	它是气缸通过斜楔进一步扩力后实现夹紧作用的机构，扩力比较大，可自锁，但夹紧行程小，机械效率低，其夹紧力即为气缸推力
气动杠杆夹紧器		它是气缸通过杠杆进一步扩力或缩力后来实现夹紧作用的机构，形式多样，适用范围广，在装焊生产线上应用较多

名　　称	结构举例	说　　明
气动斜楔－杠杆夹紧器	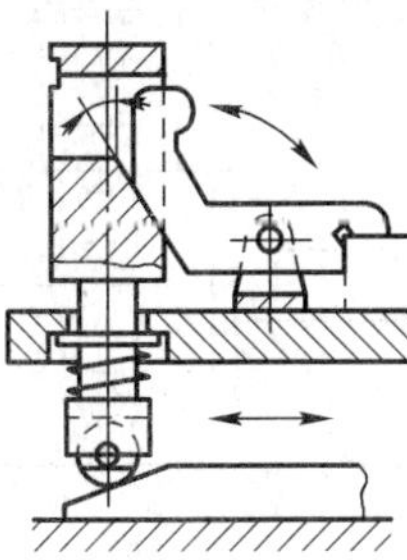	该机构的气缸通过斜楔扩力后，再经杠杆进一步扩力或缩力，实现夹紧作用。结构形式多样，能自锁，省能源，在装焊作业中应用较广泛
气动铰链－杠杆夹紧器	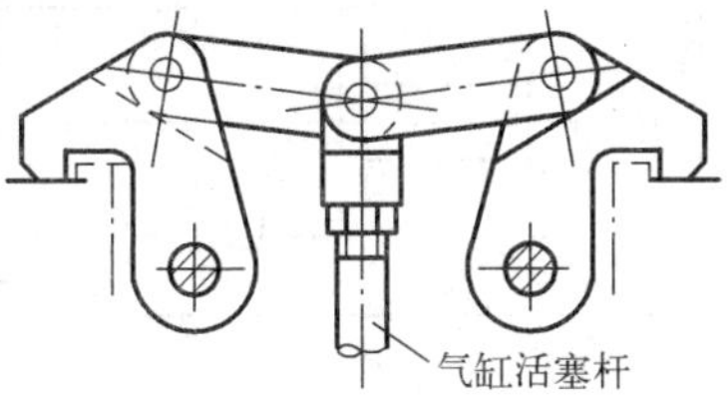 气缸活塞杆	气缸首先通过铰链连接板的扩力，再经杠杆进一步扩力或缩力后，实现夹紧作用的机构。其扩力比大，机械效率高，夹头开度大，一般不具备自锁性能，多用于动作频繁、夹紧速度快、大批量生产的场合
气动杠杆－铰链夹紧器	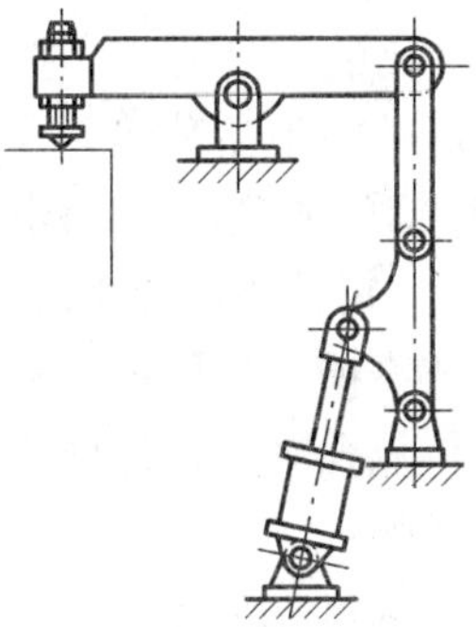	通过杠杆与连接板的组合将气缸力传递到厚件上实现夹紧的机构。扩力比大有自锁性能，机械效率较高，夹头开度大，形式多样，多用于动作频繁的大批量生产场合
气动凸轮－杠杆夹紧器	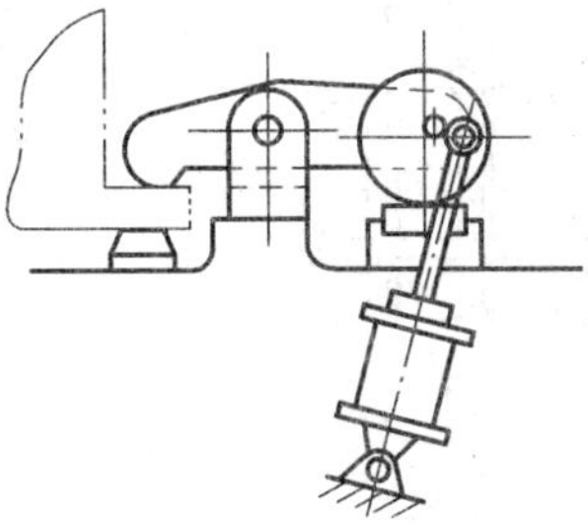	该机构是气缸力经凸轮或偏心轮扩力后，再经杠杆扩力或缩力后夹紧焊件。有自锁性能，扩力比大，但夹头开度小，夹紧行程不大，在装焊作业中应用较少

　　液压夹紧器是以压力油为传力介质，推动液压缸活塞与连杆产生动作实现对焊件的夹紧作用。液压传动用的液体工作压力一般为 3～8 MPa，在输出力相同的情况下，液压缸比气缸尺寸小，惯性小，结构紧凑。液体油不可压缩性，故液压夹紧器夹紧刚度较高且工作平稳，夹紧力大，有较好的抗过载能力。液体油有吸振能力，便于频繁换向。

但液压系统结构复杂，系统密封要求高，制造精度要求高，因此成本较高，控制部分复杂，不适合远距离操纵。

这类夹紧器除气缸（或油缸）外，多与连杆、杠杆等组合，如图3-114所示。

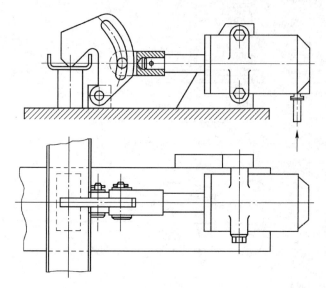

图3-114　液压式夹紧器

（3）组合夹具。组合夹具是由一些规格化的夹具元件，按照产品加工的要求拼装而成的可拆式夹具，拼装灵活、可重复使用。它适用于品种多、变化快、批量少、生产周期短的生产场合。在车间生产中可是固定的、移动的或是可以启闭的。

组合夹具按照基本元件的连接方式不同，可分为两大系统。

① 槽系统。组合夹具的元件之间主要依靠槽来进行定位和紧固。

② 孔系统。组合夹具的元件之间主要依靠孔来进行定位和紧固。

组合夹具中按元件功能不同可以分为基础件、支承件、定位件、导向件、压紧件、紧固件、合成件以及辅助件等八个类别，如图3-115所示。

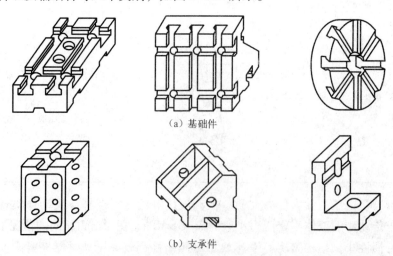

（a）基础件

（b）支承件

图3-115　组合夹具基本元件

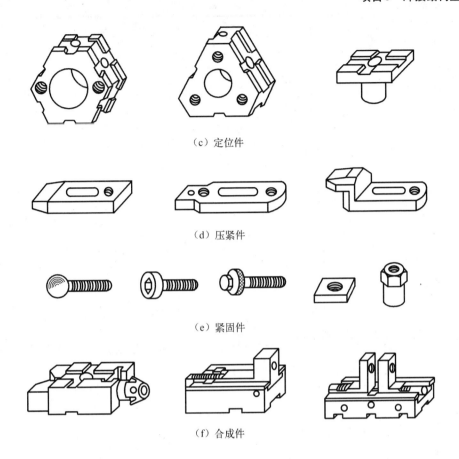

（c）定位件

（d）压紧件

（e）紧固件

（f）合成件

图 3-115　组合夹具基本元件（续）

组合夹具应用示例如图 3-116 所示。

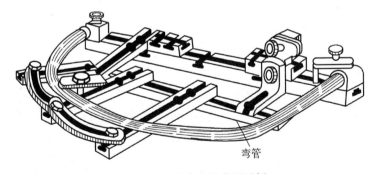

弯管

图 3-116　组合夹具应用示例

（4）磁力夹具。磁力夹具是借助磁力吸引铁磁性材料的焊件实现夹紧的装置，按磁力的来源可分为永磁式和电磁式两种；按工作性质分为固定式和移动式夹磁力紧器。图 3-117 所示为电磁式夹紧器。

磁力夹具的特点是作用迅速，可以多点位同时作用，但其投资较高，而且不适用于厚板及非铁磁性材料的夹紧。其应用示例如图 3-118 所示。

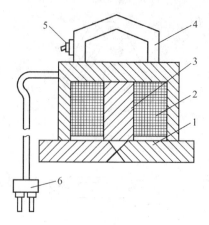

图 3-117　电磁式夹紧器
1—壳体；2—线圈；3—铁心；4—把手；5—开关；6—插头

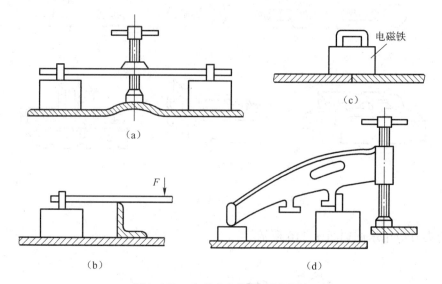

图 3-118　电磁式夹紧器应用示例

（5）专用夹具

专用夹具是指具有专一用途的焊接工装夹具装置，是针对某种产品的装配与焊接需要而专门制作的。专用夹具的组成基本上是根据被装焊零件的外形和几何尺寸，在夹具体上按照定位和夹紧的要求，安装了不同的定位器和夹紧机构。图 3-119 所示是箱形梁的装配专用夹具，底座 1 是箱形梁的水平定位基准面，下翼板放在底座上面，箱形梁的两块腹板用电磁夹紧器 4 吸附在立柱 2 的垂直定位基准面上，上翼板放在两腹板上，由液压夹紧器 3 的钩头形压板夹紧。箱形梁经定位焊后，由顶出液压缸 5 从下面向上顶出。

3）选用夹紧器的技术要点

选用的夹紧器要简单可靠、便于操作、劳动量小、夹紧动作快、生产率高。对同一胎夹具，夹紧器元件的类型越少越好。

带有手柄的夹紧器，其手柄的运动方式应是从上往下朝自己，从右往左用力。

选用夹紧机构的核心问题是如何正确施加夹紧力，即确定夹紧力的大小、方向和作用

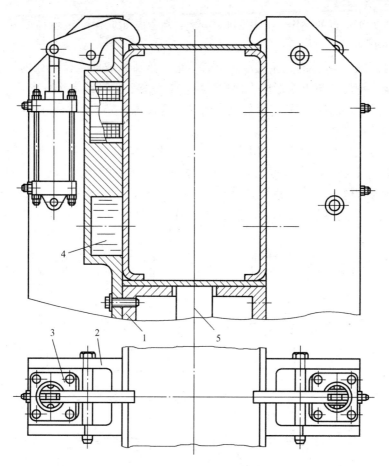

图 3-119　箱形梁装配专用夹具

1—底座；2—立柱；3—液压夹紧器；4—电磁夹紧器；5—液压缸

点三个要素。

（1）夹紧力大小的确定。主要考虑以下几方面因素：

① 当焊件在夹具上有翻转或回转动作时，夹紧力要足以克服重力和惯性力的影响，保持夹具夹紧焊件的牢固性。

② 需要在夹具上实现弹性反变形时，夹紧装置就应具有使零件获得预定反变形量所需的夹紧力。

③ 夹紧力要足以应付焊接过程热应力引起的约束应力。

④ 夹紧力应能克服零件因备料、运输等造成的局部变形，以便于结构的装配。

⑤ 夹紧力最好可以调节，以防夹紧力过大而压坏零件。夹紧后零件的变形和受压表面的损伤不得超出技术条件的允许值。

（2）夹紧力作用方向的确定：

① 夹紧力一般应垂直于主要定位基准，使这一表面与夹具定位件的接触面积最大，有利于减小焊件因受夹紧力作用而产生的变形。

② 夹紧力的方向应尽可能与所受外力的方向相同，使所需的夹紧力最小，因此主要定位基准的位置最好是水平的。

（3）夹紧力作用点的确定。作用点的位置主要考虑如何保证定位稳固和最小的夹紧变形，如图 3-120 所示。

① 作用点应位于零件的定位支承之上或几个支承所组成的定位平面内，以防止支承反力与夹紧力或支承反力与重力形成力偶造成零件的位移、偏转或局部变形。

② 夹紧力的作用点应安置在焊件刚度最大的部位上，必要时，可将单点夹紧改为双点夹紧或适当增加夹紧接触面积。

③ 作用点的布置还与焊件的薄厚有关。对于薄板（<2 mm）的夹紧力作用点应靠近焊缝，并且沿焊缝长度方向上多点均布，板材越薄，均布点的距离越小。厚板的刚度较大，作用点可以远离焊缝，且可以减小夹紧力。

④ 对精度要求较高的工件，作用点应在工件中心线下方，不能影响工艺顺序及操作。

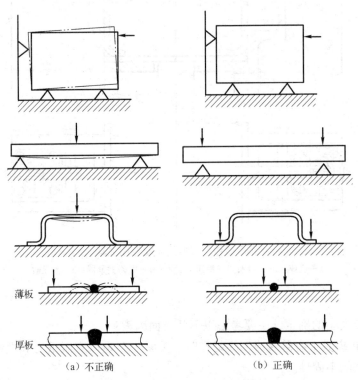

图 3-120　压夹力的作用点和方向

4. 拉紧及顶撑器

（1）千斤顶。千斤顶是最常见的装配工具，其典型结构如图 3-121 所示。图 3-121（a）是机械式千斤顶，它靠螺杆转动而上升或下降，其支承座可固定，也可铰接或可拆式地安装在胎具上。起重力一般为 5～100 kN，工作效率不高。图 3-121（b）为液压式千斤顶的原理图和实物图，它是依靠液压传动而上升或下降，起重力较大，常用的为 50～500 kN。

千斤顶作为支承，其端面要求加工，调节方便。千斤顶的螺纹要求自锁，螺杆用 45钢，端部硬度为 40～45HRC。为了使其快速作用，可将螺杆做成反向双头螺纹。

（2）拉紧器。用于装配时拉紧工件。常用的拉紧器多数是机械式的，其中经常使用的是省力的螺栓式拉紧器，其基本结构如图 3-122 所示。拉紧器应用示例如图 3-123 和图 3-124所示。

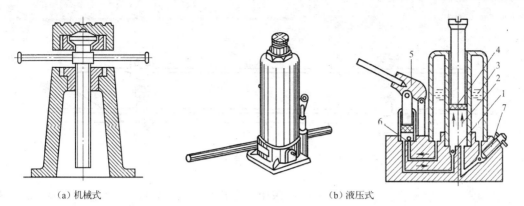

（a）机械式　　　　　　　　　　　　　　（b）液压式

图 3-121　千斤顶

1、6—油门；2—油室；3—储油腔；4—活塞；5—摇杆；7—回油阀

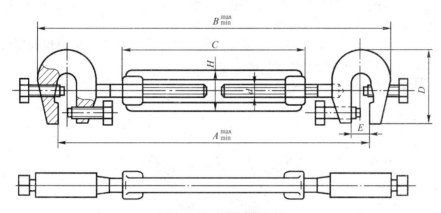

图 3-122　螺栓式拉紧器

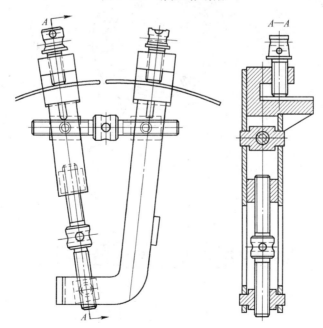

图 3-123　容器或钢板拉紧器

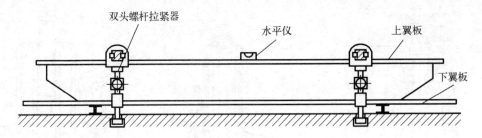

图 3-124　用螺栓式拉紧器装配吊车横梁下翼板

它通常由螺栓和杠杆组成。为了快速作用，常用反向双头螺杆。它也可由偏心轮 - 杠杆组成，但行程不大。

拉紧器通常适用于钢板组成的各类结构（如梁、圆筒等）的装配。

（3）推撑器。推撑器的作用与拉紧器相反，因此有些拉紧器只要能保证刚性，稍作改动或加上某些附件，即可作为推撑器。

如图 3-125 所示，是由六根螺杆及支撑环组成的推撑器。在装配焊接圆筒形工件时，用于对齐边缘、张开工件和矫正工件的椭圆变形。

此外，还有用气压、液压作为动力所组成的推撑器。

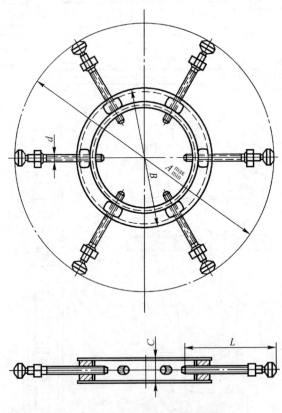

图 3-125　容器装配推撑器

3.6.3　焊接变位机械

焊接变位机械的主要作用是改变焊件、焊机、焊工的操作位置，以达到和保持最佳施焊条件；同时有利于实现机械化和自动化焊接生产。

各种焊接变位机械既可单独使用，又可相互配套使用。

1. 焊件变位机械

焊件变位机械有焊接回转台、焊接翻转机、焊接滚轮架及焊接变位机等，其作用是支撑焊件并使焊件进行回转和倾斜，使焊缝处于水平或船形等易于施焊的位置。

（1）焊接回转台。焊接回转台是将工件绕垂直轴或倾斜轴回转的焊件变位机械，主要用于高度不大的回转体焊件的焊接、堆焊与切割。回转台多采用直流电动机驱动，工作台能保证以焊接速度回转且均匀可调。图 3-126 所示为几种常见的焊接回转台。

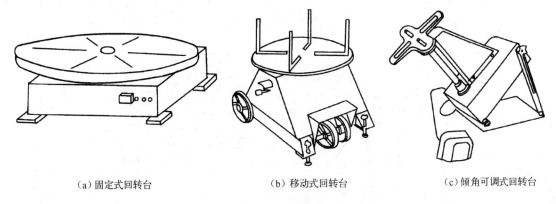

（a）固定式回转台　　　　　　（b）移动式回转台　　　　　　（c）倾角可调式回转台

图 3-126　几种常见的焊接回转台

（2）焊接翻转机。焊接翻转机是使工件绕水平轴转动或使之处于倾斜位置的焊件变位机械，分为头尾架式焊接翻转机、框架式翻转机、转环式翻转机、链条式翻转机、液压双面推拉式翻转机等，如图 3-127 ～图 3-131 所示。

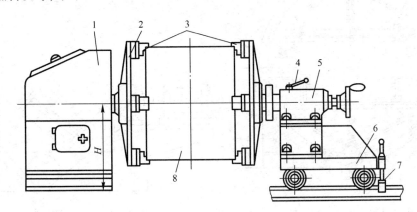

图 3-127　头尾架式焊接翻转机

1—头架；2—工作台；3—卡盘；4—锁紧装置；5—调整装置；6—尾架台车；7—制动装置；8—焊件

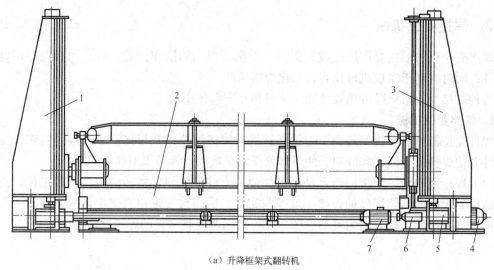

（a）升降框架式翻转机

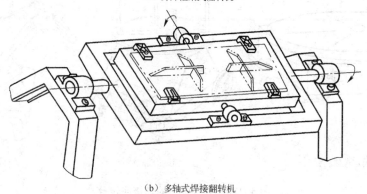

（b）多轴式焊接翻转机

图 3-128　框架式翻转机

1、3—立柱；2—回转框架；4、7—电动机；5、6—减速器

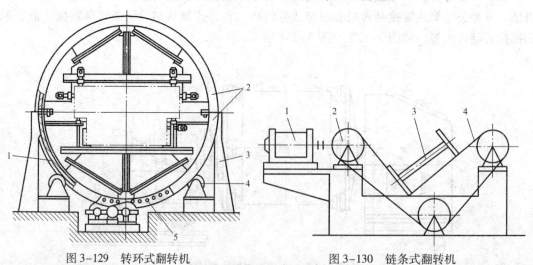

图 3-129　转环式翻转机　　　　　图 3-130　链条式翻转机

1—滚轮槽；2—半圆环；3—支撑杆；4—滚轮；5—针轮　　　1—驱动装置；2—主动链轮；3—焊件；4—链条

　　（3）焊接滚轮架。焊接滚轮架是借助主动滚轮与工件之间的摩擦力带动筒形工件旋转的焊件变位机械。

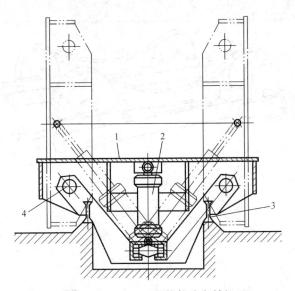

图 3-131　液压双面推拉式翻转机

1—工作台；2—举升液压缸；3—台车底座；4—推拉式销轴

焊接滚轮架有图 3-132 所示的几种类型。图 3-132（a）适用于长度大的薄壁筒体；图 3-132（b）使用方便灵活，对焊件的适应性强，应用广；图 3-132（c）适用于轻型、薄壁、大直径的焊件及有色金属容器；图 3-132（d）适用于筒体焊接。

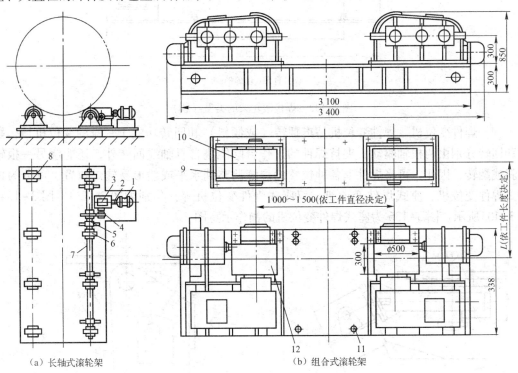

（a）长轴式滚轮架　　　　　　　（b）组合式滚轮架

图 3-132　焊接滚轮架的类型

1—电动机；2—联轴器；3—减速器；4—齿轮对；5—轴承；6、12—主动滚轮；7—公共轴；
8、10—从动滚轮；9—从动轮底座；11—主动轮底座

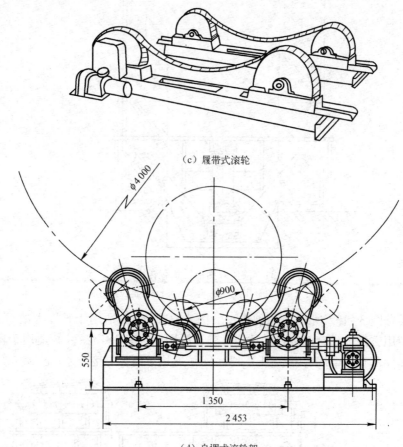

（c）履带式滚轮

（d）自调式滚轮架

图 3-132　焊接滚轮架的类型（续）

（4）焊件变位机。焊件变位机是集翻转（或倾斜）和回转功能于一身的变位机械，翻转和回转分别由两根轴驱动，夹持焊件的工作台除能绕自身轴线回转外，还能绕另一根轴倾斜或翻转，因此，可将焊件上各种位置的焊缝调整到水平或船形易施焊位置。可分为伸臂式焊件变位机、座式焊件变位机、双座式焊件变位机等，分别如图 3-133、图 3-134、图 3-135所示。图 3-136 为座式焊件变位机的操作示意图。

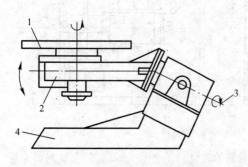

图 3-133　伸臂式焊件变位机

1—回转工作台；2—旋转伸臂；3—倾斜轴；4—底座

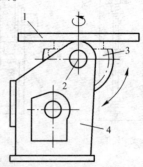

图 3-134　座式焊件变位机

1—回转工作台；2—倾斜轴；3—扇形齿轮；4—机座

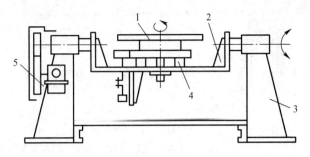

图 3-135　双座式焊件变位机
1—工作台；2—U 形架；3—机座；4—回转机构；5—倾斜机构

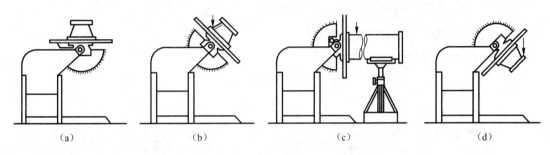

（a）　　　　　　　　（b）　　　　　　　　（c）　　　　　　　　（d）

图 3-136　座式焊件变位机操作示意图

2. 焊机变位机械

（1）焊接操作机。焊接操作机是将焊接机头准确送达并保持在待焊位置，或是以选定的焊接速度沿规定的轨迹移动焊接机头，配合完成焊接操作的变位机械，可分为平台式操作机、悬臂式操作机、伸缩臂式操作机、折臂式操作机、门桥式操作机等，分别如图 3-137～图 3-141所示。

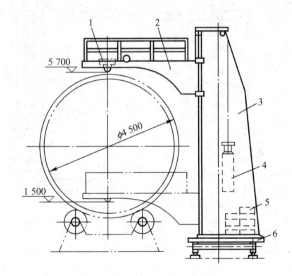

图 3-137　平台式操作机
1—自动焊机；2—操作平台；3—立柱；4—配重；5—压重；6—台车

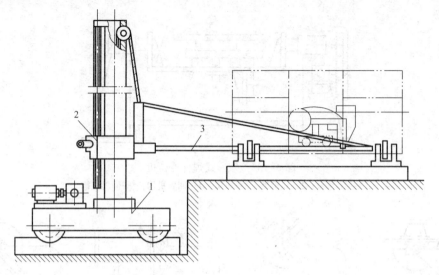

图 3-138　悬臂式操作机

1—行走台车；2—升降机构；3—悬臂

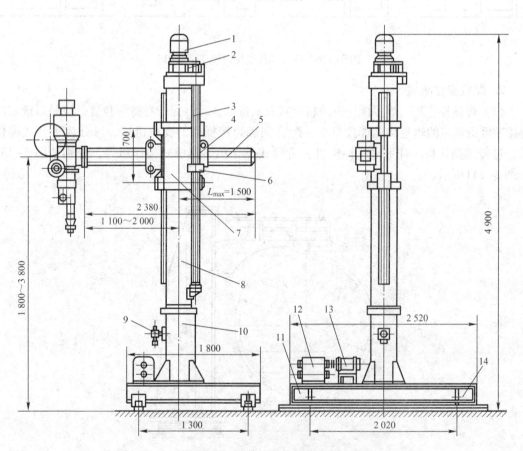

图 3-139　伸缩臂式操作机

1—升降用电动机；2、12—减速器；3—丝杠；4—导向装置；5—伸缩臂；6—螺母；7—滑座；
8—立柱；9—定位器；10—柱套；11—台车；13—行走用电动机；14—走轮

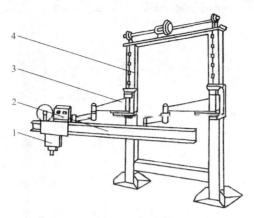

图 3-140 折臂式操作机
1—焊机；2—横臂；3—折臂；4—立柱

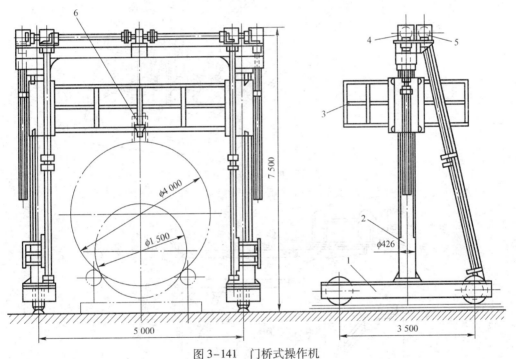

图 3-141 门桥式操作机
1—走架；2—立柱；3—平台式横梁；4、5—电动机；6—焊接机头

（2）电渣焊立架。许多厚板的焊接常采用电渣焊方法。电渣焊立架是将电渣焊机头按焊接速度进行提升的装置，主要用于直缝电渣焊，也可与滚轮架相配合完成环缝电渣焊。焊接时，焊接机头沿专用轨道由下而上运动，如图 3-142 所示。

3. 焊工变位机械

这是改变操作工人工作位置的机械装置。设计和使用时安全至关重要，移动要平稳，工作时应逐渐改变原定位置，另外还应灵活、调节方便、准确，并有足够的承载能力。

图 3-143 所示为移动式液压焊工升降台。使用时，手摇液压泵 2 可驱动工作台 8 升降，还可以移动小车的停放位置，并通过支撑装置 1 固定。图 3-144 所示为垂直升降液压焊工升降台的结构形式，当工作台升至所需要高度后，活动平台可水平移出，便于焊工接近工件。另外，有的工厂有自制的焊工操作架等装置，设计和使用时的安全问题至关重要。

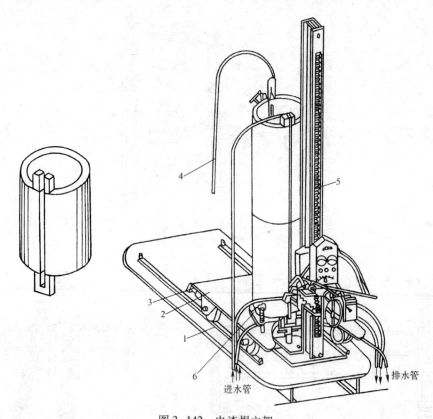

图 3-142　电渣焊立架

1—底座；2—台车；3—制动器；4—馈电线；5—齿条；6—回转台

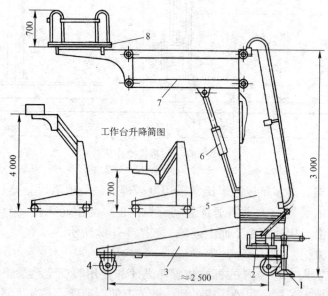

图 3-143　移动式液压焊工升降台

1—支撑装置；2—手摇液压泵；3—底架；4—走轮；5—立架；6—柱塞液压缸；7—转臂；8—工作台

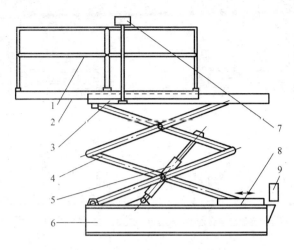

图 3-144 垂直升降液压焊工升降台的结构形式

1—活动平台栏杆；2—活动平台；3—固定平台；4—铰接杆；

5—液压缸；6—底架（液压泵站）；7—控制杆；8—导轨；9—开关箱

4. 变位机械的组合应用

在实际焊接中，尤其是大批量生产中，各类机械装备可采用多种多样的组合运用形式。通过组合可更加充分地发挥焊接机械设备的作用，提高装配机械化水平以及质量和效率。图 3-145 所示为平台式焊接操作机和焊接滚轮架相组合进行筒体外环缝的焊接。图 3-146 所示为采用两台伸缩臂式焊接操作机与滚轮架相结合生产的实例。

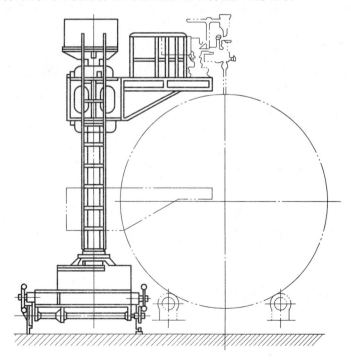

图 3-145 焊接操作机和焊接滚轮架组合应用

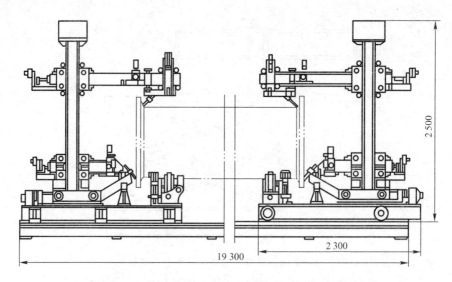

图 3-146　伸缩臂式焊接操作机与滚轮架相结合生产的实例

3.6.4　其他装置与设备

1. 装焊吊具

在焊接结构生产中，各种板材、型材以及焊接构件在各工位之间需要进行往返吊运、翻转、就位、分散或集中等作业，从而实现预定的工艺流程。吊具就是为搬运各种板材、型钢和装焊好的结构件而实施夹紧、搬运的器具，吊具夹紧物体，再与起重设备配合就可以实现物体的搬运。

装焊吊具按其工作原理不同，可分为机械吊具、磁力吊具和真空吊具三类。

（1）机械吊具。机械吊具中使用频繁的是各种挠性件，如起重链、麻绳和钢丝绳等，图 3-147 所示是三种挠性吊具的简图。选用此类吊具应注意的是它们的承重量，使用时应注意对物体的捆绑方法和捆绑位置。

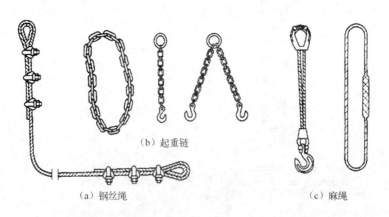

（b）起重链

（a）钢丝绳　　　　　　　　　　　　　　　　　（c）麻绳

图 3-147　挠性吊具

挠性件往往不直接捆绑物体，而是与取物构件配合对物体进行吊装，常用的取物构件如图 3-148 所示。其中图 3-148（a）为起重钩，它是起重机械中应用最广的一种取物构件，可分为单钩和双钩两种，每个起重钩的承载量标注在打印处，使用时要注意不能超载。图 3-148（b）为 U 形起重卡环，有一带螺纹的横销封闭开口，使起吊过程比较安全。图 3-148（c）为偏心取物器，它利用物体的自重带动偏心机构，从而产生对物体的夹紧力吊起物体。图 3-148（d）为起重承梁，在型钢梁下附有装载重物的钩或托爪，可以用来搬运各种长形物，如管子、工字梁等。

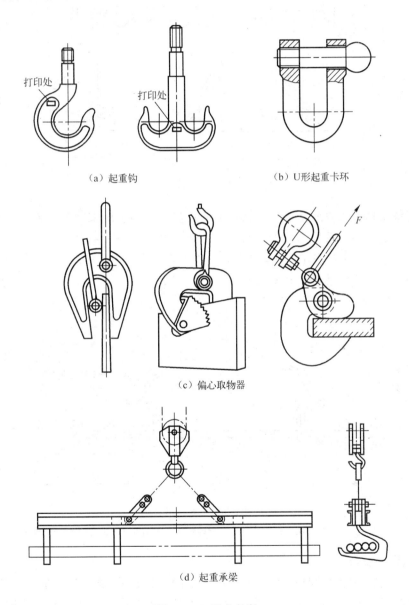

（a）起重钩　　　　　（b）U形起重卡环

（c）偏心取物器

（d）起重承梁

图 3-148　取物构件

（2）磁力吊具。磁力吊具是利用磁力将铁磁物体吸牢，从而吊起物体。磁性吊具分为永磁式、电磁式、永磁 - 电磁式三种。永磁式吊具吸住工件后，靠外力将工件与吊具分开。电磁式吊具靠通电和断电来产生吸力。永磁 - 电磁式是利用永磁吸附工件，而用电磁铁极性的改变来增强或削弱磁力，在生产中应用最为广泛。图 3-149 为几种永磁 - 电磁式吊具的结构形式，这种吊具安全可靠，不用担心因停电而造成意外。

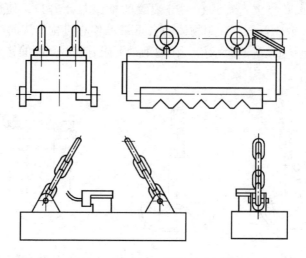

图 3-149　永磁 - 电磁吊具

（3）真空吊具。真空吊具是利用吊具上的吸盘产生的负压来吸附工件。这种吊具适用于吊运表面光洁平整、重量不大的零件，如薄板类零件。图 3-150 所示的真空吊具结构，吊架 3 上面安装有多个吸盘 1，吸盘通过管路 4 与真空泵相连，换向阀 5 及分配阀 6 控制吸盘的充气和吸气，从而吊起和放下工件。

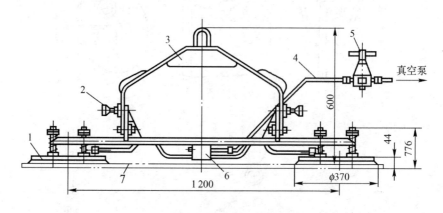

图 3-150　真空吊具
1—吸盘；2—照明灯；3—吊架；4—管路；5—换向阀；6—分配阀；7—工件

2. 起重运输设备

仅仅靠吊具还不能使物体改变空间位置，真正使其改变空间位置的应是起重运输设备。起重运输设备主要用于物料起重、运输、装卸和安装等作业。焊接车间中使用最广泛的起重运输设备是桥式起重机，它兼有起重和运输的功能。

（1）桥式起重机。5 t 以下的桥式起重机一般由电葫芦或链轮小车和一段工字梁或桁架组成，如图 3-151 所示。桥式起重机在工厂应用较普遍，形式也多样，有人工开动的，也有遥控的，用来实现工件在车间内的搬运、装卸和安装等任务。

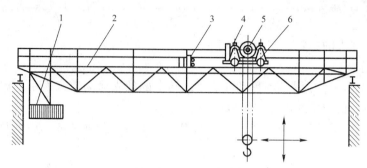

图3-151 桥式起重机

1—操作室；2—桥架；3—桥架运行机构；4—小车运行机械；5—提升机构；6—起重小车

（2）门式起重机。门式起重机是带腿的桥式起重机，如图3-152所示，在车间外应用较广泛。

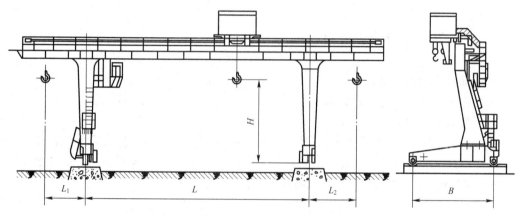

图3-152 门式起重机

另外，小范围内使用的是摇臂式起重机、手动和电动葫芦等起重运输设备。在自动化程度较高的生产线上（如汽车制造业），通常采用机器人进行搬运、装卸和运输等工作。

3. 焊接机器人

焊接机器人是工业机器人的一种，又称机器人焊接加工系统，是能自动控制、可重复编程、多功能、多自由度的焊接操作机。目前，在焊接生产中使用的主要是点焊机器人、弧焊机器人、切割机器人和喷涂机器人，另外还有正在研制中的各种专用焊接机器人。

（1）焊接机器人的优点及应用意义。采用焊接机器人代替手工操作或一般机械操作已成为现代焊接生产的一个发展方向，它具有如下优点：

① 能稳定和提高焊接质量，保证其均一性。

② 能提高生产率，一天可24 h连续生产。

③ 可改善工人的劳动条件，能在有害环境下长期工作。

④ 可降低对工人操作技术的要求。

⑤ 可缩短产品改型换代的准备周期，减少相应的设备投资。

⑥ 可实现小批量产品焊接自动化。

⑦ 为焊接柔性生产线提供技术基础。

应用焊接机器人是焊接自动化的革命性进步，它突破了焊接刚性自动化这一传统方式，开拓了一种柔性自动化的新方式。

（2）焊接机器人的主要技术指标如下：

① 通用指标：

a. 自由度数。一般以沿轴线移动和绕轴线转动的独立运动数来表示。焊接机器人需要六个自由度，以保证焊枪的任意空间轨迹和姿态。

b. 负载。是其所承受重量、惯性力矩和静、动态力的一种功能。焊枪及其电缆、焊钳等都属于负载。

c. 工作空间。指机器人正常运行时，手腕参考点能在空间活动的最大范围，常用图形表示。

d. 最大速度。

e. 点到点重复精度。

f. 轨迹重复精度。

② 专用指标：

a. 适用的焊接方法和切割方法。

b. 摆动功能。

c. 焊接 P 点示教功能。

d. 焊接工艺故障自检和自处理功能。

e. 引弧和收弧功能。

（3）弧焊机器人的构成。弧焊机器人应用于所有电弧焊、切割技术及类似的工艺方法中。如图 3-153 所示为一套完整的弧焊机器人系统，由操作机、控制系统、焊接装置和焊件夹持装置等组成，实际上就是一个焊接中心（或焊接工作站）。

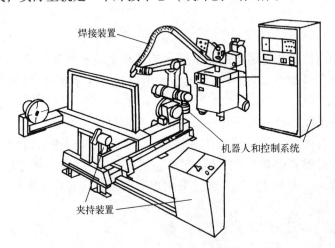

图 3-153 弧焊机器人系统

① 操作机。又称机械手，是弧焊机器人的操作部分，是机器人为完成焊接任务而传递力或力矩并执行各种运动和操作的机械结构。其结构形式主要有机床式、全关节式和平面关节等形式，主要包括机座、手臂、手腕、末端执行器（焊枪）等。

② 控制系统。控制系统负责控制机械结构按所规定的程序和所要求的轨迹，在规定的位置（点）之间完成焊接作业。控制系统还能完成示教－再现控制。一般由计算机控制系

统、伺服驱动系统、电源装置及操作装置（如操作面板、显示器、示教盒和操纵杆等）组成。

③ 焊接装置。又称工艺保障部分，主要包括焊枪、弧焊电源、送丝机和供气系统等。

④ 夹持装置。夹持装置上有两组可以轮番进入机器人工作范围的旋转工作台。

弧焊机器人具备如下基本功能：记忆功能、示教功能、故障诊断、安全保护以及人机接口、传感器接口等功能。

（4）机器人的自由度。机器人的动作要按自由度进行分类，在机器人的操作机部分，其臂和腕是基本动作部分。任何一种机器人的臂部都有三个自由度，以保证臂的端部能够到达其工作范围内的任意一点。腕部的三个自由度是绕空间相互垂直的三个坐标轴 XYZ 的回转动作，一般称其为滚转、俯仰和偏转运动。如图 3-154 所示是已经标准化的通用机器人的运动简图。

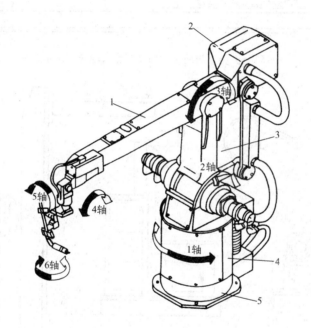

图 3-154　焊接机器人运动简图
1—上臂部；2—手腕驱动部；3—下臂部；4—旋转套；5—底座

机器人还可以与各种变位机械配合，构成多达 12 个自由度的自动焊接系统。

（5）机器人的应用。采用机器人作业的工位、工段或生产线上的设备综合起来统称为机器人配套工艺装备，其综合形式取决于焊件的特点及其生产的批量。

如图 3-155 所示，采用两年装有装配夹具的回转工作台，操作者将焊件装配好后，由回转工作台送入焊接工位，而焊完的焊件同时转回原位，经操作者检查、补焊后从工作台上卸下。

应用机器人配套工艺装备生产时，在一个工位上完成的工序应该尽量集中。在一套设备上加工焊件，可节省辅助时间，有利于减少焊件的焊接变形，并能提高焊件的制造精度。图 3-156 是将整体装配好的焊件放在焊接变位机上由机器人进行焊接的示例。

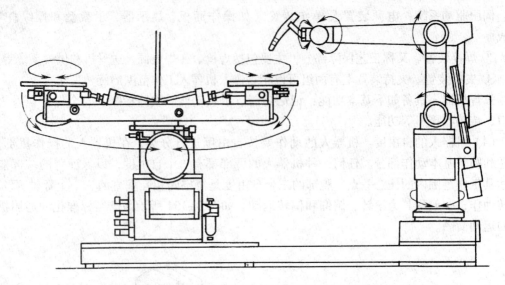

图 3-155　机器人与两工位回转工作台配合使用示意图

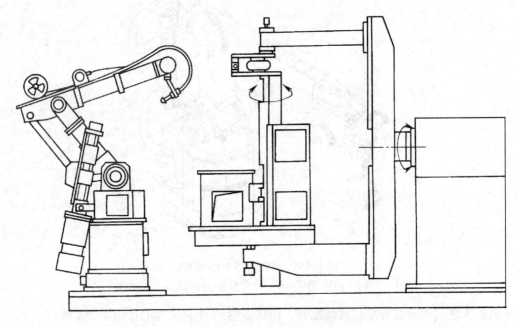

图 3-156　翻转机与机器人配合进行焊接

 综合练习

一、填空题

1. 零件在空间完全定位，必须消除它对于直角坐标系活动的____个自由度。

2. 装配焊接夹具一般是由_____、_____和_____组成的。

3. 焊接变位机、焊接操作机由_____、_____和_____三个基本部分组成，并通过机体把它们连接成整体。

4. 通常选择焊件上最大的表面作为_____；通常选择焊件上最长的表面作为_____；通常选择焊件上最短、最窄的表面作为_____。

5. 磁力夹具是借助磁力吸引_____材料的焊件实现夹紧的装置。按磁力的来源可分为_____和_____两种。

6. 焊件变位机械有_____、_____、_____及_____等，其作用是支撑焊件并能对其进行回转和使其倾斜，使焊缝处于_____、_____等易于施焊的位置。

7. 装焊吊具按其工作原理不同，可分为_____、_____和_____等三类。

8. 磁力吊具利用磁力吊起物体，分为_____、_____、_____三种。

9. 焊接机器人是工业机器人的一种，又称机器人焊接加工系统，是能_____、_____、_____、_____的焊接操作机。

10. 弧焊机器人由_____、_____、_____、_____等四部分组成。

二、简答题

1. 焊接工装的作用有哪些？

2. 焊接工装选用的基本原则是什么？

3. 布置定位器时的注意事项有哪些？

4. 机械式夹紧器有哪些形式？各有何特点？

5. 焊接翻转机的形式有哪些？在焊接生产中有何应用？

6. 焊接滚轮架的结构形式有哪些？在焊接生产中有何应用？

7. 焊接操作机的形式有哪些？在焊接生产中有何应用？

8. 焊接机器人的优点及应用意义有哪些？

焊接结构生产工艺规程的编制

知识目标

（1）了解焊接结构工艺性审查的含义、目的，掌握审查的步骤、内容。

（2）了解焊接结构工艺过程分析的原则，掌握分析的方法及内容。

（3）熟悉焊接结构工艺规程的作用、编制原则、编制依据，掌握编制的步骤及主要内容。

（4）了解桥式起重机桥架的生产工艺。

（5）熟悉压力容器的生产工艺。

（6）了解船舶结构的生产工艺。

（7）了解桁架结构的生产工艺。

技能目标

（1）能够对焊接结构进行工艺性审查。

（2）能够对焊接结构加工工艺过程进行分析及编制。

（3）能够合理编制焊接结构的生产工艺规程。

为了提高设计产品结构的工艺性，对新设计的产品、改进设计的产品以及外来产品的图样，首次生产前一般要进行结构工艺性审查，并制定相应的加工工艺。

本项目主要介绍焊接结构工艺性审查的目的、内容、步骤；如何确定焊接结构加工工艺过程，编制焊接结构加工工艺规程；典型焊接结构的生产工艺。

任务 1 焊接结构工艺性审查

焊接结构的工艺性是指设计的焊接结构在具体的生产条件下能否经济地制造出来，以及采用最有效的工艺方法的可行性。

学习目标

通过对焊接结构的分析，了解焊接结构工艺性审查的含义、目的，掌握焊接结构工艺性审查的内容、步骤等相关知识。

任务分析

如图4-1（a）所示的双孔叉连杆结构形式，装配和焊接不方便；图4-1（b）采用正面和侧面角焊缝连接，虽然装配和焊接方便，但因为是搭接接头，所以疲劳强度较低；图 4-1（c）采用锻焊组合结构，使接头成为对接接头，既保证了焊缝强度，又便于装配施焊，是比较合理的结构形式。

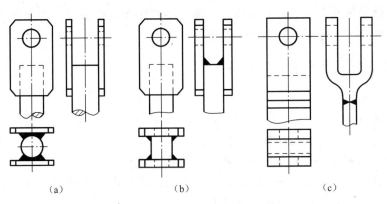

图 4-1　双孔叉连杆的结构形式

　　焊接结构工艺性审查不能脱离企业生产纲领、生产条件（设备能力、技术水平和焊接方法等）和产品生产数量。如图 4-2 所示的弯头有三种形式，每种形式的工艺性都适应一定的生产条件。图 4-2（a）由两个半压制件和法兰组成，若是在大量生产并有大型压床的条件下，其工艺性是好的（焊缝最少）。图 4-2（b）由两段钢管和法兰组成，在流速低、单件生产或缺乏设备的条件下，其工艺性是好的（简便、容易制造）。图 4-2（c）由许多环形件和法兰组成，在流速高且是单件生产的条件下，其工艺性是好的（性能好，容易制造）。这说明，结构工艺性的好坏是针对某一具体条件而言的。

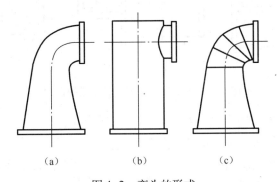

图 4-2　弯头的形式

 相关知识及工作过程

4.1.1　焊接结构工艺性审查的目的

　　具有相同使用性能的产品结构可采用不同的生产工艺制造，或简单，或复杂，结构使产品成本出现很大的差别。因此，工艺部门的技术人员必须对产品进行详细的结构工艺性审查，以便确定最佳的制造方案。

　　焊接结构工艺性审查的主要目的是保证产品结构设计的合理性、工艺的可行性、结构使用的可靠性和经济性，使设计的产品在满足技术要求和使用功能的前提下，符合一定的工艺性能指标。对焊接结构来说，主要工艺性能指标有制造产品的劳动量、材料用量、材料利用率、产品工艺成本、产品的维修劳动量、结构标准化系数等，力争做到在现有的生产条件下用比较经济、合理的方法将焊接结构制造出来，而且使之便于使用和维修。

4.1.2　焊接结构工艺性审查的内容

　　焊接结构工艺性审查是从所设计的结构强度、变形与应力、生产工艺性、经济性等方面综合审查结构的合理性，同时还要考虑产品的用途、工作条件、受力情况、生产批量等方面的影响，主要应从以下几方面进行分析。

1. 从减小焊接应力与变形的角度分析结构的合理性

　　（1）尽可能减少焊缝数量和焊缝的填充金属量。这是设计焊接结构时最重要的一条原则。如图 4-3 所示的框架转角有两个设计方案。

　　图 4-3（a）所示的设计是用许多小肋板构成放射状来加固转角；图 4-3（b）所示的设计是用少数肋板构成屋顶形状来加固转角，这种方案不仅提高了框架转角处的刚度与强度，而且焊缝数量少，减小了焊后的变形和复杂的应力状态。

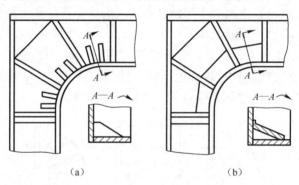

（a）　　　　　　　　　　　　　（b）

图 4-3　框架转角处加强筋布置的比较

　　（2）尽可能选用对称的构件截面和焊缝位置。焊缝对称于构件截面的中性轴或使焊缝接近于中性轴时，焊后能得到较小的弯曲变形。

　　图 4-4 所示为具有各种截面的构件。图 4-4（a）所示构件的焊缝都在 $X—X$ 轴一侧，最容易产生弯曲变形；图 4-4（b）所示构件的焊缝位置对称 $X—X$ 轴和 $Y—Y$ 轴，焊后弯曲变形小，且容易防止变形的产生；有些构件设计要求使截面和焊缝位置难以对称，如图 4-4（c）所示的构件，由两根角钢组成，焊缝布置与截面重心不对称，若把距重心近的焊缝设计成连续的，把距重心远的焊缝设计成断续的（也可以使用不同的焊接参数、焊接规范等），就能减少构件的弯曲变形。

　　（3）尽可能减小焊缝截面尺寸。在不影响结构的强度与刚度的前提下，可适当减小焊缝截面尺寸或把连续焊缝设计成断续焊缝。

　　（4）采用合理的装配顺序。对复杂的结构应采用部件组装法，尽量减少总装焊缝数量并使之分布合理，这样能大大减少结构的变形。为此，在设计结构时就要合理地划分部件，使部件的装配焊接易于进行，并且焊后经矫正能达到要求，这样就便于总装。由于总装时

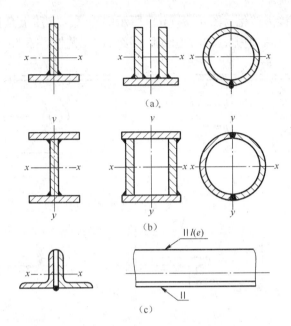

图 4-4　焊缝位置与弯曲变形的关系

焊缝少，结构的刚性大，焊后的变形就很小。

（5）尽量避免焊缝相交。图 4-5 所示为三条角焊缝在空间相交。图 4-5（a）所示，在交点处会产生三轴应力，使材料塑性降低，同时可焊到性也差，并会造成严重的应力集中。若改为图 4-5（b）所示的形式，就能克服以上缺点。

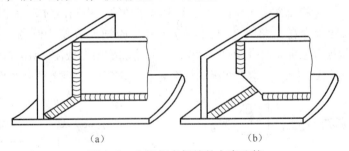

图 4-5　空间相交焊缝的方案比较

2. 从降低应力集中的角度分析结构的合理性

应力集中不仅是降低疲劳强度的主要原因，而且也是降低材料塑性从而引起结构脆断的主要原因，它对结构强度有很大的影响。为了减少应力集中，应尽量使结构表面平滑过渡并采用合理的接头形式。一般常从以下几个方面考虑。

（1）尽量避免焊缝过于集中。如图 4-6（a）所示为用八块小肋板加强轴承套，许多焊缝集中在一起，存在着严重的应力集中，不适合承受动载荷。如果采用图 4-6（b）所示的形式，则不但降低了应力集中，工艺性也得到了改善。

图 4-7（a）中焊缝布置，都有不同程度的应力集中，而且可焊到性差，若改成图 4-7（b）所示结构，其应力集中和可焊到性都得到改善。

（2）尽量采用合理的接头形式。对于重要的焊接接头应开坡口，防止因焊透而产生应力集中。应设法将角接接头和 T 形接头改为应力集中系数小的对接接头，如图 4-8 所示。

将图4-8（a）所示的接头转化为图4-8（b）所示的形式，实质上是把焊缝从应力集中大的地方转移到应力集中小的地方，同时也改善了接头的工艺性。

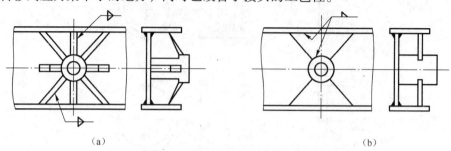

（a）　　　　　　　　　　　　　　　（b）

图4-6　肋板的形状与位置比较

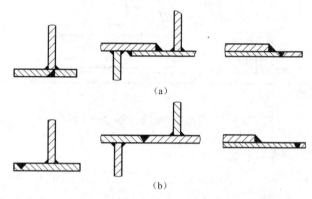

（a）

（b）

图4-7　焊缝布置与应力集中的关系

（3）尽量避免构件截面突变。在截面突变的地方必须采用圆滑过渡或平缓过渡，不要形成尖角。例如，搭接板存在锐角时［见图4-9（a）］应把它改变成圆角或钝角，如图4-9（b）所示。又如肋板存在尖角时［见图4-10（a）］应将它改变成图4-10（b）的形式。在厚板与薄板或宽板与窄板对接时，均应在板的接合处有一定斜度，使之平滑过渡。

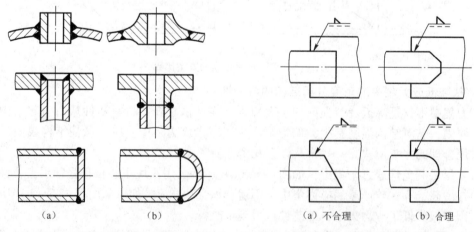

（a）　　　　　　　（b）　　　　　　　　　　　（a）不合理　　　（b）合理

图4-8　接头改善的应用举例　　　　　　　图4-9　搭接接头中搭板的形式

（4）应用复合结构。复合结构具有发挥各种工艺长处的特点，它可以采用铸造、锻造和压制工艺，将复杂的接头简化。把角焊缝改成对接焊缝，不仅降低了应力集中，而且改善了工艺性。图4-11就是应用复合结构，把角焊缝改为对接焊缝的实例。

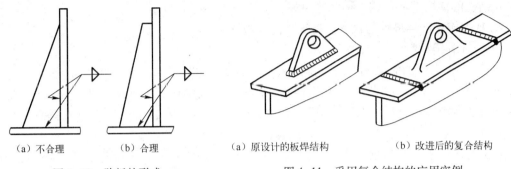

（a）不合理　　　　（b）合理

图4-10　肋板的形式

（a）原设计的板焊结构　　　（b）改进后的复合结构

图4-11　采用复合结构的应用实例

3. 从焊接生产工艺性的角度分析结构的合理性

（1）从接头的可焊到性分析。可焊到性是指结构上每一道焊缝都能很方便地施焊。在工艺分析时要注意结构的可焊到性，避免因不易施焊而造成焊接质量不合格。图4-12（a）所示的结构没有必需的操作空间，很难施焊。如果改成图4-12（b）所示的形式，就具有良好的可焊到性。

厚板对接时，一般应开成X形或双U形坡口。若在构件不能翻转的情况下，就会造成大量的仰焊焊缝，增加了劳动强度，焊缝质量也很难保证，这时就必须采用V形或U形坡口来改善其工艺性。

（2）从接头的可探伤性分析。接头的可探伤性主要是指接头检测面的可接近性。焊接质量要求越高的接头，越要注意接头的可探伤性。对于高压容器，其焊缝往往要求100%射线探伤。图4-13（a）所示接头就无法进行射线探伤或探伤结果无效，应改为图4-13（b）所示的接头形式。

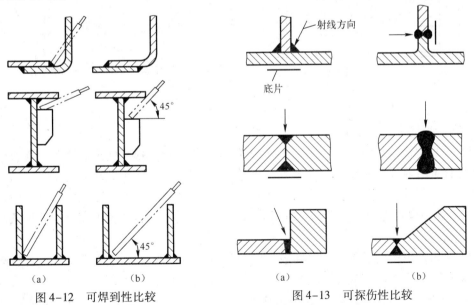

（a）　　　　（b）

图4-12　可焊到性比较

（a）　　　　（b）

图4-13　可探伤性比较

（3）从材料的焊接性分析。尽量选用焊接性良好的材料来制造焊接结构。从我国的实际资源出发，许多焊接结构都选用低合金高强度钢来制造。低合金高强度钢具有强度高，塑性、韧性好,焊接性能及其他加工性能好的特点。使用这类钢不仅能减轻结构质量,还能延长结构的使用寿命,减少维修费用等。

4. 从焊接生产经济性的角度分析结构的合理性

1) 合理利用材料

一般来说,零件的形状越简单,材料的利用率就越高。图4-14所示为法兰盘备料的两种方案,图4-14(a)是用冲床落料而成,图4-14(b)是用扇形料拼接而成,图4-14(c)是用气割板条热弯而成。材料的利用率按图4-14(a)~图4-14(c)的顺序逐渐提高,但所需工时也按此顺序增加,哪种方案好要综合比较才能确定。

若法兰直径小、生产批量大,则应选图4-14(a)所示的方案;若法兰直径大且窄,批量又小,应选图4-14(c)所示的方案;而尺寸大且批量也大时,图4-14(b)所示的方案就更显优越。

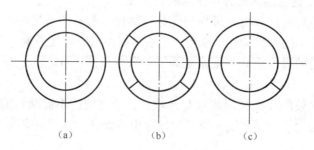

(a)　　　　　　　(b)　　　　　　　(c)

图4-14　法兰盘备料方案比较

又如图4-15所示,如果用工字钢通过气割,按图4-15(a)所示下料,再焊成图4-15(b)所示的锯齿合成梁,就能节省大量的钢材和焊接工时。

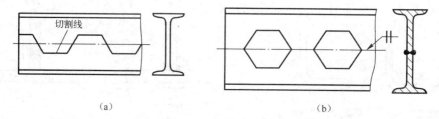

(a)　　　　　　　　　　　　　(b)

图4-15　锯齿合成梁

2) 减小焊接生产劳动量

(1) 合理地确定焊缝尺寸。确定工作焊缝的尺寸,通常用等强度原则来计算求得。但只靠强度计算有时还是不够的,还必须考虑结构的特点及焊缝布局等问题。例如,焊脚小而长度大的角焊缝,在强度相同情况下具有比大焊脚短焊缝省料省工的优点,如图4-16所示。图4-16中焊脚为$2K$长度为L和焊脚为K长度为$2L$的角焊缝强度相等,但焊条消耗量后者仅为前者的一半。

(2) 尽量取消多余加工。对单面坡口背面不进行清根处理的对接焊缝,若通过修整焊缝表面来提高接头的疲劳强度则是多余的,因为焊缝背面依然存在应力集中。对结构中的联系焊缝,若要求开坡口或焊透则也是多余的,因为焊缝受力不大。用盖板加强对接接头是不合理的设计,如图4-17所示,因为钢板对接后能达到与母材相等的强度,如果再焊上盖板,则会使焊缝应力集中,反而降低结构承受动载荷的能力。

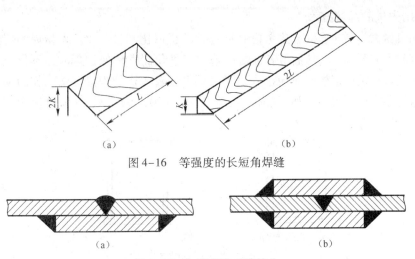

图 4-16　等强度的长短角焊缝

图 4-17　加盖板的对接接头

（3）尽量减少辅助工时。焊接结构生产中辅助工时一般占有较大的比例，减少辅助工时对提高生产率有重要的意义。焊接结构中，焊缝所在位置应使焊接设备调整次数最少，焊件翻转次数也最少，如图 4-18 所示。图 4-18（a）为箱形截面构件的对接焊缝，焊接过程中焊件翻转一次，就能焊完四条焊缝；图 4-18（b）设计为角焊缝，如果采用"船形"位置焊接，需要翻转焊件三次，若用平焊位置焊接则需多次调整机头。从焊前装

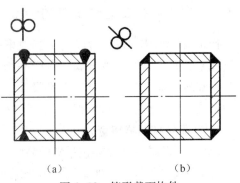

图 4-18　箱形截面构件

配来看，图 4-18（a）方案也比图 4-18（b）要容易些。

（4）尽量利用型钢和标准件。型钢具有各种形状，经过相互组合可以构成刚性更大的各种焊接结构。对同一种结构如果用型钢来制造，则其焊接工作量比用钢板制造要少得多。图 4-19 所示为一根变截面工字梁结构，图 4-19（a）用三块钢板组成，如果用工字钢组成，则可将工字钢用气割分开，如图 4-19（c）所示，再组装焊接起来，如图 4-19（b）所示，就能大大减少焊接工作量。

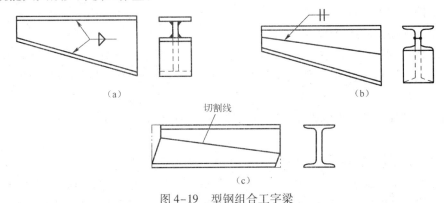

图 4-19　型钢组合工字梁

3）采用先进的焊接技术

当产品批量大、数量多时，应考虑制造过程的机械化和自动化。埋弧焊的熔深比焊条电弧焊大，有时不需开坡口，从而节省工时；采用二氧化碳气体保护焊时，不仅成本低、变形小且不需清渣。在设计结构时应使接头易于使用上述较先进的焊接方法。如图4-20（a）所示箱形结构的形式可用焊条电弧焊焊接，若做成图4-20（b）形式，就可使用埋弧焊和二氧化碳气体保护焊。

（a）焊条电弧焊焊接　　　　　（b）埋弧焊或二氧化碳气体保护焊

图4-20　箱形结构

4.1.3　焊接结构工艺性审查的步骤

初步设计和技术设计阶段的工艺性审查一般采用各方（设计、工艺、制造部门的技术人员和主管）参加会审的方式。对产品结构图样和技术要求的工艺性审查，应由产品主管工艺师和各专业工艺师（员）对有设计、审核人员签字的图样（应为计算机绘制的，原规定为铅笔原图）分头进行审查。

1. 产品结构图样审查

产品结构图样审查主要包括新产品设计图样、继承性设计图样和按照实物测绘的图样等。由于它们的工艺性完善程度不同，因此工艺性审查的侧重点也有所不同。但是，在生产前无论是哪种图样，都必须按以下内容进行图面审查，合格后才能交付生产准备和生产使用。

（1）绘制的产品结构图样应符合机械制图国家标准中的有关规定。

（2）图样应当齐全，除焊接结构的装配图外，还应有必要的部件图和零件图。

（3）由于焊接结构一般都比较大且结构复杂，所以图样应选用适当的比例，也可在同一图中采用不同的比例绘出。

（4）当产品结构较简单时，可在装配图上直接把零件的尺寸标注出来。

（5）根据产品的使用性能和制作工艺需要，在图样上应有齐全、合理的技术要求。若在图样上不能用图形、符号表示，则应有文字说明。

2. 产品结构技术要求审查

产品结构技术要求审查主要包括使用要求和工艺要求。使用要求一般是指结构的强度、刚度、耐久性（抗疲劳性、耐腐蚀性、耐磨性和抗蠕变性能等）以及在工作环境条件下焊接结构的集合尺寸、力学性能、物理性能等，而工艺要求则是指组成产品结构材料的焊接性、结构的合理性以及生产的经济性和方便性。

产品结构技术要求审查主要从以下几方面入手。

（1）分析产品的结构，了解焊接结构的工作性质及工作环境。

（2）必须对焊接结构的技术要求以及所执行的技术标准进行熟悉和消化理解。

（3）结合具体的生产条件来考虑整个生产工艺能否适应焊接结构的技术要求，这样可以做到及时发现问题，提出合理的修改方案，改进生产工艺，使产品全面达到规定的技术要求。

审查完毕后，若无修改意见，则审查者应在"工艺"栏内签字；若有较大修改意见，则暂不签字，审查者应填写"产品结构工艺性审查记录"，与图样一并交设计部门。设计者根据"产品结构工艺性审查记录"上的意见和建议进行修改设计，然后将未签字的图样返给工艺部门复查签字。若设计者与工艺员意见不一致，则由双方协商解决。若协商不成，则由厂技术负责人进行裁决。

4.1.4 焊接结构工艺性审查实例

试对圆柱焊接齿轮的结构工艺性进行审查分析。

图 4-21 为圆柱焊接齿轮的两种结构形式，现以图 4-21（a）所示的辐板式圆柱焊接齿轮为例，试分析其结构工艺性。

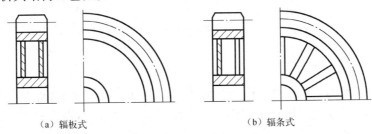

（a）辐板式 （b）辐条式

图 4-21 圆柱焊接齿轮

1. 焊接齿轮的工作特点

机器传动中的齿轮、飞轮、带轮等统称为轮。轮在工作时可能受到下列作用力。

（1）轮自身转动时产生的离心力。

（2）由传动轴传来的转动力矩或由外界作用的圆周力。

（3）由于工作部分结构形状和所处的工作条件不同而引起的轴向力和径向力。

（4）由各种原因引起的振动和冲击力。

焊接齿轮在工作时同样也受到以上几种力的作用。为了保证焊接齿轮的工作平稳，其结构必须具有轴对称性，因而它的几何形状多为比较紧凑的圆盘状或圆柱状。

2. 焊接齿轮的结构特点

焊接齿轮分为工作部分和基体部分。工作部分是指直接与外界接触并实现功能的部分，如轮齿。基体部分由轮缘、辐板和轮毂组成，主要对工作部分起支撑和传递力的作用。轮缘位于基体外缘，与工作部分相连，起支撑和夹持工作部分的作用；辐板位于轮缘和轮毂之间，它的构造对轮体的强度和刚度以及结构的质量有很大影响，其种类有板式和条式两种；轮毂是轮体与轴相连的部分，转动力矩是通过它与轴之间的过盈配合或键连接进行传递的，其结构是简单的圆筒体，其内径与轴外径相适应。

3. 焊接齿轮的结构分析

齿轮毛坯多为铸件，当齿轮直径大于 1 m 时，若仍采用铸造工艺生产，则废品率和生产成本较高。另外，铸造齿轮只用一种材料制作，往往不能满足齿轮的工作特性。若改为焊接件，则可选用不同的材料满足齿轮各部位的工作要求。如轮缘、轮毂的表面受力大，可选用强度高的低合金钢制作；而辐板传递载荷，需要足够的韧性，强度要求可低些，故选用低碳钢制作。

焊接齿轮基体部分的毛坯全部采用焊接方法制造。

　　轮毂可采用图4-22所示的几种形式。对于承受载荷不大，精度要求不高的轮结构，轮毂可以用圆钢焊在轮辐上，然后再加工出轴孔和键槽，如图4-22（a）所示。对于一些直径稍大的齿轮，其轮毂除了采用钢车削而成外，更宜采用厚壁管制作。有时为了防止轮子的偏摆、震动以及提高承载能力，常常在轮毂与轮辐之间焊接加强筋，如图4-22（b）所示。为保证轮毂与轮辐的精度，可以在轮毂上加工出定位台阶，如图4-22（c）所示。

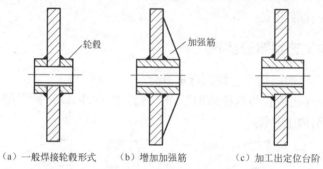

（a）一般焊接轮毂形式　　（b）增加加强筋　　（c）加工出定位台阶

图4-22　轮毂的焊接结构

　　根据齿轮结构的尺寸和承载大小不同，其轮辐结构也有所不同，可以分为辐板式和辐条式两种。辐板式结构简单，能够传递较大的扭转力矩。焊接齿轮多采用辐板结构，最常用和较简单的办法是切割圆形钢来制作轮辐。如图4-23所示为齿轮和飞轮的辐板式焊接结构。

　　由于齿轮要求较高的强度、刚度以及较大的惯性矩来储存动能，因此，轮辐都是由厚钢板焊接制作而成的。

　　当轮缘较宽或存在轴向力，可采用如图4-23（a）所示形式的双辐板或多辐板式轮辐结构；当轮缘宽度较窄时可采用单辐板，加放射状筋板以增强刚度，如图4-23（b）所示。

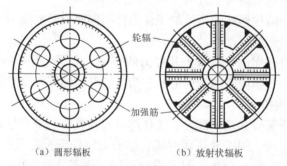

（a）圆形辐板　　　　　　（b）放射状辐板

图4-23　常见的轮辐结构

　　考虑到齿轮的厚度、直径和设备能力，轮缘毛坯可以采用图4-24所示的几种生产方式制备。图4-24（a）为分段锻造后拼焊；图4-24（b）为利用钢板气割下料后拼焊；图4-24（c）为钢板卷圆后焊成筒体，然后逐个切割下来。

4. 焊接齿轮结构分析结果

（1）焊接齿轮的整体结构应匀称和紧凑，轮体上的焊缝分布相对于转动轴线应均匀对称，以保证机械的平衡。

（2）根据轮体上各组成部分所处的位置和工作特点不同，对材料的要求也不同，因此应按实际需要选择材料，同时注意材料的焊接性。

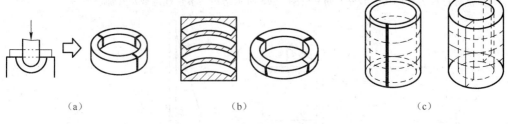

（a）　　　　　　　　　　（b）　　　　　　　　　　（c）

图 4-24　轮缘毛坯的制备

（3）由于齿轮采用接头形式且辐板的布置状态不同，焊缝在焊接过程中的受力状态也不同，要尽量避免应力集中，在应力集中部位应采用大圆角过渡。

（4）焊接齿轮的结构形式不应受传统结构的影响。在受力分析的基础上发挥焊接工艺的特长，通过对各构件的合理组合，有可能会获得强度高、刚性好和质量轻的新结构。

综合练习

一、填空题

1. 为了提高设计产品结构的工艺性，工厂应在首次生产前对＿＿＿＿＿＿的产品和＿＿＿＿＿＿的产品以及＿＿＿＿＿＿产品图样进行结构工艺性审查。

2. 焊接结构工艺性审查的目的是保证＿＿＿＿＿＿、＿＿＿＿＿＿、＿＿＿＿＿＿和＿＿＿＿＿＿。

3. 制造焊接结构的图样是工程的语言，它主要包括＿＿＿＿＿＿图样、＿＿＿＿＿＿图样和＿＿＿＿＿＿图样等。

4. 确定工作焊缝的尺寸，通常用＿＿＿＿＿＿原则来计算求得。

5. 焊接齿轮的基体部分由＿＿＿＿＿＿、＿＿＿＿＿＿和＿＿＿＿＿＿三者组成，主要对工作部分起支撑和传递力的作用。

6. 焊接结构工艺性审查的主要内容有＿＿＿＿＿＿、＿＿＿＿＿＿、＿＿＿＿＿＿、＿＿＿＿＿＿等。

二、简答题

1. 如何从减小焊接应力与变形的角度进行工艺性审查？

2. 焊接生产中如何减少生产劳动量？

3. 焊接齿轮的工作特点有哪些？

4. 试述焊接结构工艺性审查的目的和步骤。

5. 焊接结构工艺性审查的主要内容有哪些？

6. 试从构件强度方面分析图 4-25 所示结构的不合理之处，并加以改进。

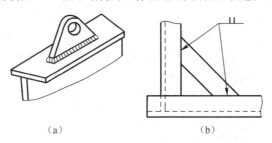

（a）　　　　　　　　　　（b）

图 4-25　构件强度分析

7. 试从焊接应力和焊接变形等方面分析图 4-26 所示结构的不合理之处，并加以改进。

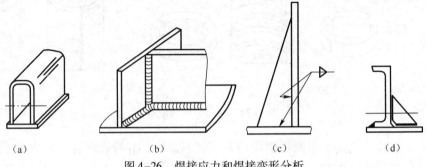

（a） （b） （c） （d）

图 4-26 焊接应力和焊接变形分析

8. 图 4-27 所示结构的接头需进行 X 射线探伤，试分析接头的可探伤性，应如何改进？

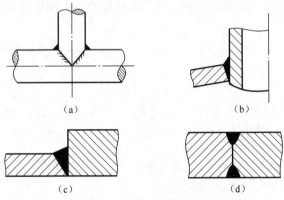

（a） （b）

（c） （d）

图 4-27 接头可探伤性分析

任务 2 焊接结构工艺过程分析

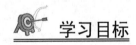 学习目标

通过对焊接结构工艺过程的分析，掌握工艺过程分析的原则及影响因素，培养独立进行工艺分析的能力，达到学以致用。

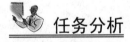 任务分析

进行工艺分析可以设计出多个工艺方案，进行比较，确定一个最优方案供编制工艺规程和继续进行其他准备工作使用。因此，在制定工艺方案，编制工艺文件之前，仔细地进行焊接生产全过程的工艺分析是十分必要的。

相关知识及工作过程

在焊接生产准备工作中，进行工艺分析，编制工艺方案，是作为指导产品工艺准备工作的依据，除单件小批生产的简单产品外，都应具有工艺方案，它是工艺规程设计的依据。

4.2.1　工艺过程分析的原则

首先，从焊接结构生产的要求入手，包括技术要求、经济要求、劳动保护、安全卫生，明确焊接结构生产的规模和方式，使确定的工艺方案在保证产品质量的同时，充分考虑生产周期、成本和环境保护等因素。

其次，根据本企业能力，积极采用国内外先进工艺技术和装备，以不断提高企业工艺水平和生产能力。

4.2.2　工艺过程分析的影响因素

工艺分析是在焊接结构生产要求和可能实施的生产工艺过程之间，寻求矛盾和解决矛盾的办法。焊接工艺过程分析的目的，是根据不同的生产纲领选择并确定最佳工艺方案。生产纲领是指某产品或零、部件在一年内的产量（包括废品）。按照生产纲领的大小，焊接生产可分为三种类型：单件生产、成批生产、大量生产，如表 4-1 所示。不同的生产类型，其特点是不一样的，因此所选择的加工路线、设备情况、人员素质、工艺文件等也是不同的。

表 4-1　生产类型的划分

生产类型		产品类型及同种零件的年产量/件		
		重型	中型	轻型
单件生产		<5	<10	<100
成批生产	小批生产	5～100	10～200	100～500
	中批生产	100～300	200～500	500～5 000
	大批生产	300～1 000	500～5 000	5 000～50 000
大量生产		>1 000	>5 000	>50 000

（1）单件生产。当产品的种类繁多，数量较小，重复制造较少时，其生产性质可认为是单件生产，编制工艺规程时应选择适应性较广的通用装配焊接设备、起重运输设备和其他工装设备，这样可以在最大程度上避免了设备的闲置。使用机械化生产是得不偿失的，所以可选择技术等级较高的工人进行手工生产。应充分挖掘工厂的潜力，尽可能降低生产成本。

（2）大量生产。当产品的种类单一，数量很多，工件的尺寸和形状变化不大时，其性质接近于大量生产。因为要长时间重复加工，所以宜采用机械化、自动化水平较高的流水线生产，每道工序都由专门的机械和工装完成，加工同步进行，生产设备负荷越大越好。

（3）成批生产。成批生产的产品具有周期性重复加工的特点，机械化程度介于单件生产和大量生产之间。应部分采用流水线作业，但加工节奏不同步。

4.2.3　工艺过程分析方法及内容

工艺过程分析应遵循"在保证技术条件的前提下，取得最大经济效益"的原则，为此，进行工艺过程分析时主要从两方面着手。

1. 从保证技术条件的要求进行工艺分析

焊接结构的技术条件，一般可归纳为获得优质的焊接接头和获得准确的外形尺寸两个方面。

（1）保证获得优质的焊接接头。焊接接头的质量应满足产品设计的要求，主要表现在焊接接头的性能应符合设计要求和焊接缺陷应控制在规定范围之内两个方面。一般来说，影响焊接接头质量的主要因素，可归纳为以下三个方面。

① 焊接方法的影响。不同焊接工艺方法的热源具有不同的性质，它们对焊接接头质量有着不同的影响。例如，电渣焊时，由于热源移动缓慢而热输入又大，因而使焊接接头具有粗大的金相组织，要对焊件进行一定的热处理以后，才能获得所需的力学性能。又如埋弧焊时，由于热源具有电流大、移动快的特点，这就使得很多因素都能够导致气孔的形成，如焊剂受潮、焊丝和焊件上的铁锈及油污以及生产管理中的一些问题（如装配后没及时施焊引起接缝处生锈）等。在进行工艺分析时，这些都是选择工艺方法和确定相应措施的依据。

② 材料成分和性能的影响。在焊接热过程作用下，母材与焊缝金属中发生了相变与组织变化，在熔化金属中进行着冶金反应，所有这些都将影响焊接接头的各种性能。例如，碳钢结构的焊接接头内，随着母材含碳量的增加，使钢的淬硬倾向增大，热影响区内容易产生冷裂纹，同时也促使焊缝中气孔和热裂纹的产生，这些都增加了产生缺陷的可能性。合金结构钢中各种合金元素对焊接性的影响更为显著。焊后在热影响区容易产生塑性差的组织和冷裂纹；在焊缝内会形成塑性差的焊缝金属或产生热裂纹。

③ 结构形式的影响。由于结构因素而引起的焊接缺陷是很常见的，在刚性非常大的接头处，由于应力很大或冷却速度大，都是产生裂纹的主要原因。可焊到性不好的接头，在一般情况下难以得到优良的接头质量（如容易产生成形不好、未焊透等）。

总之，影响焊接接头质量的因素很多，但这些因素不是单一存在的，而是相互作用，错综复杂。在分析接头质量时，既要考虑到如何获得优质的焊缝，又要考虑到不同工作条件下对结构所提出的技术要求。

（2）保证获得准确的外形和尺寸。在焊接结构的技术条件中，另一个主要方面是要求获得准确的外形和尺寸。这不仅关系到它的使用性能，而且还因为焊接过程绝大多数是在不对称的局部加热的情况下完成的，因此，在焊接接头和焊接结构中产生应力与变形也是不可避免，这就给焊接结构生产带来许多麻烦。所以在焊接工艺分析时应结合产品结构、生产性质和生产条件，提出控制变形的措施，确保技术条件的要求。要做到这一点，必须考虑以下两个方面的问题。

① 考虑结构因素的影响。根据结构的刚性大小和焊缝分布，分析焊后每条焊缝可能引起焊接变形的方向及大小程度，找出对技术条件最不利的那些焊缝。

② 采用适当的工艺措施。考虑如何安排装配、焊接顺序，才能防止和减小焊接应力与变形。在此基础上考虑焊接方法、焊接参数、焊接方向的影响，使用反变形法或刚性固定法等措施。

2. 从采用先进工艺的可能性进行工艺分析

在进行工艺分析的过程中，首先应分析使用先进技术的可行性。采用先进技术，可大大简化工序，缩短生产周期，提高经济效益。这里从三个方面来讨论。

（1）采用先进的工艺方法。所谓先进的工艺方法，是对某一种具体的焊接结构而言。如果同一结构可以用几种焊接方法焊接，其中有一种焊接方法相对的生产率高而且焊接质量好，同时对其他生产环节也无不利的影响，工人劳动条件也好，就可以说这种方法是先进的焊接工艺方法。

例如，某厂高压锅炉的锅筒纵缝焊接，筒体材料为 20g 钢，壁厚为 90 mm，如图 4-28 所示。

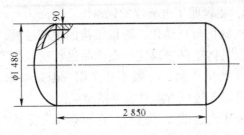

图 4-28　高压锅炉的锅筒

　　在制造高压汽包的生产中，用电渣焊代替多层埋弧焊后，使生产率提高了一倍，成本降低了 25% 左右，两种工艺方法比较如表 4-2 所示。

表 4-2　两种工艺方法比较

方　　法		多层埋弧焊	电　渣　焊
工序	1	划线、下料、拼接板坯	划线、下料、拼接板坯
	2	板坯加热（1 050 ℃）	板坯加热
	3	初次滚圆（对口处留出 300～350 mm）	滚圆
	4	机械加工坡口	气割坡口
	5	再次加热	—
	6	再次滚圆	—
	7	装配圆筒（装上卡板、引出板）	装配（焊上引出板）
	8	预热（200～300 ℃）	—
	9	手工封底焊缝	—
	10	除去外面卡板和清焊根	—
	11	预热（200～300 ℃）	—
	12	埋弧焊（18～20 层）	电渣焊
	13	回火（焊后立即进行）	正火，随后滚圆
	14	除去内部卡板和封底焊缝	—
	15	埋弧焊内部多层焊缝	—
	16	焊缝表面加工	—
经济技术指标	每公斤熔化金属	电能消耗	1.95 kW·h	1.05 kW·h
		焊剂消耗	1.07 kg	0.05 kg
	熔化系数		1.96 g/(A·h)	36.5 g/(A·h)

　　从表 4-2 中可以看出以下几点：

　　① 用电渣焊代替多层埋弧焊以后，大约 50% 的工序得到取消或简化，在生产过程中完全取消了机械加工和预热工序，便生产过程大为简化。

　　② 从两种工艺方法的生产率来比较，多层埋弧焊的机动时间为 100%，电渣焊焊完同样长度焊缝的机动时间为 44%。

　　③ 从焊缝质量来比较，获得优良焊缝的稳定程度，电渣焊比多层埋弧焊要大。生产经验证明，在汽包制造中电渣焊的返修率仅为 5%，而多层埋弧焊为 15% ～ 20%。

④ 从技术经济指标看，也说明了电渣焊的优越性。

（2）焊接生产过程的机械化与自动化。焊接结构的生产过程，可部分或全部实现加工机械化与自动化，这要根据具体条件来决定。在产品进行批量生产时，应优先考虑机械化与自动化。对于单件小批生产的产品，一般不必采用。但是如果产品的种类具有相似性，工装设备具有通用性时，可以先进行方案对比再做出选择。

（3）改进产品结构，采用先进的工艺过程。在进行工艺分析时，应当创造性地采用全新的工艺过程，有些产品只要结构形式稍加改变，工艺过程就变化很大，可明显提高产品质量及生产率，机械化与自动化水平也提高了，因此，可以说这就是先进的工艺过程。实践证明，先进工艺过程的创造，往往是从改进产品结构形式或某些接头形式开始的。

4.2.4 焊接结构工艺性过程分析实例

小型受压容器，常见的结构形式如图4-29所示，工作压力为1.6 MPa，壁厚为3～5 mm，它由两个压制的椭圆封头和一个圆筒节组成，用一条纵焊缝和两条环焊缝焊成。对于单件、小批量生产来说，这种结构形式是合理的。它的主要工艺过程是压制椭圆封头—滚圆筒节—焊接纵焊缝—装配—焊接两条环焊缝。这种工艺过程的优点是封头压制容易、节省模具费；其缺点是工序多、焊缝多、需要滚圆设备，装配也麻烦。在产量多的时候就不宜采用上述的工艺过程，可将容器改成图4-30所示的结构形式，就能简化工艺过程使生产率大幅度提高。它的主要工艺过程是压制杯形封头—装配—焊接环焊缝。很明显工序、焊缝都减少了，装配也很容易，所以生产率和产品质量都提高了，而工人的劳动条件也改善；它的缺点是模具费用多，但由于产量多，平均每个产品所负担的模具费用就不多了。这种结构还取消了圆筒节，节约了购置滚圆筒节设备的费用和车间生产面积，所以在大批量生产的情况下，采用图4-30所示的结构是合理的。

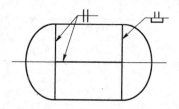 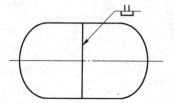

图4-29　带圆筒节的小型容器　　　　图4-30　无圆筒节的小型容器

最后还要考虑安全生产和改善工人的劳动条件。生产必须要安全，要防触电、防辐射、注意通风等。在焊接带有人孔的容器环缝时，应设计成不对称的双V形坡口，内浅外深，这样可以减少容器内的焊接量，劳动条件比对称双V形坡口改善了很多。

 综合练习

一、填空题

1. 工艺过程分析应遵循"在保证＿＿＿＿＿＿＿＿的前提下，取得＿＿＿＿＿＿＿＿＿＿＿"的原则。

2. 焊接结构的技术条件，一般可归纳为获得＿＿＿＿＿＿＿＿和获得＿＿＿＿＿＿＿两个方面。

3. 焊接结构生产时，焊接材料准备包括＿＿＿＿＿、＿＿＿＿＿＿、＿＿＿＿＿＿、＿＿＿＿＿等。

二、简答题

1. 生产纲领对工艺分析有哪些影响?
2. 如何从保证技术条件的要求进行工艺过程分析?
3. 如何从采用先进工艺的可能性进行工艺过程分析?

任务 3 焊接结构工艺规程的编制

 ## 学习目标

了解焊接结构工艺过程的组成;熟悉焊接结构工艺规程的概念、作用、编制原则、编制依据、主要内容、编制步骤;熟悉焊接结构工艺规程的形式;掌握一般复杂程度焊接结构生产工艺规程编制方法。

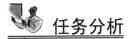 ## 任务分析

焊接产品的生产过程相当复杂,既包括划线下料、成形加工、装配焊接及热处理等工艺过程,又包括材料供应、质量检验、技术准备等各种辅助生产过程,加工工艺规程是针对这些加工工序的理论性指导文件。编制合格的焊接结构工艺规程对于保证焊接结构生产工艺过程安全、质量、成本、生产率这四个方面的要求具有重要意义。

 ## 相关知识及工作过程

焊接结构加工工艺过程是指由金属材料(包括板材、型材和其他零、部件)经过一系列加工工序,组装成焊接结构的过程。

4.3.1 焊接结构工艺过程的组成

1. 生产过程和工艺过程

通过人们的劳动使原材料或零件毛坯的形状和性质发生变化的过程称为生产过程。在生产过程中,除了进行一些直接改变工件形状或性质的主要工作外,还要进行一部分辅助工作,如原材料的准备、原材料或零件的运输、产品的包装等。因此说,生产过程是从原材料(或毛坯)到成品(或半成品)之间所有劳动过程的总和。

为了生产某一产品,要经过一个或几个不同的加工工艺过程来完成。如齿轮的制造,要经过铸造(或锻造)毛坯、退火处理、机加工铣齿(或磨齿)、高频淬火等不同生产加工的工艺过程。工艺过程是指逐步改变工件状况的那一部分生产过程,例如,铸造、焊接、热处理、机加工、冲压等。原材料经过整个生产过程中的一系列加工工艺过程后,得到人们需要的产品,所以说,工艺过程也是产品生产过程中处理某一技术问题所采用的技术措施。

2. 焊接结构工艺过程的组成

(1)工序。工序是指一个(或一组)工人在一台设备或一个工作地点,对一个(或几个)工件连续完成的那部分工艺过程。工序是组成工艺过程的基本单元。工序划分的主要

依据是工作地点是否改变，改变即进入新的工序；加工是否连续，不连续就是两个工序。

焊接结构工艺过程的主要工序有放样、划线、下料、成形加工、边缘加工、装配、焊接、矫正、检验、涂装等。对于一个产品，由其主要工序形成的工艺过程称为工艺路线或工艺流程。

（2）工位。工位是工序的一部分。在某一工序中，焊件所用的加工设备和所处的加工位置是变化的。工件在加工设备上所占的每一个工作位置称为工位。例如，在转胎上焊接工字梁上的四条焊缝，如果用一台焊机，则工件需要转动四个角度，即有四个工位，如图4-31（a）所示。如果用两台焊机，焊缝1、4同时对称焊—翻转—焊缝2、3同时对称焊，则工件只需装配两次，即有两个工位，如图4-31（b）所示。

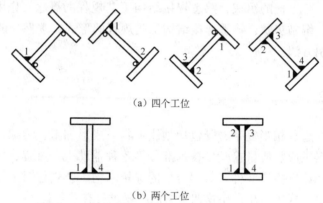

（a）四个工位

（b）两个工位

图4-31　工字梁的焊接工位

（3）工步。工步是工艺过程的最小部分，它保持着工艺过程的一切特性。在一个工序内，在工件、设备、工具和工艺规范均保持不变的条件下所完成的那部分动作称为工步。构成工步的某一因素发生变化时，一般认为是一个新的工步。例如，厚板开坡口对接多层焊时，打底层用CO_2气体保护焊，中间层和盖面层均用焊条电弧焊，一般情况下，盖面层选择的焊条直径较粗，电流也大一些，则这一焊接工序由三个不同的工步组成。

4.3.2　焊接结构加工工艺规程的编制

1. 焊接结构加工工艺规程的作用

在实际生产中，对于某个产品的焊接加工，常常可以采用几种不同的方案来完成。根据产品对象的技术要求和工厂的实际情况，从可能的多种方案中，筛选一个最佳方案，并用文字和图表示出来，作为组织生产的技术文件和进行技术准备的依据。这种被规定下来的、为本单位生产人员所遵守的指导性技术文件称为焊接结构加工工艺规程。即焊接结构加工工艺规程是以科学理论为指导，结合现场的生产条件，在实践的基础上总结并制定出的描述焊接工艺过程内容的技术文件。

焊接结构加工工艺规程的作用包括以下几点。

（1）焊接结构加工工艺规程是指导焊接生产的主要技术文件。按照焊接结构加工工艺规程进行生产，能保证工人在安全的条件下实现产品质量稳定，可靠地达到用户的要求，提高劳动生产率，获得良好的经济效益。

（2）焊接结构加工工艺规程是生产组织和生产管理的基本依据。根据焊接结构加工工艺规程，工厂可以进行各方面的生产技术准备工作，如焊接材料（焊条、焊丝、气体、焊剂）的准备、钢铁材料的准备、设备的调试与检修以及人员的安排等，并及时调度生产任务，调整生产计划。在整个工艺实施中，还可以随时随地监控整个生产过程，减少废品的产生。

（3）焊接结构加工工艺规程是新建工厂或扩建、改建旧厂的技术基础。在新建工厂或扩建、改建旧工厂、车间时，只有根据生产纲领和工艺规程才能进行车间平面设计、选择设备、确定生产人员及安排辅助部门等。

（4）焊接结构加工工艺规程是交流先进经验的桥梁。学习和借鉴先进企业的工艺规程，可以大大地缩短企业研制和开发的周期间的相互交流能提高技术人员的专业能力和技术水平。

焊接结构加工工艺规程一旦确定下来，任何人都必须严格遵守，不得随意改动。但是随着时间的推移，新工艺、新技术、新材料、新设备不断涌现，某工艺规程在应用一段时间后可能相对会变得落后，所以应及时吸收先进经验和技术，定期对工艺规程进行修改和更新，使其更合理和和先进。

2. 编制焊接结构加工工艺规程的原则

工艺过程需保证四个方面的要求：安全、质量、成本、生产率。它们是产品工艺的四大支柱，即先进的工艺技术是在保证安全生产的条件下，用最低的成本，高效率地生产出质量优良具有竞争力的产品。工艺过程的灵活性较大，对不同零件和产品，在这方面的具体要求有所不同，达到和满足这些要求的方法和条件也不一样，但都存在着一定的规律性。在编制工艺规程时，就应深入研究各种典型零件与产品在这方面的规律性，寻求一种科学的解决方法，在保证质量的前提下用最经济的办法制造出零件与产品。

编制工艺规程应遵循下列原则。

（1）技术上的先进性。在编制工艺规程时，要了解国内外本行业工艺技术的发展情况，对目前本厂所存在的差距要心中有数。要充分利用焊接结构生产工艺方面的最新科学技术成就，广泛地采用最新的发明创造、合理化建议和国内外先进经验。尽最大可能保持工艺规程技术上的先进性。

（2）经济上的合理性。在一定生产条件下，要对多种工艺方法进行对比与计算，尤其要对产品的关键件、主要件、复杂零、部件的工艺方法，采用价值工程理论，通过核算和方案评比，选择经济上最合理的方法，在保证质量的前提下以求成本最低。

（3）技术上的可行性。编制工艺规程必须从本厂的实际条件出发，充分利用现有设备，发掘工厂的潜力，结合具体生产条件消除生产中的薄弱环节。由于产品生产工艺的灵活性较大，在编制工艺规程时一定要照顾到工序间生产能力的平衡，要尽量使产品的制造和检测都在本厂进行。

（4）良好的劳动条件。编制的工艺规程必须保证操作者具有良好而安全的劳动条件，应尽量采用机械化、自动化和高生产率的先进技术，在配备工装时应尽量采用电动和气动装置，以减轻工人的体力劳动，确保工人的身体健康。

（5）在编制工艺规程时要注意以下两点：

① 试制和单件小批量生产的产品，编制以零件加工工艺过程卡和装配焊接工艺过程卡为主的工艺规程。

② 工艺性复杂、精密度较高的产品以及成批生产的产品，编制以零件加工工序卡、装配工序卡和焊接工序卡为主的工艺规程。

3. 编制焊接结构加工工艺规程的依据

工艺规程的编制是在焊接工艺过程分析的基础上进行的，在规程编制之前，编制人员必须周密调研，熟悉产品的特点、工厂的生产条件和生产能力等必要的原始资料，同时审查焊接结构图样的完整性和合理性，了解生产纲领和相关要求，掌握必要的资料和加工素材，具体内容如下：

（1）技术设计说明书。

（2）产品的全套图样和技术要求。

（3）产品生产纲领和生产类型。

（4）工厂的现有生产条件。

（5）工艺装备、胎夹具、车间的加工能力和生产经验。

（6）各种技术资料。

（7）现有生产车间的管理水平。

产品图样是制定焊接结构加工工艺规程的基础，包括焊接结构总装图和零、部件图。从总装图中可以掌握产品结构的技术要求和特点、焊缝的位置、材料的牌号及壁厚、检验的方法和验收标准等。从零、部件图中可以掌握零、部件的焊接方法、材料、坡口形式等资料。编制人员在掌握这些资料后，就可以对设计图样和技术要求进行分析，认为不妥之处应与用户或设计者及时沟通，双方共同协商解决，根据最终图样和技术要求确定焊接制造工艺。

不同的生产类型具有不同的特点，因此所选择的加工路线、设备情况、人员素质、工艺文件等也是不同的。单件生产时，编制的焊接结构加工工艺规程应简明扼要，只需粗定工艺路线并制定必要的技术文件即可；大量生产时，编制的焊接结构加工工艺规程要求有详细的工艺规程和工序，尽可能实现工艺典型化、规范化；成批生产时，其机械化程度介于单件生产和大量生产之间，应部分采用流水线作业，但加工节奏不同步，应有较详细的工艺规程。

编制焊接结构加工工艺规程的目的是指导生产，能更好地把产品制造出来。工艺规程应切实可行，不切合工厂生产实际的工艺规程，即使再先进、再合理也是不可取的。因此，制定焊接结构加工工艺规程是不能脱离工厂或车间现有的生产设备、车间的辅助能力、材料的储备情况等。

4. 编制焊接结构加工工艺规程的步骤

焊接工艺过程是否合理，直接关系到生产组织能否正常运行，制定的工艺规程既要保证焊接生产质量达到产品图样的各项技术要求，又要有较高的劳动生产率，保证产品在用户的规定期限内交付使用，同时还要减少人力、物力等方面的消耗，节约资金，降低成本。焊接结构加工工艺规程的编制过程要严谨、细致，其步骤如下。

1）技术准备

（1）对产品所执行的标准要消化理解，并在熟悉的基础上掌握这些标准；要研究产品各项技术要求的制定依据，以便根据这些依据在工艺上采取不同的措施；找出产品的主要技术要求和制造关键零、部件的关键技术，以便采用合适的工艺方法和采取稳妥、可靠的措施。

（2）对经过工艺性审查的图样，应再进行一次分析。其作用是通过再消化分析发现遗漏，尽量把问题和不足暴露在生产之前，使生产少受损失；另一个作用是通过分析，明确产品的结构形状以及各零、部件间的相对位置和连接方式等，作为选择加工方法的基础。

（3）熟悉产品验收的质量标准，它是对产品装配图和零件工作图技术要求的补充，是制定工艺技术、工艺方法和工艺措施等决策的依据。

（4）要掌握工厂的生产条件，这是编制切实可行的工艺规程的核心问题。要深入现场了解设备的规格与性能、工装的使用情况与制作能力以及工人的技术素质等。

（5）掌握产品的生产纲领与生产类型，根据它来确定工艺类型和工装设备等。

2）产品工艺过程分析

在技术准备的基础上，根据图样深入研究产品结构及备料、成形加工、装配及焊接工艺的特点，对关键零、部件或工序进行深入的分析研究。考虑生产条件、生产类型，通过调查研究，从保证产品技术条件出发，在尽可能采用先进技术的条件下提出几个可行的工艺方案，然后经过全面的分析、比较或试验，最后选出一个最好的工艺路线方案。

3）拟定工艺路线

拟定工艺路线是把组成产品的零、部件的加工顺序排列出来的过程。它是在工艺分析的基础上完成的，是编制工艺规程的总体构思和布局。拟定工艺路线要完成以下内容。

（1）加工方法的选择。确定各零、部件在备料、成形加工、装配和焊接等各工序所采用的加工方法和相应的工艺措施。选择加工方法要考虑各工序的加工要求、材料性质、生产类型以及本厂现有的设备条件等。

（2）加工顺序的安排。焊接结构生产是一个多工种的生产过程，根据产品结构特点，考虑到加工方便、焊接应力与变形以及质量检查等方面问题，合理安排加工顺序。在大多数情况下，将产品分解成若干个工艺部件，要分别制定它们的装配、焊接顺序和它们之间组装成产品的顺序。

（3）确定各工序所使用的设备。应根据已确定的备料、成形加工、装配和焊接等工序的加工方法，选用设备的种类和型号，对非标准设备应给出简图和技术要求。

在拟定工艺路线时，都要提出两个以上方案，通过分析比较选取最佳方案。尤其是关键件、复杂件的工艺路线，在拟定时应深入车间、工段、生产班组做调查了解，征求有丰富经验老工人的意见，以便拟定出最合理的工艺路线方案。拟定工艺路线一般是绘制出装配焊接过程的工艺流程图，并附以工艺路线说明，也可用表格的形式来表示。

最佳的工艺路线如下：

① 在保证产品质量的前提下，工艺路线最短，工序少，采用较为先进的设备和方法，生产率高。

② 设备的利用率高，消耗的材料少。

③ 在产品制造过程中，生产路线应符合车间的布置，零、部件无折返现象。

④ 生产中要保证安全，工人劳动强度低，劳动条件好。

⑤ 工艺路线应符合工厂的条件，产品能顺利地生产出来且经济效益可观。

图4-32所示为某框架结构，图4-33所示为它的工艺流程图。

4）估算工时定额

如果有工时定额手册，则可以直接查阅并进行计算，或由统计资料估算。目前一般都按各个工厂的实际经验积累起来的统计资料估算。随着焊接生产技术的发展，加工工艺的改进，新工艺、新技术的不断出现，工时定额需经常进行必要的修改和完善。

5）确定各主要工序的技术要求及检验方法

必要时，根据产品的技术要求和结构特点，设计和试制专用检具。

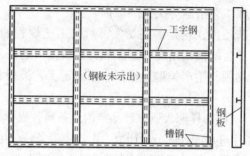

图 4-32 框架结构

图 4-33 框架结构的工艺流程图

6）编写工艺规程

拟定的工艺路线经审查、批准后，就可以编写工艺规程。工艺规程的主要内容包括以下几点。

（1）工艺过程。将产品工艺路线的全部内容，按照一定格式写成的文件。它的主要内容有备料及成形加工过程，装配焊接顺序及要求，各种加工的加工部位，工艺留量及精度要求，装配定位基准、夹紧方案，定位焊及焊接的方法，各种加工所用设备和工艺装备，检查和验收标准，材料的消耗定额以及工时定额等。

（2）加工工序。除填写工艺过程的内容外，尚须填写操作方法、步骤及工艺参数等。

（3）简图。为了便于阅读工艺规程，在工艺过程和加工工序中应绘制必要的简图。图形的复杂程度，应能表示出本工序加工过程的内容、本工序的工序尺寸、公差及有关技术要求等，图形中的符号应符合国家标准。

7）编制工艺规程注意事项

① 工艺规程应做到正确、完整、统一和清晰。

② 工艺规程的格式、填写方法、使用的名词术语和符号均应符合有关标准规定，计量单位采用法定计量单位。

③ 同一产品的各种工艺规程应协调一致，不得相互矛盾，结构特征和工艺特征相似的零、部件，尽量设计具有通用性的工艺规程。

④ 每一栏中填写的内容要简明扼要、文字规范，语言清晰易懂。对于难以用文字说明的工序或工序内容，应绘制示意图，并标注加工要求。

8）焊接结构加工工艺规程的编制内容与要求

（1）焊接材料如下：

① 焊接材料包括焊条、焊丝、焊剂、气体、电极和衬垫等。

② 应根据母材的化学成分、力学性能、焊接性能并结合产品的结构特点和使用条件综合考虑，选用合适的焊接材料。

③ 焊缝金属的性能应高于或等于相应母材标准规定值的下限或满足图样规定的技术要求。

（2）焊接准备如下：

① 焊接坡口的选择应使焊缝金属填充量尽量少；避免产生焊接缺陷，减少焊接残余变形和应力，有利于操作。

② 坡口制备时，对碳素钢和 $\sigma_b < 540\ \text{MPa}$ 的碳锰低合金钢可采用冷、热加工方法；对 $\sigma_b > 540\ \text{MPa}$ 的碳锰低合金钢、铬钼低合金钢和高合金钢应采用冷加工，若采用热加工，则用冷加工方法去除表面层。

③ 焊接坡口应平整，不得有裂纹、分层、夹渣等缺陷，尺寸应符合图样规定；应将坡口表面及两侧的水、锈、油污和其他有害杂质清除干净。

④ 奥氏体钢坡口两侧应刷防溅剂，防止飞溅黏附在母材上。

⑤ 焊条、焊剂要按规定烘干、保温，焊丝需除油、锈，保护气体应干燥。

⑥ 根据母材的化学成分、焊接性能、厚度、焊接接头拘束度、焊接方法和焊接环境等综合因素确定预热与否以及预热温度。

⑦ 采用局部预热时，应防止局部应力过大，预热范围为焊缝两侧各不小于焊件厚度的 3 倍，且不小于 100 mm。

⑧ 焊接设备等应处于正常工作状态下，安全可靠，仪表应定期检验。

⑨ 定位焊缝不得有裂纹、气孔、夹渣。

⑩ 避免强行组装。

（3）焊接要求如下：

① 焊接环境的风速。气体保护焊时小于 2 m/s，采用其他焊接方法时小于 10 m/s；相对湿度大于 90%；雨、雪环境下，焊件温度低于 −20 ℃ 时应采取措施，否则不能焊接。

② 当焊件温度不高于 20 ℃ 时，应在始焊处 100 mm 范围内预热到 15 ℃ 以上。

③ 禁止在非焊接部位引弧。

④ 电弧擦伤处的弧坑应补焊并打磨。

⑤ 双面焊时需清理焊根，显露出正面打底的焊缝金属；对于自动焊并经试验能保证焊透的焊缝，可以不做清根处理。

⑥ 层间温度不超过规定的范围，预热焊时层间温度不得低于预热温度。

⑦ 每条焊缝尽可能一次焊完。当焊接中断时，对于冷裂纹较敏感的焊件应及时采取后热、缓冷等措施；重新施焊时，要按规定进行预热。

⑧ 采用锤击法改善焊缝质量时，第一层及盖面层焊缝不应锤击。

（4）焊后热处理如下：

① 根据母材的化学成分、焊接性能、厚度、焊接接头拘束度、产品使用条件和有关标准，综合确定是否需要进行焊后热处理。

② 焊后热处理应在补焊后及压力试验前进行。

③ 应尽可能进行整体热处理。当采用分段热处理时，焊缝加热的重叠部分长度至少为 1 500 mm，加热区以外的部分应采取措施防止有害的温度梯度。

④ 焊件进炉时炉内温度不得高于 400 ℃。

⑤ 焊件升温至 400 ℃ 以后，加热区升温速度不得超过 200 ℃/h，最小为 50 ℃/h。

⑥ 焊件升温期间，加热区任意 5 000 mm 长度内的温差不得大于 120 ℃。

⑦ 焊件保温期间，加热区的最高温度与最低温度的差值不得大于 65 ℃。

⑧ 焊件温度高于 400℃ 时，加热区的冷却速度不得超过 260℃/h，最小为 50℃/h。

⑨ 焊件出炉时，炉温不得高于 400℃，出炉后应在静止的空气中冷却。

（5）焊缝返修如下：

① 对需要返修的焊接缺陷，应分析其产生原因，提出改进措施，按标准进行焊接工艺评定，编制返修工艺。

② 焊缝同一部位返修次数不得超过两次。

③ 返修前将缺陷彻底清除干净。

④ 如需预热，预热温度应比原焊缝预热温度适当提高。

⑤ 返修焊缝的质量、性能应与原焊缝相同。

⑥ 要求热处理的焊件，在热处理后进行返修补焊时，必须重新进行热处理。

（6）焊接检验如下：

① 焊前检验包括母材、焊接材料、焊接设备、仪表、工艺装备、焊接坡口、接头装配及清理、焊工资格、焊接工艺文件等检验。

② 焊接过程中的检验包括焊接工艺参数、执行工艺情况、执行技术标准及图样规定的情况等检验。

③ 焊后检验包括施焊记录、焊缝外观及尺寸、后热及焊后热处理、无损检测、焊接工艺规程、压力试验、密封性试验等检验。

4.3.3　工艺规程的文件形式

把已经设计或制定的工艺规程内容写成文件形式，就是工艺文件。工艺文件是生产活动中所遵循的规律和依据。工艺文件有多种形式，如产品零、部件明细表、工艺流程图、工艺规程等。其中，工艺规程是一种重要的工艺文件形式，它反映了设计的基本内容。常用的工艺规程有工艺过程卡片、工艺卡片、工艺守则等形式，如表 4-3 所示。

表 4-3　工艺规程常用的文件形式

文件形式	特　点	选用范围
工艺过程卡片	以工序为单位，简要说明产品零、部件的加工或装配过程	单件、小批生产
工艺卡片	按产品或零、部件的某一工艺过程阶段编制，以工序为单位详细说明各工序的内容、工艺参数、操作要求及所用设备与工装	各种批量生产
工序卡片	在工艺卡片的基础上，针对某一工序而编制，比工艺卡片更详尽，规定了操作以及每一工步的内容、设备、工艺定额等	大批生产和单件、小批生产中的关键工序
工艺守则	按某一专业工种而编制的基本操作规程，具有通用性	单件、小批多品种生产

与焊接有关的几种工艺规程的格式如下：

（1）工艺规程幅面、表头、表尾及附加栏格式，如图 4-34 所示。

（2）焊接工艺卡片，如图 4-35 所示。

（3）焊接工艺过程卡片，如图 4-36 所示。

（4）装配工艺过程卡片，如图 4-37 所示。

（5）装配工序卡片，如图 4-38 所示。

（6）工艺守则，如图 4-39 所示。

其他还包括操作指导卡片、检验卡片、装配系统图、热处理成形锻造工艺卡片等。

各工厂应根据本厂的具体条件，产品的结构特点、材料、设备、生产规模等，依照规范制定工厂的工艺规程的文件形式及其使用范围。

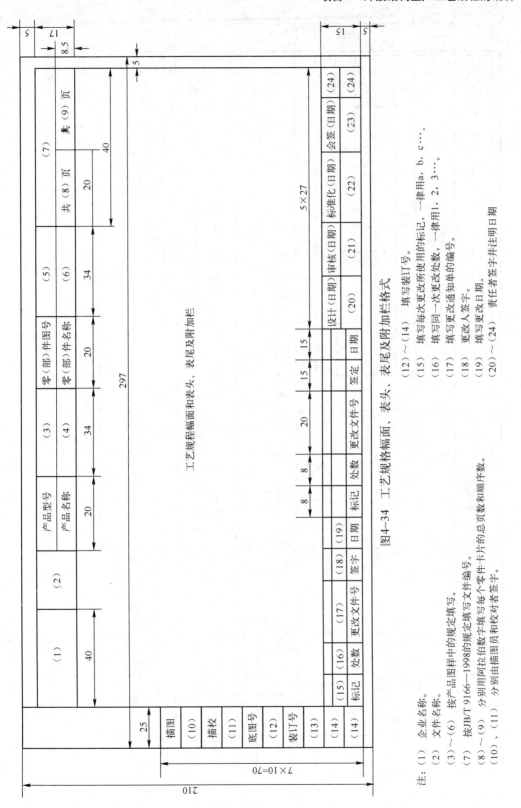

图4-34　工艺规格幅面、表头、表尾及附加栏格式

注：(1)　企业名称。
(2)　文件名称。
(3)～(6)　按产品图样中的规定填写。
(7)　按JB/T 9166—1998的规定填写文件编号。
(8)～(9)　分别用阿拉伯数字填写每个零件卡片的总页数和顺序数。
(10)、(11)　分别由描图员和校对者签字。
(12)～(14)　填写装订号。
(15)　填写每次更改所使用的标记，一律用a，b，c……。
(16)　填写同一次更改处数，一律用1，2，3……。
(17)　填写更改通知单的编号。
(18)　更改人签字。
(19)　填写更改日期。
(20)～(24)　责任者签字并注明日期。

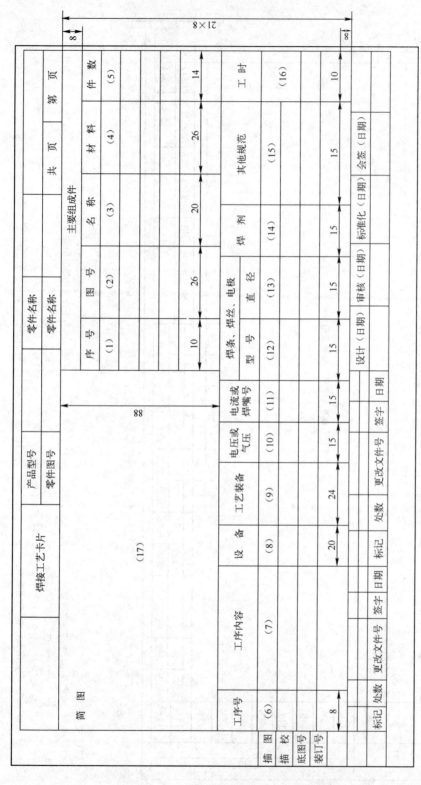

图4-35 焊接工艺卡片

注：(1) 填写序号，用阿拉伯数字1，2，3……。

(2) ～ (5) 按设计要求分别填写焊接的零部件图号、名称、材料和件数。

(6) 填写工序号。

(7) 每工序的焊接操作内容和主要技术要求。

(8)、(9) 分别填写设备和工艺装备的型号或名称，必要时填写其编号。

(10) ～ (16) 可根据实际需要填写。

(17) 绘制焊接简图

产品名称			产品型号			零部件名称	
焊接工艺指导书编号			焊接工艺评定编号			图号	
母材				规格		钢号类组别号	
气体		配比		流量		清根方式	
接头编号						焊工资格	
焊接材料	牌号						
	规格						
层次	焊接方法		电源和极性	电流/A	电压/V	焊接速度/(cm·min⁻¹)	线能量/(J·cm⁻¹)
坡口形式及尺寸简图：			焊缝层次分布图：			技术要求及说明：	

图 4-36　焊接工艺过程卡片

工序号	工序名称	装配工艺过程卡片		产品型号	零件图号			
		工序内容		产品名称	零件名称		共 页	第 页
				装配部门	设备及工艺装备	辅助材料		工时定额/min
(1)	(2)	(3)		(4)	(5)	(6)		(7)
8	12		8×61	12	60	40		10
				8				
标记	处数	更变文件号	签字	日期	标记	处数	更改文件号	签字	日期

描图		设计（日期）	审核（日期）	标准化（日期）	会签（日期）
描校					
底图号					
装订号					

图4-37 装配工艺过程卡片

注：（1）工序号。　　　　　　　　　　　　（5）各工序所使用的设备和工艺装备。
　　（2）工序名称。　　　　　　　　　　　（6）各工序所使用的辅助材料。
　　（3）各工序的装配内容和主要技术要求。　（7）各工序的工时定额
　　（4）装配车间，工段或班组。

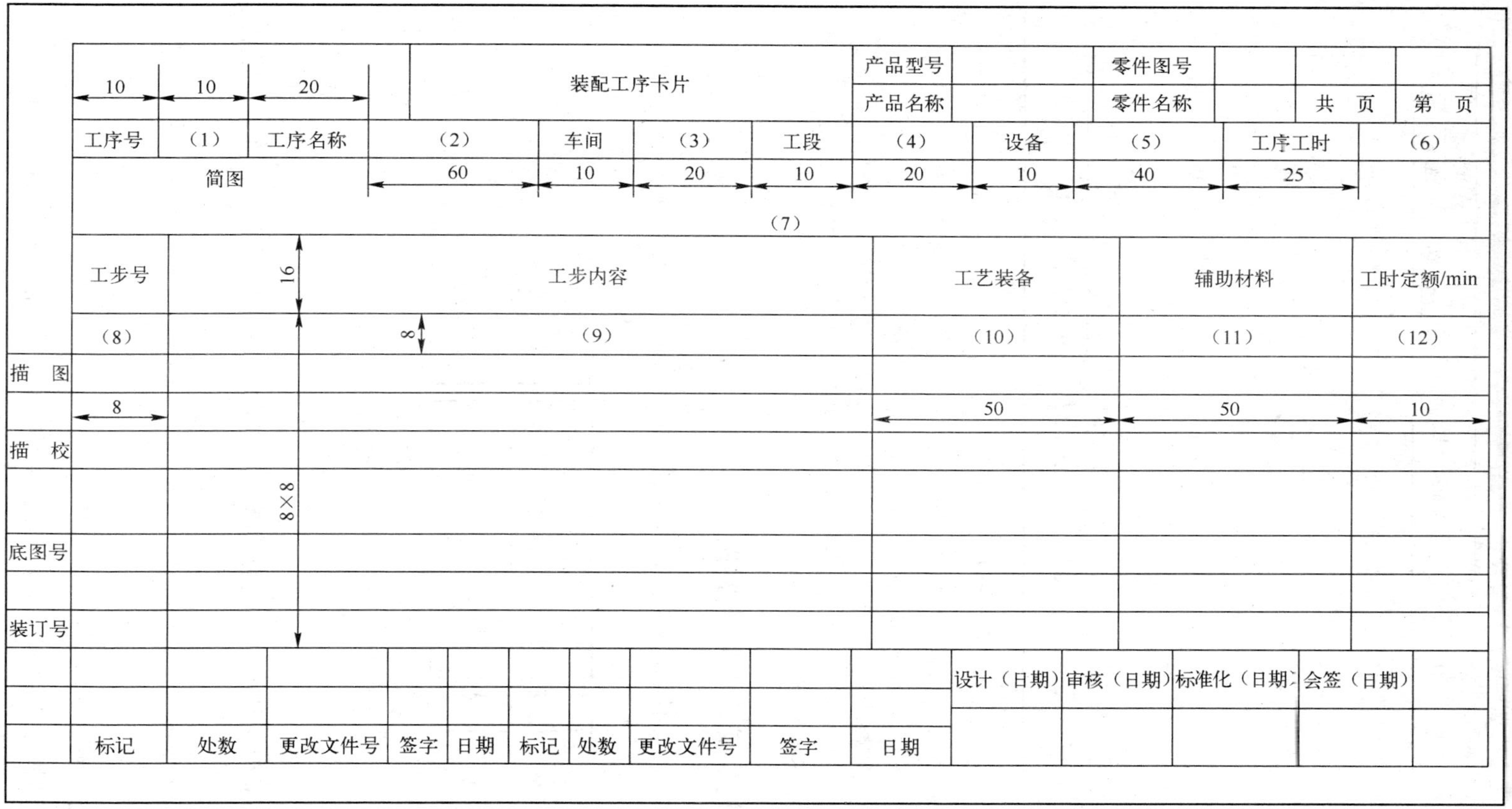

装配工序卡片

装配工序卡片		产品型号		零件图号		共　页
		产品名称 (4)		零件名称 (5)		第　页 (6)

工序号	工序名称 (1)	车间 (2)	工段 (3)	设备	零件名称	工序工时	工时定额/min
10	10　20	60	20	10	40	25	10

简图 (7)

工步号	工步内容	工艺装备	辅助材料	工序工时　工时定额/min
(8)	(9)	(10)	(11)	(12)
8	91	50	50	10
8×8				

描　图				
描　校				
底图号				
装订号				

标记	处数	更改文件号	签字	日期	标记	处数	更改文件号	签字	日期

设计（日期）　审核（日期）　标准化（日期）　会签（日期）

图4-38　装配工序卡片

注：(1)　工序号。
　　(2)　装配本工序的名称。
　　(3)　执行本工序的车间名称或代号。
　　(4)　执行本工序的工段名称或代号。
　　(5)　本工序所使用的设备型号名称。
　　(6)　本工序的工时定额。
　　(7)　绘制装配简图或装配系统图。
　　(8)　工序号。
　　(9)　各工序的名称、操作内容和主要技术要求。
　　(10)　各工序所使用的工艺装备型号名称或编号。
　　(11)　各工序所使用的辅助材料。
　　(12)　各工序的工时定额。

（工厂名称）	（　）工艺守则（1）	（2）共（3）页　第（4）页				
描图（6）	（5）					
描校（7）						
底图号						
（8）			资料来源	编制	签字（18）	日期
装订号				审核	（19）	（23）
			（16）	标准化	（20）	
（9）			编制部门	批准	（21）	
（10）			（17）		（22）	

图 4-39　工艺守则

注：（1）　工艺守则的类型，如"焊接"、"热处理"等。　　（16）　该守则的参考技术资料。

　　（2）　工艺守则的编号。（按 JB/T 9166—1998 的规定）。　　（17）　该守则的部门。

　　（3）、（4）　该守则的总页数和顺页数。　　（18）～（22）　责任者签字。

　　（5）　工艺守则的具体内容。　　（23）各责任者签字后填写日期

　　（6）～（15）　填写内容如图 4-34 中的（9）～（18）。

4.3.4　编制焊接结构加工工艺规程实例

如图 4-40 所示为储气罐筒体焊接结构，试编制焊接结构加工工艺规程。

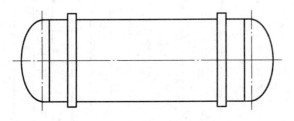

图 4-40　储气罐筒体焊接结构

1. 分析焊接结构

储气罐筒体焊接结构由筒体、封头等部件组成。生产过程包括所有零、部件的准备、加工、装配、焊接等工序。

筒体的规格尺寸为 DN600 mm × 1 100 mm × 6 mm，材料牌号为 Q235B，接头形式为对接。

2. 筒体的制造工艺过程

该筒体为圆筒形，结构比较简单。筒体总长为 1 100 mm，直径为 600 mm。由于筒节直径小于 800 mm，总长较短，故可用单张钢板制作，筒节只有一条纵焊缝。筒节开坡口、卷制成形，进行纵焊缝焊接，并对其进行射线探伤。具体内容填入筒体加工工艺过程卡片，如表 4-4 所示。

表 4-4　筒体加工工艺过程卡片

筒体加工工艺过程卡片			产品型号		部件图号		共　页
			产品名称	筒体	部件名称		第　页
工序	工序名称	工序内容	车间	工艺装备及设备		辅助材料	工时定额
0	检验	材料应符合国家标准要求的材质证书上的相关内容	检验				
10	划线	号料、划线、同时划出 400 mm × 135 mm 试板一副	划线				
20	切割下料	按划线尺寸切割下料	下料	等离子弧切割机			
30	刨边	按图要求刨筒节坡口	机加工	刨边机			
40	成形	卷制成形	成形	卷板机			
50	焊接	组对焊缝和试板，除去坡口及两侧的油、锈；按焊接工艺组焊纵缝和试板	铆焊	焊接设备		焊接材料	
60	检验	（1）纵焊缝外观合格，按 GB/T 3323—2005 标准进行 100% 射线探伤合格；（2）试板按规程要求	检验	射线探伤设备			
70	校形	校圆：$e \leqslant 3$ mm（e 为圆整度）	成形				
80	组焊	按焊接工艺组对环焊缝	铆焊	自动焊机		焊丝焊剂	
90	检验	环焊缝外观合格后，按 GB 3323—2005 标准进行 100% 射线探伤Ⅱ级合格	检验	射线探伤设备			
100	焊接	在筒节的右端组焊衬环，要求衬环与筒体紧贴	铆焊	焊机			

3. 焊接性分析

从化学成分方面考虑，其材质为 Q235B，按照国际碳当量公式计算其碳当量为 0.35%，小于 0.4%，故钢材的焊接性优良，主要表现在以下几方面。

（1）由于 Q235B 含碳及其他合金元素少，低碳钢塑性好且淬硬倾向小，所以它是焊接性最好的金属材料。

（2）一般情况下，在焊接过程中不需要采取预热和焊后热处理的工艺措施。

（3）可以满足焊条电弧焊各种不同空间位置的焊接，且焊接工艺和操作技术比较简单，容易掌握。

（4）不需要选用特殊或复杂的设备，对焊接电源无特殊要求，一般交、直流弧焊机都可焊接。

焊接低碳钢时，若焊条直径或工艺参数选择不当测也可能出现热影响区晶粒长大或时效硬化倾向。焊接温度越高，热影响区在高温停留的时间越长，晶粒长大越严重。

低碳钢的焊接一般不会遇到什么特殊困难，焊前不必预热，焊后一般也不需要进行热处理（除电渣焊外）。

从焊接结构方面考虑，筒体的焊接接头为对接接头，可焊到性和可探伤性较好，焊接接头的受力均匀，应力集中小，在焊接过程中，保证焊接工艺参数选择适当，即可获得比较良好的焊接接头。

4. 确定焊接方法

基本上所有的焊接方法都可以选用，选用生产车间常用的焊接方法，如非熔化极气体保护焊、焊条电弧焊、熔化极气体保护焊和埋弧自动焊。

5. 编制焊接工艺

按照不同的焊接方法编制焊接工艺，对应的焊接工艺卡片如表 4-5～表 4-8 所示。

表 4-5 手弧焊焊接工艺卡片

产品名称	简体	产品型号		零部件名称	
焊接工艺指导书编号		焊接工艺评定编号		图号	
母材	Q235B		规格	DN600 mm×1 100 mm×6 mm	钢号类组别号
气体	配比		99.9%	流量	清根方式：反面清根
接头编号		A类焊接接头			焊工资格

层次	焊接方法	焊接材料 焊号	焊接材料 规格	电源和极性	电流/A	电压/V	焊接速度/(cm·min⁻¹)	线能量/(J·cm⁻¹)
1	手弧焊	J422	φ3.2	直流反接	100～110	22～26	14～16	
2	手弧焊	J422	φ4	直流反接	140～160	22～26	14～16	
3	手弧焊	J422	φ4	直流反接	140～160	22～26	14～16	

坡口形式及尺寸简图：

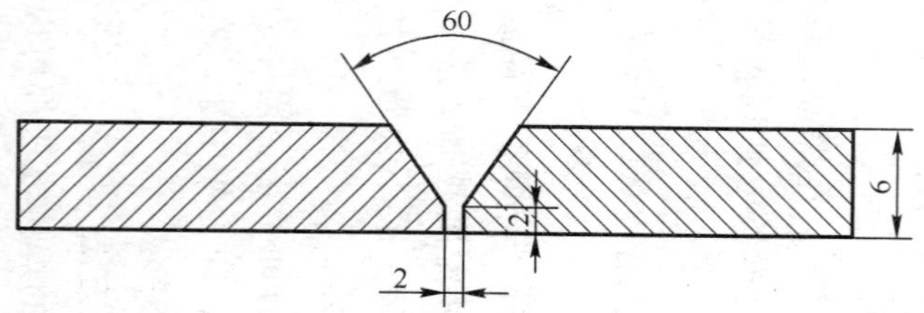

焊缝层次分布图：

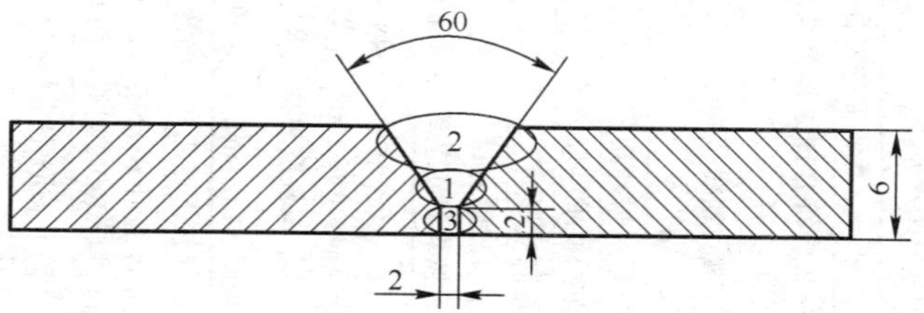

技术要求及说明：
反变形角度：无
操作手法：连弧焊接，横向摆动；正面焊两层，反面清根，反面再焊一层
焊缝质量：符合焊接质量技术要求

表 4-6　埋弧焊焊接工艺卡片

产品名称	筒体	产品型号		零部件名称	
焊接工艺指导书编号		焊接工艺评定编号		图号	
母材	Q235B	规格	DN600 mm × 1 100 mm × 6 mm	钢号类组别号	
气体	配比	99.9%	流量	清根方式	反面清根
接头编号		A 类焊接接头		焊工资格	

层次	焊接方法	焊接材料 牌号	规格	电源和极性	电流/A	电压/V	焊接速度/(cm·min⁻¹)	线能量/(J·cm⁻¹)
1	埋弧焊	HJ431,H08A	ϕ4	直流正接	280~320	28~34	50~60	
2	埋弧焊	HJ431,H08A	ϕ4	直流正接	300~340	30~36	50~60	

坡口形式及尺寸简图：

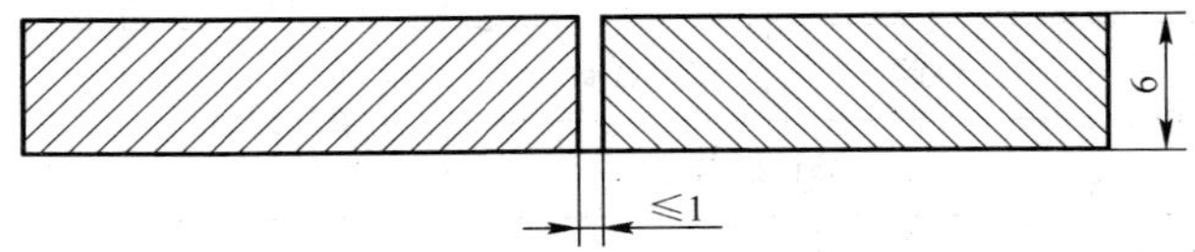

焊缝层次分布图：

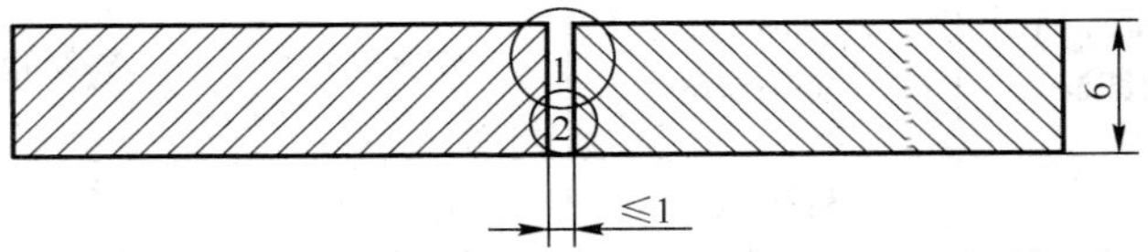

技术要求及说明：
反变形角度：无
操作手法：正面焊一层，反面清根，反面再焊一层
焊缝质量：符合焊接质量技术要求

表 4-7　钨极氩弧焊焊接工艺卡片

产品名称	筒　体		产品型号			零部件名称	
焊接工艺指导书编号			焊接工艺评定编号			图号	
母材	Q235B		规格	DN600 mm×1 100 mm×6 mm		钢号类组别号	
气体	Ar	配比	99.9%	流量	8～10 L/min	清根方式	
接头编号			A类焊接接头			焊工资格	
	焊接材料		电源和极性	电流/A	电压/V	焊接速度/(cm·min⁻¹)	线能量/(J·cm⁻¹)
层次　焊接方法	牌号	规格					
1　钨极氩弧焊	H08A	φ2	直流正接	110～130	12～18	6～10	
2　钨极氩弧焊	H08A	φ2	直流正接	140～160	12～18	6～10	
3　钨极氩弧焊	H08A	φ2	直流正接	140～160	12～18	6～10	

坡口形式及尺寸简图：

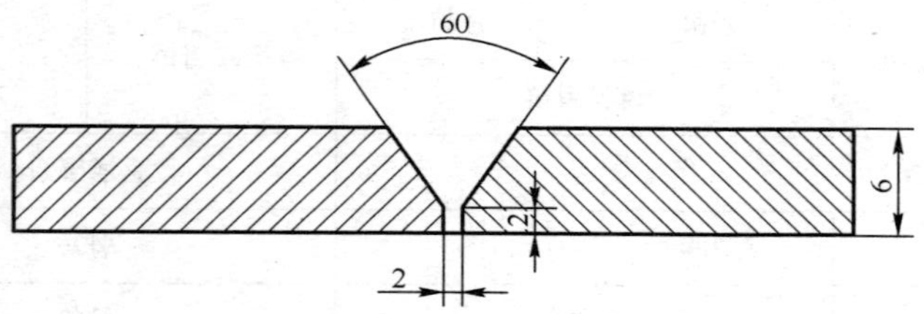

焊缝层次分布图：

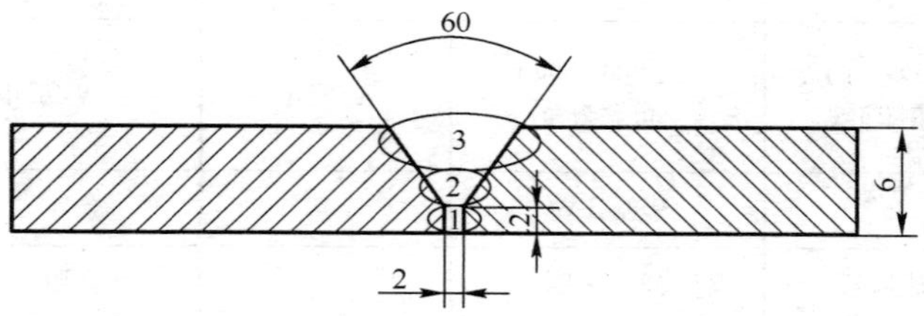

技术要求及说明：
反变形角度：无
操作手法：单面焊接，共三层
焊缝质量：符合焊接质量技术要求

表 4-8　CO_2焊焊接工艺卡片

产品名称		筒　体		产品型号			零部件名称	
焊接工艺指导书编号				焊接工艺评定编号			图号	
母材		Q234B		规格	DN600 mm × 1 100 mm × 6 mm		钢号类组别号	
气体		CO_2	配比	99.5%	流量	10～15 L/min	清根方式	
接头编号		A 类焊接接头					焊工资格	
层次	焊接方法	焊接材料		电源和极性	电流/A	电压/V	焊接速度/($cm \cdot min^{-1}$)	线能量/($J \cdot cm^{-1}$)
		牌号	规格					
1	CO_2焊	H08A	ϕ1.2	直流正接	100～120	19～23	16～18	
2	CO_2焊	H08A	ϕ1.2	直流正接	130～160	20～24	16～18	

坡口形式及尺寸简图：

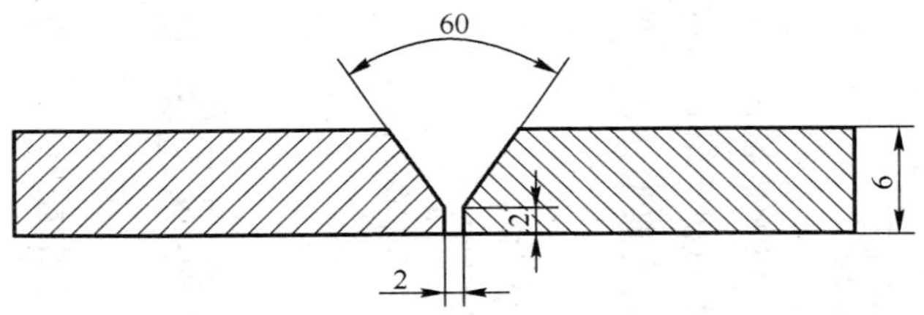

焊缝层次分布图：

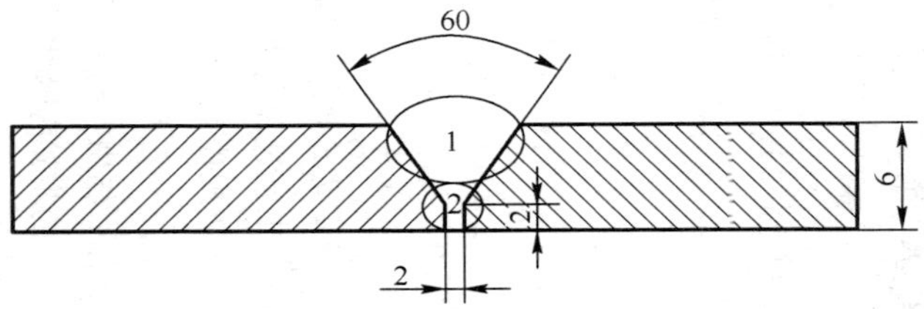

技术要求及说明：
反变形角度：无
操作手法：边弧焊接，横向摆动；正面焊一层，反面清根，反面再焊一层
焊缝质量：符合焊接质量技术要求

综合练习

一、填空题

1. 将金属材料轧制的型材或制成的金属坯料，经过多道工序加工后，制成半成品或成品的各个劳动过程的总和称为_____。它包括直接改变零件形状、尺寸和材料性能或将零、部件进行装配焊接等所进行的加工过程，称为_____；也包括如材料供应、零、部件的运输保管、质量检验、技术准备等，称为_____。

2. 工序是工艺过程的最基本组成部分，是生产计划的基本单元，工序划分的主要依据是加工工艺过程中_____和_____。

3. 在一个工序内_____、_____、_____和_____均保持不变的条件下所完成的那部分动作称为工步。

4. 拟定工艺路线要完成下列内容：选择_____、安排_____和确定_____。

5. 焊接结构加工工艺过程包括_____、_____和_____。

6. 常见的焊接工艺规程有_____、_____、_____、_____等。

二、简答题

1. 工艺规程有什么作用？编制工艺规程的基本原则是什么？

2. 编制工艺规程的步骤有哪些？

3. 常用的工艺规程的文件形式有哪些？各适用于什么情况？

4. 制定焊接工艺应遵循的基本原则是什么？

任务 4　桥式起重机桥架的生产工艺

 学习目标

起重机作为运输机械在国民生产各个部门的应用十分广泛，其结构形式多样，如桥式起重机、门式起重机、塔式起重机、汽车起重机等。其中，以桥式起重机应用最广，其结构的制造技术具有典型性，掌握了它的制造技术，对于其他起重机结构的制造都可借鉴。

 任务分析

桥式起重机桥架的结构属于焊接桁架结构，它的生产工艺有自身的特点，试分析并制定其焊接生产工艺。

 相关知识及工作过程

4.4.1　桥式起重机桥架的组成形式

1. 桥式起重机的结构

桥式起重机由桥架、运移机构和载重机构组成，如图 4-41 所示。

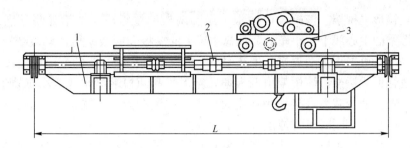

图 4-41　桥式起重机

1—桥架；2—运移机构；3—载重机构

可移动的桥架由主梁和两个端梁组成，端梁的两端装有车轮，由车间两旁立柱悬臂上铺设的轨道支承；桥架的运移机构用来驱动端梁上的车轮，使其沿着车间长度方向的轨道移动；桥架上的载重小车装有起升机构和小车的移动机构，能沿铺设在桥架主梁上的轨道移动。

2. 桥式起重机桥架的组成

桥式起重机桥架如图 4-42 所示，主要由主梁（或桁梁）、栏杆（或辅助桁架）、走台（或水平桁架）、轨道及操纵室等组成。桥架的外形尺寸取决于质量、跨度、起升高度及主梁的结构形式。

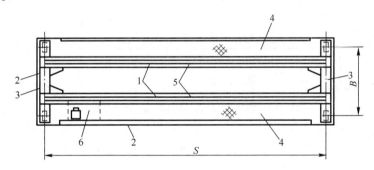

图 4-42　桥式起重机桥架的结构

1—主梁；2—栏杆；3—端梁；4—走台；5—轨道；6—操纵室

3. 桥式起重机桥架的形式

桥式起重机桥架常见的结构形式有中轨箱形梁桥架，如图 4-43（a）所示，偏轨箱形梁桥架，如图 4-43（b）所示，偏轨空腹箱形梁桥架，如图 4-43（c）所示，以及箱形单主梁桥架，如图 4-43（d）所示。

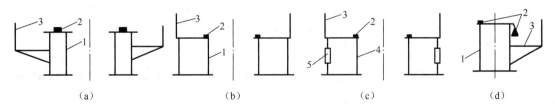

（a）　　　　　　　（b）　　　　　　　（c）　　　　　　　（d）

图 4-43　桥式起重机桥架的结构形式

1—箱形主梁；2—轨道；3—走台；4—工字形主梁；5—空腹梁

（1）中轨箱形梁桥架。该桥架由两根主梁和两根端梁组成。主梁外侧分别设有走台，轨道放在箱形梁的中心线上，小车载荷依靠主梁上的翼板和肋板来传递。该结构工艺性好，主梁、端梁等部件可采用自动焊接，生产率高，但制造过程中主梁的变形量较大。

（2）偏轨箱形梁桥架。该桥架由两根偏轨箱形梁和两根端梁组成。小车轨道安装在上翼板边缘的主腹板处，载荷直接作用在主腹板上。主梁多为宽主梁形式，依靠加宽主梁来增加桥架的水平刚性，同时可省掉走台，主梁制造变形较小。

（3）偏轨空腹箱形梁桥架。该桥架与偏轨箱形梁桥架基本相似，只是副腹板上开有许多矩形孔洞，可减轻自重，使梁内通风散热，同时便于内部维修，但制造比偏轨箱形梁桥架麻烦。

（4）箱形单主梁桥架。该桥架由一根宽翼偏轨箱形主梁和端梁组成，二者不在对称中心连接，以增大桥架的抗倾翻力矩能力。小车偏跨在主梁一侧，使主梁受偏心载荷，最大轮压作用在主腹板顶面轨道上，主梁上要设置 $1 \sim 2$ 根支撑小车反滚轮的轨道。该桥架制造成本低，主要用于起重量和跨度较大的门式起重机。

上述几种桥架形式中，以中轨箱形梁桥架最为典型，应用最为广泛。其主要受力部件——主梁的一般结构如图 4-44 所示，由左右两块腹板、上下两块盖板以及若干大小肋板组成。当腹板较高时，还需加水平肋板，以提高腹板的稳定性，减小腹板的波浪变形；长、短肋板的主要作用是提高梁的稳定性以及上翼板承受载荷的能力。

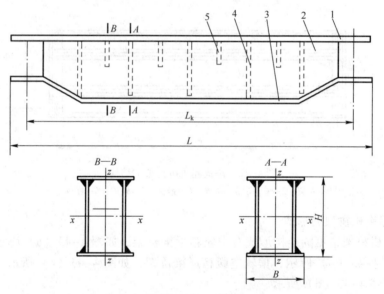

图 4-44　主梁的一般结构装配焊接方案
1—上翼板；2—腹板；3—下翼板；4—长肋板；5—短肋板
注：L—梁长；L_k—跨距；H—梁高；B—梁宽。

为保证起重机的使用性能，主梁在制造中应遵循一些主要的技术要求，如图 4-45 所示。主梁应满足一定的上拱要求，其上拱度 $f_k = L/1\,000 \sim L/700$（$L$ 为主梁的跨度）。为了补偿焊接走台时的变形，主梁向走台一侧应有一定的旁弯 f_b，一般 $f_b = L/2\,000 \sim L/1\,500$。

主梁腹板的波浪变形除对刚度、强度和稳定性有影响外，也对表面质量有影响，所以对波浪变形要加以限制。以测量长度 $1\,m$ 计，在受压区腹板波浪变形 $e < 1.2\delta_f$；主梁肋板和

腹板的倾斜会使梁产生扭曲变形，影响小车的运行和梁的承载能力，因此一般要求上盖板水平度 $c \leqslant B/250$；腹板垂直度 $a \leqslant H/200$；另外，各肋板之间的距离公差应在 ± 5 mm 范围内。

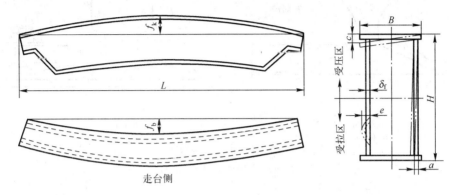

图 4-45　主梁的主要技术参数

端梁是桥式起重机桥架的组成部分之一，一般采用箱形结构，并在水平面内与主梁刚性连接。端梁按受载情况可分为下述两类。

① 端梁受主梁的最大支撑压力，即端梁上作用有垂直载荷。其结构特点是大车车轮安装在端梁的两端部，如图 4-46（a）所示。此类端梁应计算弯矩，弯矩的最大截面是在与主梁连接处 A—A、支撑截面 B—B 和安装接头螺孔削弱的截面。

② 端梁没有垂直载荷。其结构特点是车轮或车轮的平衡体直接安装在主梁端部，如图 4-46（b）所示。此类端梁只起联系主梁的作用，它在垂直平面几乎不受力，在水平面内仍属刚性连接并受弯矩的作用。

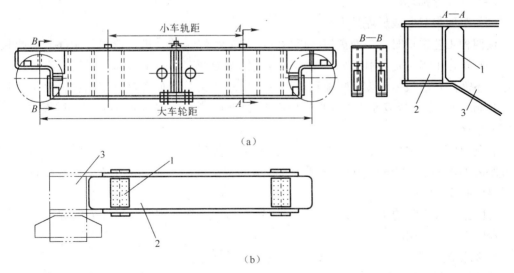

（a）

（b）

图 4-46　端梁的两种结构形式

1—连接板；2—端梁；3—主梁

起重机轨道有方钢、铁路钢轨、重型钢轨和特殊钢轨四种。中小型起重机采用方钢和铁路钢轨；重型起重机采用重型钢轨和特殊钢轨。中轨箱形梁桥架的小车轨道安放在主梁上翼板的中部。轨道多采用压板固定在桥架上,如图4-47所示。

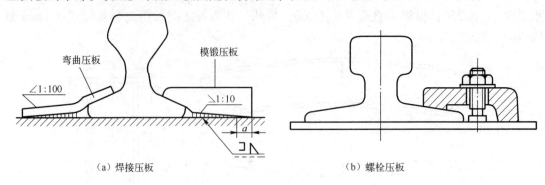

（a）焊接压板　　　　　　　　　　　　（b）螺栓压板

图4-47　轨道压板形式

注：$a = 10 \, mm$，无斜度。

4.4.2　主梁的焊接生产工艺要点

1. 拼板对接焊接工艺

主梁长度一般为 10 ～ 40 m，腹板与上下翼板由多块钢板拼接而成，所有拼缝均要求焊透，并要求通过超声波或射线检验，其质量应满足起重机技术条件中的规定。根据板厚的不同，拼板对接焊工艺包括以下几种。

（1）开坡口双面焊条电弧焊。

（2）一面焊条电弧焊，另一面埋弧焊。

（3）双面埋弧焊。

（4）气体保护焊。

（5）单面焊双面成形埋弧焊。

前四种工艺拼接时，一面拼焊好以后，必须把焊件翻转并进行清根等工序。若拼板较长，翻转操作不当，则会引起翘曲变形。若采用单面焊双面成形埋弧焊，则具有焊缝一次成形、不需翻转清根、对装配间隙和焊接规范要求不十分严格等优点。因此，钢板厚度为 5 ～ 12 mm时，单面焊双面成形埋弧焊应用十分广泛。考虑到焊接时的收缩，拼板时应留有一定的余量。

为避免应力集中并保证梁的承载能力，翼板与腹板的拼接接头不应布置在同一截面上，错开距离不得小于200 mm；同时，翼板及腹板的拼接接头不应安排在梁的中心附近，一般应离梁中心 2 m 以上。

为防止拼接板时的角变形过大，可采用反变形法。双面焊时，第二面的焊接方向要与第一面的焊接方向相反，以控制变形。

2. 肋板的制造

长肋板中间一般开有减轻孔，可用整料或零料拼接制成；短肋板用整料制成。由于肋板尺寸会影响到装配质量，故要求其宽度尺寸误差不能太大，只能相差1 mm 左右；长度尺寸允许有稍大一些的误差。肋板的四个角应保证90°，尤其是肋板与上盖板接触处的两个角更应严格保证是直角，这样才能保证箱形梁在装配后腹板与上盖板垂直，并使箱形梁在长度方向不会产生扭曲变形。

3. 腹板上拱度的制备

考虑主梁的自重和焊接变形的影响，为满足技术要求规定的主梁上拱度要求，腹板应预制出数值大于技术要求的上拱度，上拱沿梁跨度对称跨中均匀分布，具体可根据生产条件和所用的工艺规程等因素来确定，如图 4-48 所示。

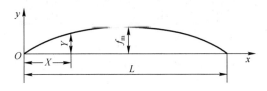

图 4-48　预制腹板上拱线

腹板上拱度的制备方法多采用先划线后气割，切出相应的曲线形状，在专业生产时也可采用靠模气割。图 4-49 所示为腹板靠模气割示意图，气割小车 1 由电动机驱动，四个滚轮 4 沿小车导轨 3 做直线运动，运动速度为气割速度，且可调节。小车上装有可做横向自由移动的横向导杆 7，导杆的一端装有靠模滚轮 6，它可沿着靠模 5 移动。靠模制成与腹板上拱线形状相同的导轨，导杆上装有两个可调节的割嘴 2，割嘴间的距离应等于腹板的高度加割缝宽度。当小车沿导轨运动时，就能割出与靠模上拱线一致的腹板。

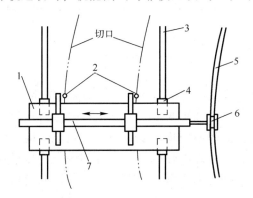

图 4-49　腹板靠模气割示意图
1—气割小车；2—割嘴；3—小车导轨；4—滚轮；5—靠模；6—靠模滚轮；7—横向导杆

4. 装焊冂形梁

冂形梁由上翼板、腹板和肋板组成，组装定位焊有机械夹具组装和平台组装两种，目前以上翼板为基准的平台组装应用较广。装配时，先在上翼板用划线定位的方法装配肋板，用 90°角尺检验垂直度后进行定位焊，为减小梁的下挠变形，装好肋板后应进行肋板与上翼板焊缝的焊接。如翼板未预制旁弯，焊接方向应由内侧向外侧进行，如图 4-50（a）所示，以满足一定旁弯的要求；如翼板预制有旁弯，则方向应如图 4-50（b）所示，以控制变形。

组装腹板时，首先要求在上翼板和腹板上分别划出跨度中心线，然后用吊车将腹板吊起与翼板、肋板组装，使腹板的跨度中心线对准上翼板的跨度中心线，然后在跨中点施行定位焊。如图 4-51 所示，腹板上边用安全卡 1 将腹板临时紧固到长肋板上，可在翼板底下打楔子使上翼板与腹板靠紧，通过平台孔安放沟槽限位板 3，斜放压杆 2，并注意压杆要放在肋板处。当压下压杆时，压杆产生的水平力使下部腹板靠严肋板。

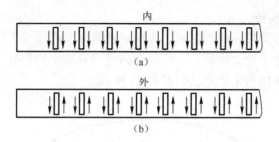

图 4-50　肋板焊接方向

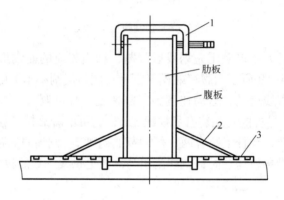

图 4-51　腹板夹卡图
1—安全卡；2—压杆；3—沟槽限位板

　　为了使上部腹板与肋板靠紧，可用专用夹具式腹板装配胎夹紧。由跨中组装后定位焊至腹板一端，然后用垫块垫好，如图 4-52 所示，再装配定位焊另一端腹板。腹板装好后，即应进行肋板与腹板的焊接。焊前应检查变形情况以确定焊接次序。如旁弯过大，应先焊外腹板焊缝；如旁弯不足，应先焊内腹板焊缝。对冂形梁内壁的所有焊缝尽可能采用 CO_2 气体保护焊，以减小变形，提高生产率。为使冂形梁的弯曲变形均匀，应沿梁的长度由偶数焊工对称施焊。

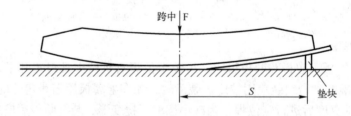

图 4-52　腹板装配过程

5. 下翼板的装配

　　下翼板的装配关系到主梁最后的成形质量。装配时，先在下翼板上划出腹板的位置线，将Ⅱ形梁吊装在下翼板上，两端用双头螺杆将其压紧并固定，如图 4-53 所示。然后用水平仪和线锤检验梁中部和两端的水平度、垂直度及拱度，如有倾斜或扭曲，则用双头螺杆单边拉紧。下翼板与腹板的间隙应不大于 1 mm，定位焊时应从中间向两端两面同时进行。主梁两端弯头处的下翼板可借助起重机的拉力进行装配定位焊。

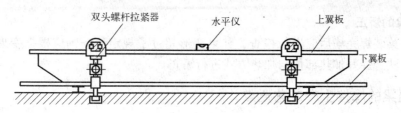

图 4-53　下翼板的装配

6. 主梁纵缝的焊接

主梁四条纵缝的焊接顺序视梁的拱度和旁弯的情况而定。利用四条纵缝的焊接方向和顺序来调节主梁的挠度和旁弯，如图 4-54 所示。四条纵缝焊接是必须控制的关键工艺。

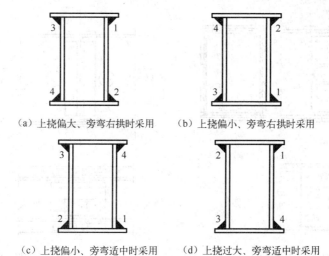

（a）上挠偏大、旁弯右拱时采用　　（b）上挠偏小、旁弯右拱时采用

（c）上挠偏小、旁弯适中时采用　　（d）上挠过大、旁弯适中时采用

图 4-54　主梁四条主焊缝的焊接顺序选择方案

主梁的四条纵缝，尽量采用自动焊方法焊接。采用埋弧焊焊接四条纵缝时，可采用图 4-55 所示的焊接方式，焊接时从梁的一端直通焊到另一端。图 4-55（a）所示为船形位置单机头焊，主梁不动，靠焊接小车移动完成焊接工作。平焊位置可采用双机头焊，如图 4-55（b）所示为靠移动工件完成焊接，图 4-55（c）所示为通过机头移动来完成焊接操作。

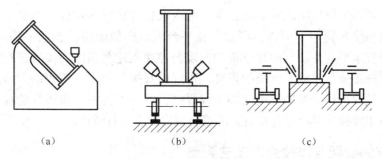

（a）　　　　　　　　（b）　　　　　　　　（c）

图 4-55　主梁纵缝埋弧焊

当施行焊条电弧焊时，应采用对称的焊接方法，即把箱形梁平放在支架上，由四名焊工同时从两侧的中间分别向梁的两端对称焊接，焊完后翻转，以同样的方式焊接另外一边的两条纵缝。

7. 主梁的矫正

箱形主梁装焊完毕后应进行检查，如果变形超过了规定值，则应根据变形情况，可采用火焰矫正法选择好加热部位与加热方式进行矫正。

4.4.3 端梁的焊接生产工艺要点

端梁一般都焊成箱形结构。生产中，一般将端梁焊接成整体后再从安装接头处割开，从而制成装配接头。装配接头可采用连接板连接或角钢连接两种形式，如图4-56所示。考虑到端梁与主梁连接的焊缝均在端梁内侧，因此在组装焊接端梁时应注意各焊缝的方向与顺序，使端梁与主梁焊前有一定的外弯量。

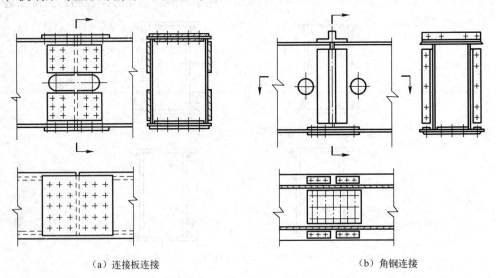

（a）连接板连接   （b）角钢连接

图4-56 端梁安装的接头形式

1. 备料

包括上下翼板、腹板、肋板及两端的弯板。弯板采用压制成形，各零件应满足技术规定。

2. 装焊

首先将肋板与上翼板装配并焊接，再装配两腹板并进行定位焊，然后装弯板。为保证一端的一组弯板能在同一平面内，可预先在平台上用定位胎将其连成一体。组装弯板后，要用水平尺检查水平度并调节两端弯板的高度公差在规定范围内。接着进行端梁内壁焊缝的焊接，先焊外腹板与肋板、弯板的焊缝，再焊内腹板与肋板、弯板的焊缝，然后装配下翼板并进行定位焊。最后焊接端梁的四条纵焊缝，并且下翼板与腹板纵缝应先焊。端梁制好后同样应对主要技术要求进行检查，不符合规定的应进行矫正。

4.4.4 桥架的装配与焊接生产工艺要点

桥架的装配与焊接生产工艺包括已制好的主梁与端梁组装焊接、组装焊接走台、组装焊接小车轨道与焊接轨道压板等工序。主梁的外侧焊有走台，主梁腹板上焊有纵向角钢与走台相连。

1. 桥架的装配

（1）主、端梁组装焊接。如图 4-57 所示，将分别经过阶段验收的两根主梁摆放到垫架上，通过调整，应使两主梁中心线距离、对角线差及水平高低差等均在规定的数值内。然后在端梁上翼板上划出纵向中心线，用钢直尺将弯板垂直面的位置引到上翼板，与端梁纵向中心线相交得基准点，以基准点为依据划出主梁装配时的纵向中心线，而后将端梁吊起按划线部位与主梁装配，用火具将端梁固定于主梁的上翼板上，调整端梁，使端梁上翼板两端 A'、C'、B'、D' 四点的水平度差及对角线 $A'D'$ 与 $B'C'$ 之差在规定的数值内。同时，穿过吊装孔立 T 形标尺，用水准仪测量调整，保证同一端梁弯板水平面的标高差及跨度方向的标高差不超过规定数值，所有这些检查合格后，再进行定位焊。

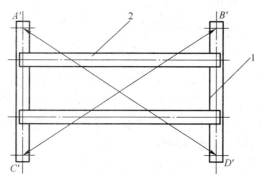

图 4-57　主梁与端梁组装
1—端梁；2—主梁

主梁与端梁采用的焊接连接方式有直板和三角板连接两种，如图 4-58 所示。主要焊缝有主梁与端梁上下翼板焊缝、直板焊缝或三角板焊缝。为了减小变形与应力，应先焊上翼板焊缝，然后焊下翼板焊缝，再焊直板焊缝或三角板焊缝；先焊外侧焊缝，后焊内侧焊缝。

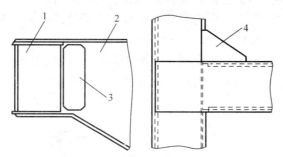

图 4-58　主梁与端梁的焊接连接方式
1—端梁；2—主梁；3—直板；4—三角板

（2）组装焊接走台。为减小桥架的整体变形，走台的斜撑与连接板（见图 4-59）要按图样尺寸预先装配焊接成组件，再进行桥架组装焊接。组装时，按图样尺寸划出走台的定位线，走台应与主梁上翼板平行，即具有与主梁一致的上拱线。装配横向水平角钢时，用水平尺找正，使外端略高于水平线而定位焊于主梁腹板上，然后组装定位焊斜撑组件，再组装定位焊走台边角钢。走台边角钢应具有与走台相同的上拱度。走台板应在接宽的纵向焊缝完成后进行矫平，然后组装，再用定位焊焊接在走台上。在焊接整个走台的焊缝时，为减小应力变形，应选择好焊接顺序，水平外弯大的一侧走台应先焊，走台下部焊缝应先焊。

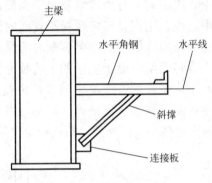

图4-59　组装焊接走台

（3）组装焊接小车轨道。小车轨道用电弧焊方法焊接成整体，焊后磨平焊缝。小车轨道应平直，不得扭曲和有显著的局部弯曲。轨道与桥架组装时，应预先在主梁的上翼板划出轨道位置线，然后装配，再定位焊轨道压板。为使主梁受热均匀，从而使上拱线对称，可由多名焊工沿跨度均匀分布，同时焊接。

桥式起重机桥架组装焊接后应全面检测，符合技术要求。

2. 桥架的焊接生产工艺

（1）作业场地的选择。由于户外环境易造成桥架外形尺寸的变化，所以组装应尽量选择在厂房内进行。必须在露天条件下作业时应随时进行测量，以便对尺寸进行修正。

（2）垫架位置的选择。由于自重对主梁拱度有影响，故主梁垫架位置应选择在主梁的跨端或接近跨端处。起重量较小的桥架在最后测量调整时应尽量垫到端梁处。

（3）桥架组装基准。为了使桥架安装车轮后能正常运行，两个端梁上的四组弯板组装时应在同一水平面内，以该水平面为组装调整桥架各部位的基准。为此，可穿过端梁上翼板的吊装孔立T形标尺，如图4-60所示为一个端梁上的两组弯板，四个T形标尺的下部分别固定到四组弯板上，用水平仪依次测量四个T形标尺上的测量点并做调整，如果四个T形标尺上测量点在同一水平面上，则四组弯板在同一水平面内。

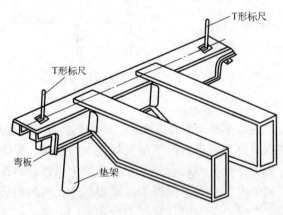

图4-60　桥架水平基准

（4）桥架的装焊顺序。为减小桥架整体的焊接变形，在桥架组装前应焊完所有部件本身的焊缝，不要等到整体组装后再补焊。这是因为部件焊接变形容易控制，又便于翻转，容易施焊，可提高焊缝质量。

 ## 综合练习

一、填空题

1. 桥式起重机桥架的结构形式有 _____、_____、_____ 和 _____ 四种。

2. _____ 的制造是桥架结构制造的关键。

3. 桥架连接指已经制作好的主梁与端梁的连接，其方法有 _____ 和 _____ 两种。

4. 桥式起重机架的主要部分有 _____、_____ 和 _____。

二、简答题

1. 主梁的主要技术要求有哪些？有何意义？

2. 如何正确装焊 Π 形梁？

3. 请说一说桥式起重机主梁的制造工艺过程。

4. 桥式起重机的桥架由哪些主要部件组成？各部件的结构有什么特点？

5. 分析桥式起重机主梁及端梁制造的工艺要点。

6. 桥架组装有哪些技术要求？如何保证？

任务 5　压力容器的生产工艺

 ## 学习目标

压力容器是承受一定温度和压力作用的密闭容器，在现代工业生产中应用广泛。压力容器不仅结构形式较多，同时也是一种比较容易发生事故、生产技术和焊接水平要求较高的特殊设备。因此，掌握压力容器的生产工艺对于焊接技术人员是非常重要的。目前，工业生产中最典型和最常用的结构形式是圆筒形和球形容器。

 ## 任务分析

压力容器的主要问题是密封和承受压力的作用，因此，对生产工艺的制定应从容器装配、焊接方法和焊接检验方面进行。

 ## 相关知识及工作过程

4.5.1　压力容器的基础知识

1. 压力容器的应用

压力容器是能承受一定压力作用的密闭容器，广泛用于石油化工、能源工业、科研和军事工业等方面。压力容器在民用工业领域也有应用，如煤气或液化气罐、各种蓄能器、换热器、分离器以及大型管道工程等。

2. 压力容器的分类

压力容器按其承受压力的高低分为常压容器和承压容器。两种容器无论是在设计、制造方面，还是结构、重要性等方面均有较大的差别。按 1999 年颁发的《压力容器安全技术监察规程》的规定，其所监督管理的压力容器的定义是指最高工作压力 ≥ 0.1 MPa，容积 ≥ 25 L，工作介质为气体、液化气体或最高工作温度不小于标准沸点的容器。

压力容器的分类方法很多，主要的分类方法有以下两种：

（1）按设计压力划分。可分为四个承受等级。

① 低压容器（代号 L），$0.1\,MPa \leqslant P < 1.6\,MPa$。

② 中压容器（代号 M），$1.6\,MPa \leqslant P < 10\,MPa$。

③ 高压容器（代号 H），$10\,MPa \leqslant P < 100\,MPa$。

④ 超高压容器（代号 U），$P \geqslant 100\,MPa$。

中、低压压力容器的结构如图 4-61 所示；高压压力容器的结构如图 4-62 所示。

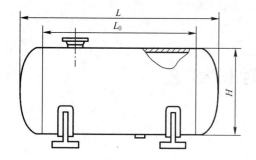

图 4-61　中低压压力容器的结构

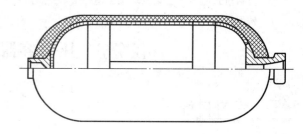

图 4-62　高压压力容器的结构

（2）按综合因素划分。在承受等级划分的基础上综合压力容器工作介质的危害性（易燃、致毒等程度），可将压力容器分为Ⅰ、Ⅱ和Ⅲ类。

① Ⅰ类容器：一般指低压容器（Ⅱ和Ⅲ类规定的除外）。

② Ⅱ类容器：

a. 中压容器（Ⅲ类规定的除外）。

b. 易燃介质或毒性程度为中度危害介质的低压反应器和储存容器。

c. 毒性程度为极度和高度危害介质的低压容器。

d. 低压管壳式余热锅炉。

e. 陶瓷玻璃压力容器。

③ Ⅲ类容器：

a. 毒性程度为极度和高度危害介质的中压容器和 $PV \geqslant 0.2\,MPa \cdot m^3$ 的低压容器。

b. 易燃或毒性程度为中度危害介质且 $PV \geqslant 0.5\,MPa \cdot m^3$ 的中压反应容器或 $PV \geqslant 10\,MPa \cdot m^3$ 的中压储存容器。

c. 高压、中压管壳式余热锅炉。

d. 高压容器。

3. 压力容器的结构组成

常见压力容器的结构形式有圆柱形、球形和圆锥形三种，如图 4-63 所示。

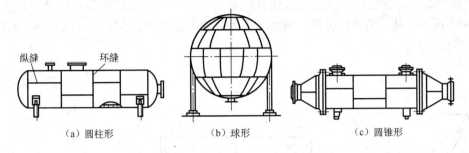

（a）圆柱形　　　　　　　（b）球形　　　　　　　（c）圆锥形

图 4-63　压力容器的结构形式

（1）筒体。筒体是压力容器最主要的组成部分，由它构成储存物料或完成化学反应所需储存大部分压力的空间。当筒体直径较小（小于 500 mm）时，可用无缝钢管制作。当筒体直径较大时，一般用钢板卷制或压制（压成两个半圆）后焊接而成。由于该焊缝的方向与筒体的纵向（轴向）一致，故称为纵焊缝。当筒体较短时，可做成完整的一节；当筒体的纵向尺寸大于钢板的宽度时，可由几个筒节拼接而成。由于筒节与筒节或筒节与封头之间的连接焊缝呈环形，故称为环焊缝。所有的纵、环焊缝焊接接头原则上均采用对接接头。

（2）封头。根据几何形状的不同，压力容器的封头可分为凸形封头、锥形封头和平盖封头三种，其中凸形封头应用最多。

① 凸形封头。凸形封头包括椭圆形封头、碟形封头、无折边球面封头和半球形封头，如图 4-64 所示。

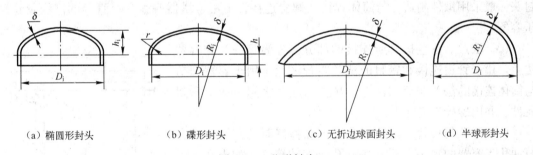

（a）椭圆形封头　　　　（b）碟形封头　　　　（c）无折边球面封头　　　（d）半球形封头

图 4-64　凸形封头

椭圆形封头的纵剖面呈半椭圆形，是目前应用最普遍的封头形式，一般采用长短轴比值为 2 的标准封头。

碟形封头又称带折边的球形封头。它由三部分组成：第一部分为内半径为 R_i 的球面；第二部分为高度为 h 的圆形直边；第三部分为连接第一、二部分的过渡区（内半径为 r）。该封头的特点是深度较浅，易于压力加工。

无折边球面封头又称球缺封头。虽然它深度浅、容易制造，但球面与圆筒体的连接处存在明显的外形突变，使其受力状况不良。这种封头在直径不大、压力较低、介质腐蚀性很小的场合可考虑采用。

半球形封头（也叫球形封头），其承压效果在几种凸形封头中是最好的，但制造难度也是最大的，因此应用并不广泛。

② 锥形封头。锥形封头分为无折边锥形封头、大折边锥形封头和折边锥形封头三种，如图 4-65 所示。从应力角度分析，锥形封头大端的应力最大，小端的应力最小，因此壁厚是按大端设计的。

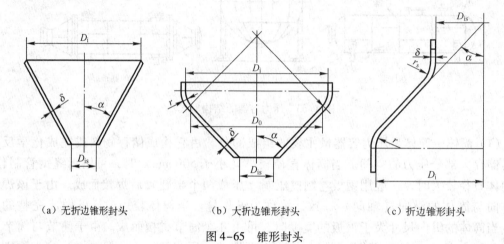

（a）无折边锥形封头　　　　（b）大折边锥形封头　　　　（c）折边锥形封头

图 4-65　锥形封头

锥形封头由于其形状上的特点，有利于流体流速的改变和均匀分布，有利于物料的排出，而且对厚度较薄的锥形封头来说，制造比较容易，顶角不大时其强度也较好，较适用于某些受压不高的石油化工容器。

③ 平盖封头。平盖封头如图 4-66 所示，结构最为简单，制造也很方便，但在受压情况下平盖中产生的应力很大，因此要求它不仅具有足够的强度，还要有足够的刚度。平盖封头一般采用锻件制造，与筒体焊接或螺栓连接，多用于塔器底盖和小直径的高压及超高压容器。

（3）法兰。法兰按其所连接的部分，分为管法兰和容器法兰。用于管道连接和密封的法兰叫管法兰；用于容器顶盖与筒体连接的法兰叫容器法兰。法兰与法兰之间一般加密封元件，并用螺栓连接起来。

（4）开孔与接管。由于工艺要求和检修时的需要，常在石油化工容器的封头上开设各种孔或安装接管，如人孔、手孔、视镜孔、物料进出接管等，以及安装压力表、液位计、流量计、安全阀等接管开孔。

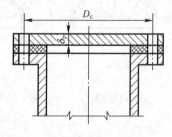

图 4-66　平盖封头

手孔和人孔是用来检查容器内部并装拆和洗涤容器内部的装置。手孔的直径一般不小于 150 mm，容器直径大于 1 200 mm 时应开设人孔。位于筒体上的人孔一般开成椭圆形，净尺寸为 300 mm×400 mm；封头部位的人孔一般为圆形，直径为 400 mm。筒体与封头上开设孔后，开孔部位的强度被削弱，一般应进行补强。

（5）支座。压力容器靠支座支撑并固定在基础上。圆筒形容器的安装位置不同，有立式容器支座和卧式容器支座两类。卧式容器主要采用鞍形支座，如图 4-67（a）所示，其中薄壁长容器也可采用圈形支座，如图 4-67（b）所示。

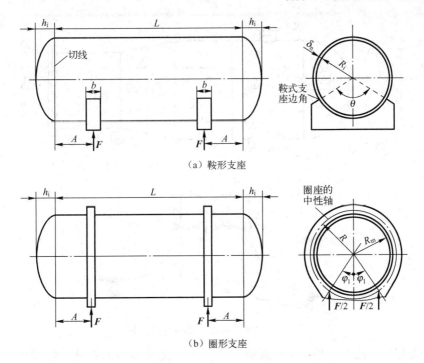

（a）鞍形支座

（b）圈形支座

图 4-67　卧式容器典型支座

4.5.2　压力容器制造的技术要求和技术条件

压力容器不仅是工业生产中常用的设备，同时也是一种比较容易发生事故的特殊设备。它与其他生产装置不同，压力容器一旦发生事故，不仅使容器本身遭到破坏，而且往往还会诱发一连串的恶性事故，如破坏其他设备和建筑设施，危及人员的生命和健康，污染环境，给国民经济造成重大损失等，其结果可能是灾难性的。所以，必须严格控制压力容器的设计、制造、安装、选材、检验和使用监督。目前，我国压力容器的生产厂家大多执行综合性的行业标准 NB/T 4T016—2011《承压设备产品焊接试件的力学性能检验》，内容包括压力容器用钢标准及在不同温度下的许用应力、板、壳元件的设计计算，容器制造技术要求以及检验方法与检验标准。为贯彻执行上述基础标准，各部门还制定了各种相关的专业标准和技术条件。

NB/T 4T016—2011 标准规定，压力容器受压元件用钢应具有钢材质检证书，制造单位应按该质检证书对钢材进行验收，必要时应进行复检。把压力容器受压部分的焊缝按其所在位置分为 A、B、C、D 四类，如图 4-68 所示。

（1）A 类焊缝。受压部分的纵向焊缝（多层包扎压力容器层板的层间纵向焊缝除外），各种凸形封头的所有拼接焊缝，球形封头与圆筒连接的环向焊缝以及嵌入式接管与圆筒或封头对接连接的焊缝均属于此类焊缝。

（2）B 类焊缝。受压部分的环形焊缝、锥形封头小端与接管连接的焊缝均属于此类焊缝（已规定为 A、C、D 类的焊缝除外）。

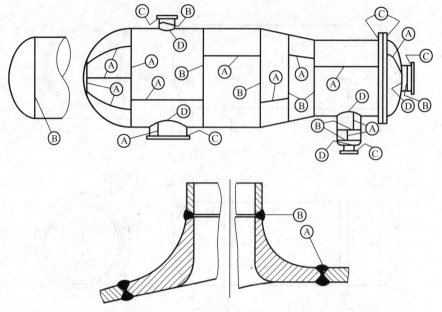

图 4-68　压力容器四类焊缝的位置

（3）C 类焊缝。法兰、平封头、管板等与壳体、接管连接的焊缝，内封头与圆筒的搭接角焊缝以及多层包扎压力容器层板的层间纵向焊缝均属于此类焊缝。

（4）D 类焊缝。拉管、人孔、凸缘等与壳体连接的焊缝均属于此类焊缝（已规定为 A、B 类的焊缝除外）。

4.5.3　中低压容器的焊接生产工艺

中低压容器的结构及制造较为典型，应用也最为广泛。这类容器一般为单层筒形结构，常见的有圆柱形和球形。

1. 圆柱形压力容器的焊接生产工艺

图 4-69 所示为圆柱形压力容器的焊接生产工艺过程。

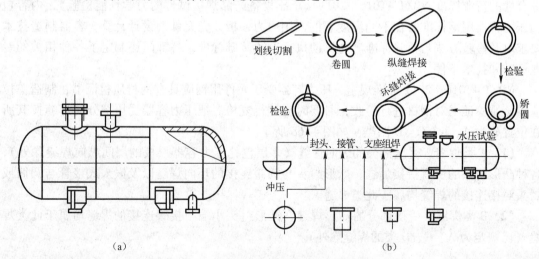

图 4-69　圆筒形压力容器制造工艺流程

（1）封头的制造。目前广泛采用冲压成形工艺加工封头。下面以椭圆形封头为例说明其制造工艺。

封头的制造工艺大致如下：原材料检验—划线—下料—拼缝坡口加工—拼板的装焊—加热—压制成形—二次划线—封头余量切割—热处理—检验—装配。

椭圆形封头压制前的坯料是一个圆形，其坯料直径可按公式进行计算。坯料尽可能采用整块钢板，如直径过大，则一般采用拼接。封头拼接有两种方法，一种是用两块或左右对称的三块钢板拼接，其焊缝必须布置在直径或弦的方向上；另一种是由瓣片和顶圆板拼接制成，焊接方向只允许是径向和环向。径向焊缝之间的最小距离不小于名义厚度 δ_s 的 3 倍，且不小于 100 mm，如图 4-70 所示。封头拼接焊缝一般采用双面埋弧焊。

封头成形有热压和冷压之分。采用热压时，为保证热压质量，必须控制始压和终压温度。低碳钢始压温度一般为 1 000℃～1 100℃，终压温度为 750℃～850℃。加热的坯料在压制前应清除表面的杂质和氧化皮。封头的压制是在油压机（或水压机）上，用凸凹模一次压制成形的，不需要采取特殊措施。

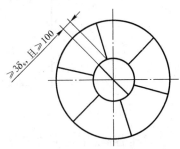

图 4-70　封头拼接位置图

已成形的封头还要对其边缘进行加工，以便与筒体装配。一般应先在平台上划出保证直边高度的加工位置线，用氧气切割割去加工余量，可采用图 4-71 所示的封头余量切割机。此机械装备在切割余量的同时，可通过调整割炬角度直接割出封头边缘的坡口（V 形），经修磨后直接使用；如对坡口精度要求高或是其他形式的坡口，一般是将切割后的封头放在立式车床上进行加工，以达到设计图样的要求。封头加工完后，应对主要尺寸进行检查，合格后才可与筒体装配焊接。

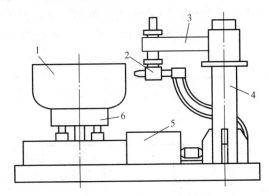

图 4-71　封头余量切割机

1—封头；2—割炬；3—悬臂；4—立柱；5—传动系统；6—支座

（2）筒节的制造。筒节制造的一般过程：原材料检验—划线—下料—边缘加工—卷制—纵缝装配—纵缝焊接—焊缝检验—校圆—复验尺寸—装配。

筒节一般在卷板机上卷制而成，由于筒节的内径比壁厚要大许多倍，所以筒节下料的展开长度 L 可用筒节的平均直径 D_p 来计算，即

$$L = 2\pi D_p \tag{4-1}$$

$$D_p = D_g + \delta \tag{4-2}$$

式中　D_g——筒节的内径；

　　　δ——筒节的壁厚。

筒节可采用剪切或半自动切割下料，下料前先划线，包括切割位置线、边缘加工线、管孔中心线等，其中管孔中心线距纵缝及环缝边缘的距离不小于管孔直径的4/5，并要打上样冲标记，图4-72所示为筒节划线示意图。需要注意的是，筒节的展开方向应与钢板轧制的纤维方向一致，最大夹角应小于45°。

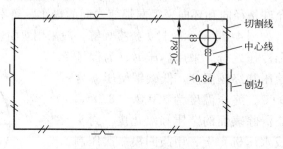

图4-72　筒节划线示意图

中低压容器的筒节可在三辊或四辊卷板机上冷卷而成，卷制过程中要经常用样板检查曲率，卷圆后其纵缝的棱角、径向、纵向错边量应符合技术要求。

筒节卷制好后，在进行纵缝焊接前应先进行纵缝的装配，主要是采用杠杆－螺旋拉紧器、柱形拉紧器等各种夹具来消除卷制后出现的质量问题，保证焊接质量。装配好后即进行定位焊。筒节的纵、环缝坡口是在卷制前就加工好的，焊前应注意坡口两侧的清理。

筒节纵缝焊接的质量要求较高，一般采用双面焊，顺序是先里后外。纵缝焊接时，一般都应做产品的焊接试板；同时，由于焊缝引弧处和引出处的质量不好，故焊前应在纵向焊缝的两端装上引弧板和引出板，图4-73所示为筒节两端装上引弧板、焊接试板和引出板的情况。筒节纵缝焊接完后还需按要求进行无损探伤，再经校圆，满足圆度要求后才可送入装配。

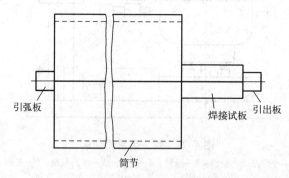

图4-73　筒节与引弧板、焊接试板和引出板的组装情况

（3）容器的装配工艺。容器的装配是指各零、部件间的装配，其接管、人孔、法兰、支座等的装配较为简单，主要分析筒节与筒节以及封头与筒节之间的环缝装配工艺。

筒节与筒节之间的环缝装配要比纵缝装配困难得多，其装配方法有立装和卧装两种。

① 立装。适用于直径较大而长度不太长的容器，一般在装配平台或车间地面上进行。

装配时，先将一筒节吊放在平台上，然后再将另一筒节吊装其上，调整间隙，即沿四周定位焊，按照相同的方法再吊装上其他筒节。

② 卧装。一般适用于直径较小而长度较长的容器。卧装多在滚轮架或 V 形铁上进行。先把要组装的筒节置于滚轮架上，将另一筒节放于小车式滚轮架上，移动辅助夹具使筒节靠近，断面对齐。当两筒节连接可靠后，将小车式滚轮架上的筒节推向滚轮架，再装配下一筒节。

筒节与筒节装配前，可先测量周长，再根据测量尺寸采用选配法进行装配，以减少错边量；或在筒节两端内使用径向推撑器，把筒节两端整圆后再进行装配。另外，相邻筒节的纵向焊缝应错开一定距离，其值在周围方向应大于筒节壁厚的 3 倍以上，并且不应小于100 mm。

封头与筒体的装配也可采用立装和卧装。当封头上无孔洞时，可先在封头外临时焊上起吊用的吊耳（吊耳与封头材质相同），便于封头的吊装。立装与前面所述筒节之间的立装相同；卧装时如是小批量生产，则一般采用简易装配法，如图 4-74 所示。装配时，在滚轮架上放置筒体，并使筒体端面伸出滚轮架外 400 ~ 500 mm 以上，用起重机吊起封头，送至筒体端部，相互对准后横跨焊缝焊接一些刚性不太大的小板，以便固定封头与筒体间的相互位置。移去起重机后，用螺旋压板等将环向焊缝逐段对准到合适的焊接位置，再用冂形马横跨焊缝，采用定位焊固定。批量生产时，一般采用专门的封头装配台来完成封头与筒体的装配。封头与筒体组装时，封头拼接焊缝与相邻筒节的纵焊缝应错开一定的距离。

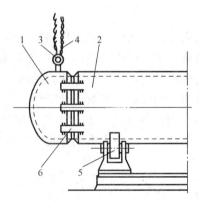

图 4-74 封头简易装配法

1—封头；2—筒体；3—吊耳；4—吊钩；5—滚轮架；6—冂形马

（4）容器的焊接。容器环缝的焊接一般采用双面焊。在焊剂垫上进行双面埋弧焊时，经常使用的环缝焊剂垫有带式焊剂垫和圆盘式焊剂垫两种。带式焊剂垫 ［见图 4-75（a）］是在两轴之间的一条连续带上放有焊剂，容器直接放在焊剂垫上，靠容器自重与焊剂贴紧，焊剂靠容器转动时的摩擦力带动一起转动，焊接时需要不断添加焊剂。圆盘式焊剂垫是一个可以转动的圆盘，将其装满焊剂放在容器下边，圆盘与水平面成 15°角，焊剂紧压在工件与圆盘之间，环缝位于圆盘最高位置，焊接时容器旋转，从而带动圆盘随之转动，使焊剂不断进入焊接部位，如图 4-75（b）所示。

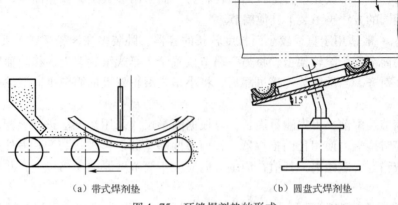

（a）带式焊剂垫　　　　　　　　　（b）圆盘式焊剂垫

图4-75　环缝焊剂垫的形式

　　容器环缝焊接时，可采用各种焊接操作机进行内外缝的焊接，但在焊接容器最后一条环缝时，只能采用手工封底或带垫板的单面埋弧焊。

　　容器的其他部件，如人孔、接管、法兰、支座等，一般采用焊条电弧焊焊接，容器焊接完后还必须采用各种方法进行检验，以确定环缝质量是否合格。力学性能试验、金相分析、化学分析等破坏性试验用于对产品焊接试板的检验，而对容器本身的焊缝则应进行外观检查、各种无损探伤、耐压及致密性试验等。凡检验出超过规定的焊接缺陷，都应进行返修，直到重新探伤后确认缺陷已全部清除，才算返修合格。

2. 球形压力容器的焊接生产工艺

1）球形容器的结构形式

球形容器一般称作球罐，它主要用来储存带有压力的气体或液体。

球罐按其瓣片形状分为橘瓣式、足球瓣式及混合式，如图4-76所示。橘瓣式球罐因安装方便，焊缝位置规则，目前应用最为广泛。按球罐直径大小和钢板尺寸分为三带、四带、五带和七带橘瓣式球罐。足球瓣式的优点是所有瓣片的形状、尺寸都一样，材料利用率高，下料和切割比较方便，但大小受钢板规格的限制。混合式球罐的中部用橘瓣式，上极和下极用足球瓣式，常用于较大型的球罐。一个完整的球罐，往往需要数十或数百块的瓣片。

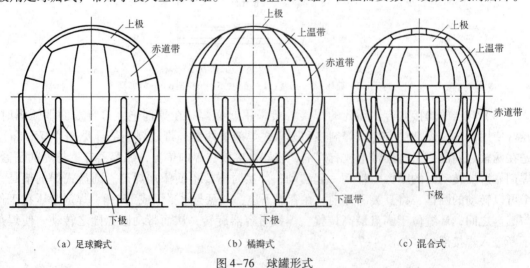

（a）足球瓣式　　　　　　　（b）橘瓣式　　　　　　　（c）混合式

图4-76　球罐形式

2）球罐的技术条件及其分析

球罐工作条件及结构特征决定了球罐的技术条件是相当高的。首先球罐的各球瓣下料、坡口加工、装配精度等均要符合技术要求，这是保证球罐质量的先决条件。另外，由于工作介质和压力、环境的要求，且返修困难，对焊接质量要严格控制，保证球罐受压均匀。焊接变形也要严格控制；这必须有合适的工装夹具来配合，同时采用正确的装焊顺序。

一般球罐多在厂内预装，然后将零件编号，再到工地上组装焊接。球罐的焊缝多数采用焊条电弧焊，要求焊工的技术水平较高，并要有严格的检验制度，对每一生产环节都要认真对待。

3）球罐的制造工艺

（1）瓣片制造。球瓣的下料及成形方法较多。由于球面为不可展曲面，要通过计算法放样展开为近似平面，然后压延成球面，再经简单修整即可成为一个瓣片，此法称为一次下料。还可以按计算周长适当放大，切成毛料，压延成形后进行二次划线，精确切割，此法称为二次下料，目前应用较广。如果采用数学放样，进行数控切割，可大大提高精度与加工效率。

对于球瓣的压制成形，一般直径小、曲率大的瓣片采用热压；直径大、曲率小的瓣片采用冷压。压制设备为水压机或油压机等。冷压球瓣采用局部成形法，具体操作方法是钢板由平板状态进入初压时不要压到底，每次只冲压坯料的一部分，压一次移动一定距离，并留有一定的压延重叠面，这可避免工件局部产生过大的突变和折痕。当坯料返程移动时，可以压到底。

（2）支柱制造。球罐支柱形式多样，以赤道正切式应用最为普遍。赤道正切支柱多数是管状形式，小型球罐选用钢管制成；大型球罐由于支柱直径大而长，所以用钢板卷制后拼焊而成。如考虑到制造、运输、安装的方便，大型球罐的支柱制造时分成立、下两部分，其上部支柱较短。上、下支柱的连接，是借助一短管，使安装时便于对拢。

（3）球罐的装焊。球罐的装配方法很多，一般采用以赤道带为基准来安装的分瓣装配法。图4-77所示是橘瓣式球罐的装配流程简图。

装配时，在基础中心一般都要放一根中心柱（见图4-78）作为装配和定位的辅助装置。它由$\phi300 \sim \phi400$mm的无缝钢管制成，分段用法兰连接。

装赤道板时，用中心柱拉住瓣片中部，用花篮螺钉调节并固定位置。温带球瓣可先在胎具上进行双拼，胎具制成与球瓣具有相同形状的曲面。

装下温带时，先把下温带板的上口挂在赤道板下口，再夹住瓣片下口，通过钢丝绳吊在中心柱上，如图4-78所示。钢丝绳中间加一倒链装置，把温带板拉起到所需位置。

装上温带时，它的下口搁在赤道板上口，再用固定在中心柱上的顶杆顶住它的上口，通过中间的双头螺钉调节位置。也可以在中心柱上面做成一个倒伞形架，上温带板上口就搁在其上。温带板都装好后，拆除中心柱。

球罐制造时，一般装配与焊接交替进行，其安装、焊接及焊后的各项工作如下：支柱组合—吊装赤道板—吊装下温带板—吊装上温带板—装里外脚手架—赤道纵缝焊接—下温带纵缝焊接—上温带纵缝焊接—赤道下环缝焊接—赤道上环缝焊接—上极板安装—上极板环缝焊接—下极板安装—下极板环缝焊接—射线探伤和磁粉探伤—水压试验—磁粉探伤—气密性试验—热处理—涂装、包保温层—交货。

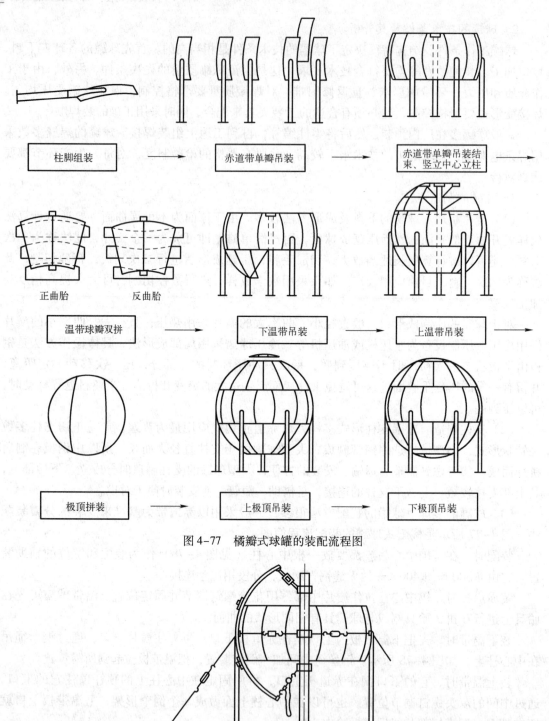

图 4-77 橘瓣式球罐的装配流程图

图 4-78 中心柱使用

球罐的焊接大多数情况下采用焊条电弧焊完成，焊前应严格控制接头处的装配质量，并在焊缝两侧进行预热。

焊条电弧焊焊接球罐工作量大，效率低，劳动条件差，因此，一直在探索应用机械化焊接方法，现已采用的有埋弧焊、管状丝极电渣焊、气体保护焊等。

（4）球罐的整体热处理。球罐焊后是否要进行热处理，主要取决于材质与厚度。球罐热处理一般进行整体退火，火焰加热退火装置如图 4-79 所示。加热前将球罐连带地脚螺钉从基础上架起，浮架在辊道上，以便热处理过程中自由膨胀。

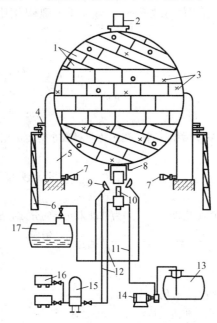

图 4-79　火焰加热退火装置示意图

1—保温毡；2—烟囱；3—热电偶布置点（o为内侧，×为外侧）；4—指针和底盘；5—柱脚；6—支架；
7—千斤顶；8—内外套筒；9—点燃器；10—烧嘴；11—油路软管；12—气路软管；
13—油罐；14—泵组；15—储气罐；16—空压机；17—液化气储罐

在球壳板外包上保温层并安装测温热电偶。燃料可用液化石油气、天然气或柴油，在罐内点燃后进行加热。另外，在球罐下极板外侧一般还要安装电热器，作为罐体低温区的辅助加热措施。加热温度一般为 620℃ 左右，当达到温度要求即停止加热，并保温 24 h 后缓慢冷却。

球罐热处理也可采用履带式电加热和红外线电加热。电加热法比较简便、干净，热处理过程可以用电脑自动控制，控制精度高，温差小。

4.5.4　高压容器的焊接生产工艺

高压容器大体上分为单层和多层结构两大类，单层结构制造工艺比较简单，应用较广，如电站锅炉的锅筒就是如此。

单层结构容器的制造过程与前面所述的中低压单层容器的制造过程大致相同，只是在成形和焊接方法的选取方面有所不同。单层高压容器由于壁较厚，筒节一般采用热弯卷加热矫正成形。由于加热时产生的氧化皮危害较严重，会使钢板内外表面产生麻点和压坑，所以加热前需涂上一层耐高温、抗氧化的涂料，以防止卷板时产生缺陷；同时热卷时，钢板在辊筒的压力下会使厚度减小，减薄量为原厚度的 5% ～ 6%，而长度略有增加，因此下料尺寸必须严格控制。

始卷温度和终卷温度视材质而定。筒节纵缝可采用开坡口的多层多道埋弧焊，但如果壁厚太大（$\delta > 50\,mm$），采用埋弧焊则显得工艺复杂，材料消耗大，劳动条件差，这时可以采用电渣焊，以简化工艺，降低成本。电渣焊后需进行正火处理。容器环缝多采用电渣焊或窄间隙埋弧焊来完成。若采用窄间隙埋弧焊这一新技术，则可在宽 $18 \sim 22\,mm$、深 $350\,mm$ 的坡口内完成每层多道的窄间隙接头。与普通埋弧焊相比，其效率大大提高，同时可节约焊接材料。

 综合练习

一、填空题

1. 筒体是圆筒形压力容器的主要承压元件，当筒体直径较小时，可用＿＿＿＿＿制作，当筒体直径较大时，筒体一般＿＿＿＿＿制成。

2. 压力容器的封头可分为＿＿＿＿、＿＿＿＿、＿＿＿＿锥形封头和＿＿＿＿等结构形式。

3. 球罐按其瓣片形状分为＿＿＿＿式、＿＿＿＿式及＿＿＿＿式。

4. 球罐的装配方法很多，一般采用以＿＿＿＿为基准来安装的分瓣装配法。

5. 容器结构主体部分主要由＿＿＿＿、＿＿＿＿、＿＿＿＿组成。

二、简答题

1. 封头的制造工艺过程如何？

2. 球形容器的结构形式有哪些？各有何特点？

3. 球罐瓣片的下料方法有哪些？如何进行？

4. 压力容器有哪些类型？Ⅰ、Ⅱ、Ⅲ类压力容器是如何划分的？

5. 圆筒形压力容器有哪些主要部件？为什么压力容器制造必须严格执行国家标准？

6. 分析中低压容器各主要部件的装焊工艺要点。

7. 高压容器的制造有何特点？

任务6　船舶结构的生产工艺

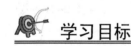 **学习目标**

船舶是一种水上浮动结构物，作为其主体的船体则是由一系列板架相互连接相互支持构成的，装配焊接质量将关系到船舶的使用性能尤其船舶的安全性，因此必须高度重视船舶的生产工艺。通过学习，要了解船舶结构的类型及特点，掌握船舶结构的焊接工艺过程。

任务分析

船舶结构的主体是由一系列板架通过装配和焊接而成的，其中装配顺序和焊接顺序是需要重点考虑的问题。尤其是焊接顺序，在焊接过程中会产生较大的焊接应力，引起焊接变形，对船舶结构的外形和使用将产生较大的影响，因此，制定船舶结构的生产工艺主要应考虑装配和焊接问题。

相关知识及工作过程

4.6.1　船体结构的基础知识

1. 船舶板架结构的类型及使用范围

船体结构的组成及板架结构简图如图 4-80 所示，船舶板架结构可分为纵向骨架式、横向骨架式及混合骨架式三种，其特征和适用范围如表 4-9 所示。

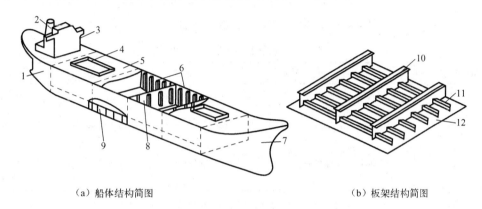

（a）船体结构简图　　　　　　　　　　　（b）板架结构简图

图 4-80　船体结构的组成及其板架简图

1—尾部；2—烟囱；3—上层建筑；4—货舱口；5—甲板；6—舷侧；
7—首部；8—横舱壁；9—船底；10—桁材；11—骨材；12—板

表 4-9　船舶板架结构的特征和适用范围

板架类型	结构特征	适用范围
纵向骨架式	板架中纵中（船长方向）构件较密、间距较小，而横向（船宽方向）构件较稀、间距较大	大型油船的船体；中大型货船的甲板和船底；军用船舶的船体
横向骨架式	板架中横向构件较密、间距较小，而纵向构件较稀、间距较大	小型船舶的船体，中型船舶的弦侧、甲板，民船的首尾部
混合骨架式	板架中纵、横向构件的密度和间距相差不多	除特种船舶外，很少使用

2. 船体结构的特点

（1）零、部件数量多。一艘万吨级货船的船体，其零、部件数量在 20 000 个以上。

（2）结构复杂、刚性大。船体中纵、横构架相互交叉又相互连接，使整个船体成为一个刚性的焊接结构。一旦某一焊缝或结构不连续处衍生出微小的裂纹，就会很快地扩展到相邻构件，造成部分结构乃至整个船体发生破坏。

（3）钢材的加工量和焊接工作量大。各类船舶的船体结构质量和焊缝长度列于表 4-10 中，焊接工时一般占船体建造总工时的 30%～40%。因此设计时要考虑结构的工艺性，同时也要考虑采用高效焊接的可能性，并尽量减少焊缝的长度。

表 4-10　各类船舶的船体结构质量和焊缝长度

项目 船种	载重量 /t	主尺度/m			船体钢材重量/t	焊缝长度/km		
		长	宽	深		对接	角接	合计
油　船	88 000	226	39.4	18.7	13 200	28.0	318.0	346.0
油　船	153 000	268	39.4	20.0	21 900	48.0	437.0	485.0
汽车运输船	16 000	210	53.6	27.0	13 000	38.0	430.0	468.0
集装箱船	27 000	204	32.2	18.9	11 100	28.0	331.0	359.0
散装货船	63 000	211	31.2	18.4	9 700	22.0	258.0	280.0

（4）使用的钢材品种少。各类船舶所使用的钢材如表 4-11 所示。

表 4-11　各类船舶使用的钢材种类

船舶类型	使用钢种	备注
一般中小型船舶	船用碳钢	—
大中型船舶、集装箱船和油船	船用碳钢，$\sigma_S = 320 \sim 400$ MPa 船用高强度钢	用于高应力区构件
化学药品船	船用碳钢、高强度钢、奥氏体不锈钢、双相不锈钢	用于货舱
液化气船	船用碳钢、高强度钢、低合金高强度钢、0.5Ni 钢、3.5Ni 钢、5Ni 钢、9Ni 钢、36Ni、2Al2 铝合金	用于全压式液罐、半冷半压和全冷式液罐和液舱

3. 船体结构焊接的基本原则

船体结构庞大，需要分段进行焊接。所谓焊接顺序就是为减小结构变形、降低焊接残余应力并使其合理分布而按一定次序进行焊接。确定船体结构焊接顺序的基本原则如下。

（1）对于船体外板、甲板的拼缝，一般应先焊横向焊缝（短焊缝），然后焊纵向焊缝（长焊缝），如图 4-81 所示，对具有中心线且左右对称的构件，应左右对称地进行焊接，避免构件中心线产生移位。

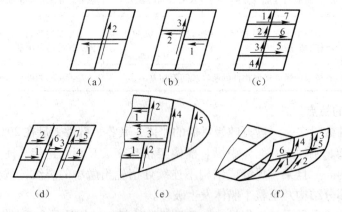

图 4-81　拼缝的焊接顺序

（2）若对接焊缝和角焊缝同时存在，应先焊对接焊缝后焊角焊缝。若立焊缝和平焊缝同时存在时，应先焊立焊缝后焊平焊缝。所有焊缝应采取由中间向左右、由下往上的焊接顺序。

（3）凡靠近总段和分段合拢处的板缝和角焊缝均应留出 200 ～ 300 mm 暂时不焊，以利于船台装配对接，待分段、总段合拢后再进行焊接。

（4）焊条电弧焊时，若焊缝长度小于 1 000 mm，则可采用直通焊法；若焊缝长度大于1 000 mm，则可采用分段退焊法。

（5）在结构中同时存在厚板与薄板构件时，先对收缩量大的厚板进行多层焊，后对薄板进行单层焊。多层焊时，各层的焊接方向最好相反，各层焊缝的接头应相互错开。

（6）刚度大的焊缝，如立体分段的对接焊缝，焊接过程不应间断，应力求迅速、连续完成。

（7）分段接头呈 T 形和十字形交叉时，对接焊缝的焊接顺序是 T 形对接焊缝可采用直接先焊好横焊缝（立焊），后焊纵焊缝（横焊）的方法，如图 4-82（a）所示。也可采用图 4-82（b）所示的顺序，先在交叉处各留出 200 ～ 300 mm 最后焊接，这样可防止在交叉部位由于应力过大而产生裂纹。同样，十字形对接焊缝的焊接顺序如图 4-82（c）所示，横焊缝错开的 T 形交叉焊缝的焊接顺序如图 4-82（d）所示。

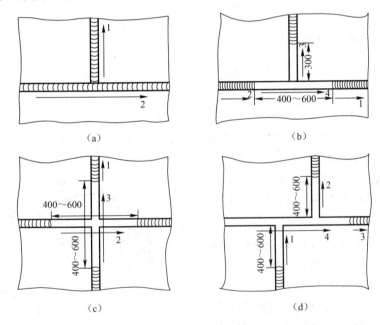

图 4-82　T 形、十字形交叉对接焊缝的焊接顺序

（8）船台大合拢时，先焊接总段中未焊接的外板、内底板、舷侧板和甲板等的纵焊缝，同时焊接靠近大接头处的纵横构架的对接焊缝，然后焊接大接头环形对接焊缝，最后焊接构架与船体外板的连接角焊缝。

4.6.2　整体造船的焊接工艺

整体造船法只有在起重能力小、不能采用分段造船法和中小型船厂中采用，一般适用于吨位不大的船舶。

整体造船法就是直接在船台上由下至上、由里至外地先铺全船的龙骨底板，然后在龙骨底板上架设全船的肋骨框架，再进行主船体结构的焊接工作。

整体造船法的焊接工艺如下。

（1）先焊纵横构架对接焊缝，再焊船壳板及甲板的对接焊缝，最后焊接构架与船壳板及甲板的连接角焊缝。前两者也可同时进行。

（2）对于船壳板的对接焊缝，应先焊船内一面，然后外面进行碳弧气刨刨槽封底焊。对于甲板对接焊缝，可先焊船内一面（仰焊），反面刨槽进行平对接封底焊或埋弧焊。也可以采用外面先焊平对接，船内刨槽仰焊封底。两种方法各有利弊，一般采用后者较多，因为后者容易保证焊接质量，可减轻劳动强度。或者直接采用先进的单面焊双面成形工艺（包括焊条电弧焊和 CO_2 气体保护焊）。

（3）按船体结构焊接顺序的基本原则要求，船壳板及甲板对接焊缝的焊接顺序是：若是交叉焊缝，则应先焊横缝（立焊），后焊纵缝（横焊）；若是平列接缝，则应先焊纵缝，后焊横缝。

（4）船板缝的焊接顺序是待纵、横焊缝焊完后，再焊船柱与船壳的接缝。

（5）所有焊缝均采用由船中向左右、由上往下的焊接顺序，以减少焊接变形和应力，保证建造质量。

4.6.3　分段造船的焊接工艺

在建造大型船舶时，先在平台上装配焊接成平面分段，然后在船台上或车间内分片总装成总段，如图 4-83 所示，最后再吊上船台进行总段装焊（大合拢）。平面分段总装成总段的焊接工艺如下。

（1）为了减小焊接变形，甲板分段与舷侧分段、舷侧分段与双层底分段之间的对接焊缝应采用"马"板加强定位。

（2）由双数焊工对称地焊接两侧舷侧分段与双层底分段对接缝的内侧焊缝，焊前应根据板厚开设特定的坡口。

（3）焊接甲板分段与舷侧分段的对接缝。在采用焊条电弧焊时，先在接缝外面开设 V 形坡口进行平焊，焊完后里面用碳弧气刨清根，进行焊条电弧焊仰焊封底；也可采用接缝内侧开坡口焊条电弧焊仰焊打底，然后在接缝外面采用埋弧焊；有条

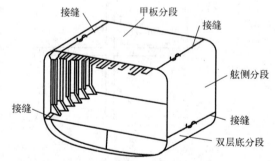

图 4-83　平面分段总装成总段

件的话可以直接使用 FAB 衬垫或陶瓷衬垫，采用 CO_2 气体保护焊单面焊双面成形工艺方法。

（4）焊接肋骨与双层底分段外板的角焊缝，然后再焊接内底板与外底板外侧的角焊缝以及肋板与内底板的角焊缝。

（5）焊接肋板与甲板或横梁间的角焊缝。

（6）用碳弧气刨将舷侧分段与双层底分段间的外对接焊缝清根，进行焊条电弧焊封底焊接。

目前在建造大型船舶时都采用分段造船法，它可分为平面分段、半立体分段和立体分段三种。平面分段包括隔舱、甲板、舷侧分段等；立体分段包括双重底、边水舱等；半立

体分段介于二者之间，如甲板带舷部、舷部带隔舱、甲板带围壁及上层建筑等。

1. 甲板分段的焊接工艺

（1）甲板拼接焊接。甲板是具有船体中心线的平面板材构件，虽具有较小的曲形（一般为船宽的 1/100 ~ 1/50 梁拱），但可在平台上进行装配焊接，焊接顺序与一般拼板接缝顺序相同。确定焊接顺序时，应保证在船体中心线左右对称地进行。

（2）甲板分段焊接。将焊后的甲板吊放在胎架上，为保证甲板分段的梁拱并减小焊接变形，将甲板与胎架间隔一定距离进行定位焊。按构架位置划好线后，将全部构件（横梁、纵桁、纵骨）用定位焊装配在甲板上，并用支撑加强，以防构件焊后产生角变形。焊接顺序应按下列工艺进行。

① 先焊构架的对接缝，然后焊构架的角焊缝（立角焊缝）及构架上的肋板，最后焊接构架与甲板的平角焊缝。甲板分段焊接时，应由双数焊工从分段中央开始，逐步向左右及前后方向对称进行焊接。

② 为了总段或立体分段装配方便，在分段两段的纵桁应有一段约 300 mm 暂不焊，待总段装配好后再按装配的实际情况进行焊接。横梁两端应为双面焊，其焊缝长度相当于肋板长度或横梁的高度。

③ 在焊接大型船舶时，为了采用埋弧焊或重力焊，加快分段建造周期，提高生产率，可采用分离装配的焊接方法。分段为横向结构时，应先装横梁，重力焊焊后再装纵桁，然后再进行全部焊接工作，但对纵向结构设计的分段则相反。也可采用纵、横构架单独装焊成整体，然后再和甲板合拢，焊接平角焊缝。

④ 焊接小型船舶时，宜采用混合装配法，即纵、横构架的装配可以交叉进行，待全部构件装配完成后再进行焊接，这样可减小分段焊后的变形。

2. 双层底分段的焊接工艺

双层底分段是由船底板、内底板、肋板、中桁材（中内龙骨）、旁桁材（旁内龙骨）和纵骨组成的小型立体分段。根据双层底分段的结构和钢板的厚度不同，有两种建造方法：一种是以内底板为基面的倒装法；另一种是以船底板为基面的顺装法。

1）倒装法的装焊工艺

（1）在装配平台上铺设内底板，进行装配定位焊，并按图 4-81 所示的顺序进行埋弧焊。

（2）在内底板上装配中桁材、旁桁材和纵骨，定位焊后，用重力焊或 CO_2 气体保护焊等方法进行对称平角焊，焊接顺序如图 4-84 所示。或者暂不焊接，等肋板装好后一起进行手工平角焊。

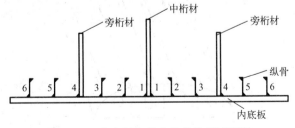

图 4-84　内底板与纵向构件的焊接顺序

（3）在内底板上装配肋板，定位焊后，用焊条电弧焊或 CO_2 气体保护焊焊接肋板与中桁材、旁桁材的立角焊缝，其焊接顺序如图 4-85 所示。然后焊接肋板与纵骨的角焊缝。焊接顺序的原则：由中间向四周；由双数焊工（图中所示为四名焊工）对称进行；立角焊长度大于1 m时要分段退焊，即先上后下地进行焊接。

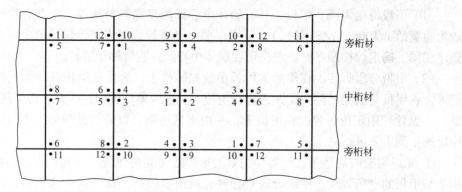

图4-85　内底板分段立角焊的焊接顺序

（4）焊接肋板、中桁材、旁桁材与内底板的平角焊缝，焊接顺序如图4-86所示。

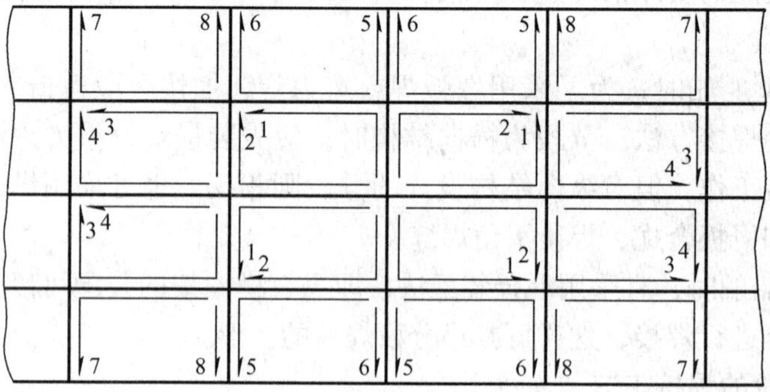

图4-86　内底板分段平角焊的焊接顺序

（5）在肋板上装纵骨构架，并做好铺设船底板的一切准备工作。

（6）在内底构架上装配船底板，定位焊后焊接船底板对接内缝（仰焊），内缝焊毕，外缝采用碳弧气刨清根封底焊（尽可能采用埋弧焊）。但有时为了减轻劳动强度，也可采用先焊外缝，翻身后进行碳弧气刨清根再焊内缝（两面都是平焊），或采用单面焊双面成形的方法，焊接顺序如图4-87所示。

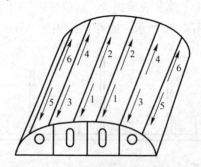

图4-87　船底外板对接焊的焊接顺序

（7）为了总段装配方便，只焊船底板与内底板的内侧角焊缝，外侧角焊缝待总段总装后再焊。

（8）分段翻身，进行船底板的内封底焊（原来先焊外缝），然后焊接船底板与肋板、中桁材、旁桁材、纵骨的角焊缝，其焊接顺序参照图 4-86。

倒装法的优点是工作比较简便，直接可铺在平台上，减少胎架的安装，节省胎架的材料和缩短分段建造周期；缺点是变形较大，船体线形较差。对于结构强、板厚或单一生产的船舶，多采用倒装法建造。

2）顺装法的装焊工艺

（1）在胎架上装配船底板，并用定位焊将其与胎架固定，再用碳弧气刨刨坡口（若已预先刨好坡口则省略该工序），用焊条电弧焊焊接船底板内侧对接焊缝。如果船底板比较平直，也可采用焊条电弧焊打底埋弧焊盖面，如图 4-88 所示。

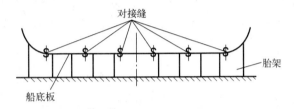

图 4-88 船底板在胎架上进行对接缝焊接

（2）在船底板上装配中桁材、旁桁材、纵骨，定位焊后，用自动角焊机或重力焊、CO_2气体保护焊等方法进行船底板与纵向构件角焊缝的焊接，如图 4-89 所示。

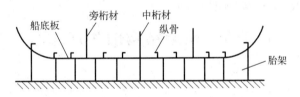

图 4-89 船底板与纵向构件角焊缝的焊接

（3）在船底板上装配肋板，定位焊后，先焊接肋板与中桁材、旁桁材、纵骨的立角焊缝，然后再焊接肋板与船底板的平角焊缝，如图 4-90 所示。

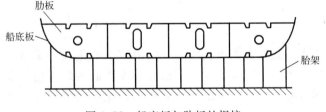

图 4-90 船底板与肋板的焊接

（4）在平台上装配焊接内底板，对接缝采用埋弧焊。焊完正面焊缝后翻身，再进行反面焊缝的焊接。

（5）在内底板上装配纵骨，并用自动角焊机或重力焊进行纵骨与内底板的平角焊。

（6）将内底板平面分段吊装到船底构架上，并用定位焊将其与船底构架、船底板固定，如图 4-91 所示。

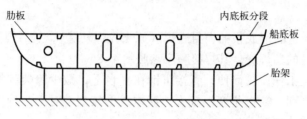

图4-91　内底板平面分段吊装到船底构架上

（7）将双层底分段吊离胎架，翻身后焊接内底板与中桁材、旁桁材、船底板的平角焊缝并进行船底板对接焊缝的封底焊。

顺装法的优点是安装方便，变形较小，能保证底板有正确的外形；缺点是要在胎架上安装，成本高，不经济。

 综合练习

一、填空题

1. 船体板架结构可分为＿＿＿＿＿＿式、＿＿＿＿＿＿式及＿＿＿＿＿＿式三种。
2. 分段建造法有＿＿＿＿＿＿、＿＿＿＿＿＿和＿＿＿＿＿＿三种方法。

二、简答题

1. 船体结构与其他焊接结构相比，具有哪些特点？
2. 分段造船法的制造工艺流程是什么？
3. 制定船体结构焊接顺序的基本原则有哪些？

任务7　桁架结构的生产工艺

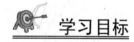 学习目标

通过对桁架结构装配和焊接工艺的介绍和讲解，使学生熟悉桁架的结构特点及技术要求，初步掌握该焊接结构件的焊接生产工艺过程，解决实际生产中遇到的问题。

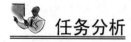 任务分析

桁架结构适用于小承载、大跨度构件，同时具有节省钢材、重量轻、可以充分利用材料等优点。同时，桁架运输和安装方便，制造时易于控制变形。但桁架结构的装配、焊接比较费工，难于采用自动化、高效率的焊接方法。因此解决装配和焊接中的问题是要考虑的主要方向。

 相关知识及工作过程

4.7.1　桁架结构的基础知识

桁架是主要用于承受横向载荷的梁类结构，还可以做机器骨架及各种支撑塔架，特别

在建筑方面尤为广泛，其结构如图 4-92 所示。

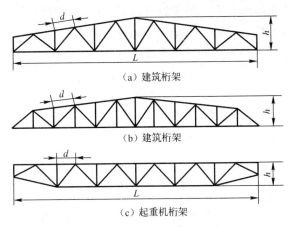

(a) 建筑桁架

(b) 建筑桁架

(c) 起重机桁架

图 4-92　大跨距桁架

1. 桁架的结构特点

（1）呈平面结构或由几个平面桁架组成空间构架。

（2）杆件多，焊缝多而且短，难于采用自动化焊接方法。

（3）整体看来，对称于长度中心；在受力平面内有较大的刚度，在水平平面内，刚度小，易变形，特别容易弯曲。

一般来说，当构件承载小、跨度大时，采用桁架做梁具有节省钢材、质量轻、可充分利用材料的优点。同时，桁架运输和安装方便，制造时易于控制变形。但桁架节点处均用短焊缝连接，装配费工，难以采用自动化、高效率的焊接方法。因此，一般认为跨度大于30 m、载荷较小时，使用桁架是比较经济的。

2. 桁架的技术要求

桁架的主要技术参数是跨度和高度。起重机桁架的跨度是指桁架两轨道之间的距离，桁架弦杆轴线之间的最大距离称为桁架高度。

（1）节点处是汇交力系，为保证桁架的平衡，要求各元件中心线或重心线要汇交于一点。

（2）各片桁架要求保证高度、跨度，特别是连接及安装接头处。

（3）要求保证挠度，防止扭曲。

3. 型钢桁架节点结构分析

为了保证桁架结构的强度和刚度，桁架杆件截面所用的型钢种类越少越好，且杆件所用角钢一般不得小于∠50 mm×50 mm×5 mm，钢板厚度不小于 5 mm，钢管壁厚不小于 4 mm。杆件截面宜用宽而薄的型钢组成，以增大刚度。

从桁架的技术要求及生产工艺看，分析桁架节点结构的主要目的是防止在节点处产生附加力矩及减少节点处应力集中。图 4-93（b）～图 4-93（e）所示为屋顶桁架中 A 处节点结构设计的四种形式。图 4-93（b）所示节点的几何中心线不重合，将产生附加力矩，同时件 1、2、3 间距小，使施焊比较困难；图 4-93（c）所示节点的几何中心线重合，附加力矩小，但其型钢 1、3 与件 4 的过渡尖角大，易在尖角处形成应力集中；图 4-93（d）所示节点选用连接板 4，使件 1、2、3 与件 4 的焊缝过长，焊后易使桁架产生变形，且增加了装配工作量，浪费材料；图4-93（e）所示节点结构采用带弧形的连接板，降低了节点的应力集中，提高了节点的承载力。为使焊缝不至太密集并有足够长度，以满足强度要求，桁架节点处应多设置节点板，原则上桁架节点板越小越好；节点的形状越简单，切割次数越少越好，最好采用矩形、梯形和平行四边形的节点板。

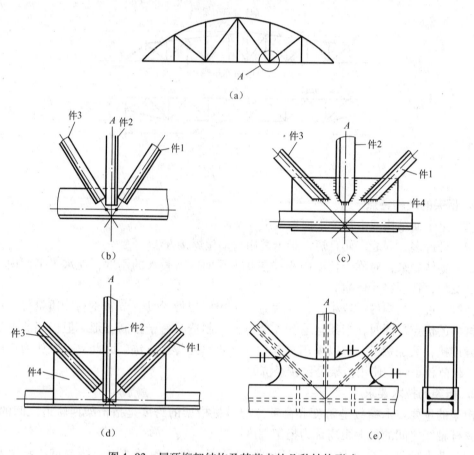

图4-93 屋顶桁架结构及其节点的几种结构形式

综上所述，要使型钢桁架节点结构合理，必须要做到以下几点。

（1）杆件截面的重心线应与桁架的轴线重合，在节点处各杆应汇交于一点。

（2）桁架杆件宜直切或斜切，不可尖角切割。如图4-94（a）、（b）、（c）所示较好，图4-94（d）不宜采用。

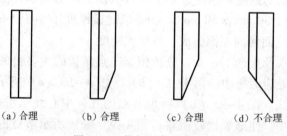

图4-94 桁架杆件的切割

（3）在铆接结构中桁架的节点必须采用节点板；焊接桁架节点板可有可无。当采用节点板时其尺寸不宜过大，形状应尽可能简单。

（4）角钢桁架弦杆为变截面时，应将接头设在节点处。为便于拼接，可使拼接处两侧角钢肢背平齐。为减小偏心可取两角钢的重心线之间的中心线与桁架轴线重合，如图4-95（a）所示。对于重型桁架，弦杆变截面的接头应设在节点之外，以便简化节点构造，如图4-95（b）所示。

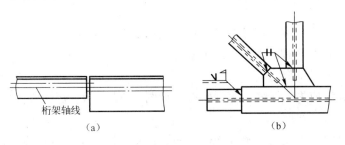

（a）   （b）

图 4-95 桁架弦杆变截面

4.7.2 桁架结构的装配工艺

在工厂生产中，桁架的装配工时占全部制造工时的比例很大，这将严重影响生产率的提高。桁架的装配方法有下列四种。

（1）放样装配法。在平台上划出各杆件位置线，之后安放弦杆节点板、竖杆及撑杆等，定位并焊接。这种方法适用于单件或小批生产，生产率低。

（2）定位器装配法。在各元件直角边处设置定位器及压夹器。按定位器安放各元件，定位并焊接。这种方法适于成批生产，降低了对工人技术水平的要求，提高了生产率。

（3）模架装配法。首先采用放样装配法制出一片桁架，将其翻转180°作为模架，之后将所要装配的各元件按照模架位置安放并定位。在另一工作位置焊接，而模架工作位置上可继续进行装配。这种装配方法，也称为仿形复制装配法，其精度较定位器法差。如将模架法与定位器法结合使用，效果将更好。

（4）按孔定位装配法。这种方法适用于装配屋架，如图4-96所示。装配时，先定位各带孔的连接板，这就确定了上下弦杆的位置，并且保证了整个桥架的安装连接尺寸。其他节点处如有水平桁架而带孔者，仍按孔定位；无孔者，则用垫铁或挡铁定位。

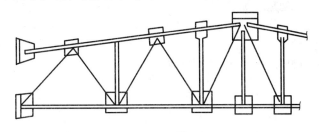

图 4-96 屋架图

采用上述各种方法装配的桁架，在焊接前必须检查几何尺寸，都须保证节点处各元件的中心线汇交于一点。

4.7.3 桁架结构的焊接工艺

桁架焊接时的主要问题是挠度和扭曲。由于桁架仅对称于其长度中心线，故焊缝焊完后将产生整体挠度；在上下弦杆节点之间，也可能产生小的局部挠度（对于单片式相架，可能有超出平面的水平弯曲）；由于长度大，焊缝不对称等因素也可能产生扭曲，所有这些变形都将影响其承载能力。因此，桁架在装配焊接时，要求支承面要平，尽量在夹固状态下进行焊接。

为了保证焊接质量和减小焊接变形，桁架制造时可遵从下列原则。

（1）从中部焊起，同时向两端支座处施焊。

（2）上下弦杆同时施焊为宜。

（3）节点处焊缝应先焊端缝，再焊侧缝，如图4-97所示。焊接方向应从外向内，即从竖杆引向弦杆处。

（4）焊接节点时，应先竖后斜（按图4-97中Ⅰ、Ⅱ、Ⅲ次序），两端侧缝也可按Ⅰ杆形式焊接，但在焊接焊缝1时，焊缝2应事先定位，以防变形。焊后变形量超过技术要求时，应选用火焰矫正法进行矫正。

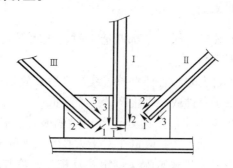

图4-97 节点焊接顺序

 综合练习

一、填空题

1. 杆件截面的重心线应与_____重合，在_____处各杆应汇交于一点。

2. 桁架焊接时的主要问题是_____和_____。

二、简答题

1. 桁架的结构特点是什么？

2. 桁架的装配方法有哪些？各应用于什么情况？

项目❺ 焊接结构生产的组织与安全技术

知识目标

（1）了解焊接车间的分类与组成，掌握焊接车间的一般设计方法。

（2）熟悉焊接车间布置的一般方法。

（3）理解焊接生产车间的空间和时间上的合理组织。

（4）了解焊接作业中存在的主要危险因素和有害因素，掌握安全与卫生的防护措施。

技能目标

（1）能利用焊接车间设计的一般方法，合理地进行焊接车间平面布置。

（2）能够科学合理地组织焊接车间生产过程。

（3）具备焊接劳动保护和安全管理知识和意识。

焊接结构生产中，科学合理的生产组织方式对企业控制和降低产品的制造成本，掌握企业经营运行的状态和水平、确立企业发展目标都是非常重要的。

焊接车间是承载焊接结构件生产的主要场所，如何合理地进行车间设计，合理地布置生产线，按时、按质、按量地组织生产，经济、安全地使用人力资源、机械设备和材料显得非常重要。

本项目主要介绍的内容有焊接车间的设计，焊接结构生产的组织，焊接生产中的安全技术。

任务1　焊接车间的设计

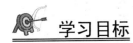 学习目标

了解焊接车间的分类与组成；掌握焊接车间设计的一般方法；掌握焊接车间平面布置的原则；具备初步进行焊接车间平面布置的能力。

任务分析

焊接车间设计是机械工厂设计中重要的组成部分，其特点是需要运用科学的方法及专业知识进行预测、分析、协调、计算、评价、改进等活动，是一项技术和经济相结合的综合性、系统性、复杂性的工程。车间设计的正确与否，直接关系到车间建成后，能否充分发挥生产能力和达到预期的经济效益，因此，焊接车间的设计有着重要的意义。本任务主

要学习焊接车间设计的一般方法，然后合理地进行焊接车间平面布置。

 相关知识及工作过程

5.1.1 焊接车间的组成

1. 焊接车间类型

焊接结构生产车间的类型有多种，常见的分类形式主要以下几种。

（1）按生产规模，焊接车间类型可分为单件小批生产车间、成批生产、大批大量生产。产品种类越繁多，复制次数越少，该生产性质类型越接近单件小批生产；反之，则为成批生产。

（2）按产品对象，焊接车间类型可分为如容器车间、锅炉锅筒车间、管子车间、车身车间、底架车间、不锈钢容器车间等。

（3）按工艺性质，焊接车间类型可分为备料车间、装配焊接车间等。

2. 焊接车间的组成

不论车间属于上述哪种类型，其组成必须齐全，根据生产单位的具体情况而决定设工段或小组等。焊接车间一般由生产部分、辅助部分、行政管理部分和生活设施部分等组成。

（1）生产部分。焊接生产部分按其工艺性质主要包括备料工段、装配工段、焊接工段、检验工段和成品工段等。

（2）辅助部分。辅助部分主要根据车间规模大小和类型的不同，工艺设备以及协作情况而决定，一般包括计算机房（编制数控程序）、机电修理间、焊接材料库、工具分发室、焊接试验室、模具夹具修理间、金属材料库、中间半成品库、胎夹具库、辅助材料库、模具库、成品库等。

（3）行政管理部分。行政管理部分包括车间办公室、会议室、资料室等。

（4）生活设施部分。生活设施部分包括更衣室、休息室、盥洗室、餐厅、卫生间等。

5.1.2 焊接车间设计的一般方法

车间设计就是将上述组成车间的所有部分有机而合理的进行配置，配置的结果应该以最低的成本、获取最快、最方便的物流，充分满足各部门的要求，既利于生产，便于管理，又能适应发展。

1. 车间工艺路线布置的基本原则

（1）生产流程通畅。生产运输路线最短，没有倒流现象。车间主导生产流向应与全厂总平面图基本流向一致。

（2）协调合理。车间各部分之间要协调、方便、合理，公用设施之间，相关车间之间的联系也都要协调。

（3）适应性强。要考虑对车间长远发展的适应能力。

（4）灵活性好。考虑到将来可能的变动情况，为了减少破坏性，给调整带来方便，在车间布置上要保持一定的灵活性。

（5）安全、卫生。要考虑安全文明生产条件，对散发有害物质，产生噪声的地方和有防火要求的部门，要尽可能有隔离和防护措施。

（6）节约用地。占地面积和建筑参数的选用要经济、合理。

2. 车间平面布置的基本形式

金属结构车间布置方案的基本形式大致分为纵向布置、迂回布置、纵横向混合布置等工艺布置方案。根据车间规模、产品对象、总图位置等情况，这三种基本形式可以派生出很多方案，典型的平面布置流水线方案如下。

（1）纵向布置。车间工艺路线为纵向生产线方向，即车间内生产线的方向与工厂总平面图上所规定的方向一致，或者是产品生产流动方向与车间长度同向。纵向布置的特点是在同一车间内既布有备料或零件制作工段，又有装焊工段，车间布置紧凑，空运路程最少，使用于各种加工路线短、不太复杂的焊接产品的生产，如图5-1所示。图5-1（a）中仓库布置在车间的两端，仓库限制了车间在长度方向的发展，图5-1（b）中仓库布置在车间一侧，室外仓库与厂房柱子合用，可节省建筑投资，但零、部件越跨较多，适用于产品加工路线短、外形尺寸不太长、备料与装焊单件小批生产的车间。

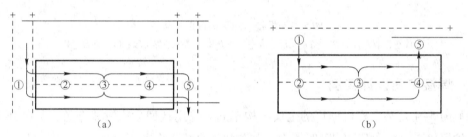

图5-1　焊接车间平面纵向布置图
①—原材料库；②—备料工段；③—中间仓库；④—装焊工段；⑤—成品仓库

（2）迂回布置。迂回布置是指车间工艺路线为迂回状态，产品备料、零件制作工段和装焊工段并列在若干个车间内，或者在分开的跨间内布置。其特点为厂房结构简单，经济实用，设备集中布置，调配方便，发展灵活；但零、部件必须要走较长的空程，并且长件越跨不便。迂回布置适用于产品零件加工路线较长的单件小批、成批生产。如图5-2（a）所示为各工段安排在若干车间内进行，图5-2（b）所示车间面积较大，按照不同的加工工艺在各个车间内进行专业化生产，最后到总装配焊接车间，这种方案适用于成批生产的车间。

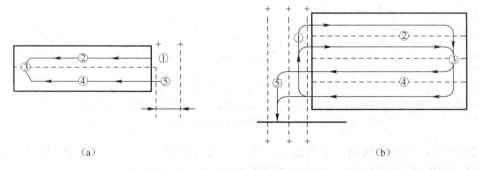

图5-2　焊接车间平面迂回布置图
①—原材料库；②—备料工段；③—中间仓库；④—装焊工段；⑤—成品仓库

（3）纵横向混合布置。纵横向混合布置是指车间工艺路线为纵横向混合布置方案，备料设备既集中又分散布置，调配灵活，各装焊跨间可根据多种产品的不同要求分别组织生产。其特点是路线顺而短且灵活、经济，但厂房结构较复杂，建筑费用较贵。如图 5-3（a）所示，此种方案适用于多种产品、单件小批、成批生产的炼油化工容器车间，如图 5-3（b）所示，同类设备布置在同一跨间内，备料设备可利用柱间布置，面积可充分利用，中间半成品库调度方便，适用于产品品种多而杂且量大的重型机器、矿山设备生产车间。

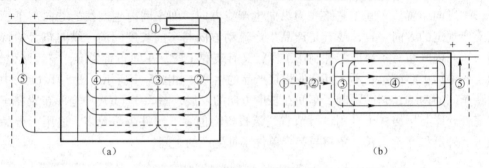

（a）　　　　　　　　　　　（b）

图 5-3　焊接车间平面迂回布置图
①—原材料库；②—备料工段；③—中间仓库；④—装焊工段；⑤—成品仓库

5.1.3　焊接车间设计实例

（1）图 5-4 是某工程机械厂的金属结构车间，采用迂回生产方式布置。另外还有 CO_2 气体保护焊机 20 台、焊条电焊机 15 台、变位机 2 台、平台若干。

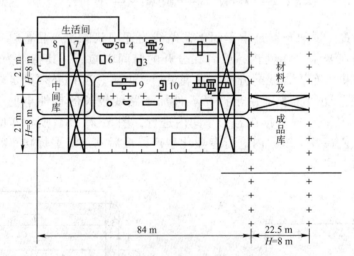

图 5-4　某工程机械厂金属结构车间
1—气割机；2—三辊卷板机；3—联合冲剪机；4—快速剪；5—摇臂钻床；
6—冲压机；7—油压机；8—主梁弯曲装置；9—龙门刨；10—龙门剪

（2）图 5-5 是重型机械厂金属结构车间，采用纵横混合生产方式布置。另外还有自动埋弧焊机 3 台、气体保护焊机 30 台、手工焊机 20 台、堆焊机 2 台。

（3）图 5-6 是某锅炉厂锅筒车间，采用纵横混合生产方式布置。

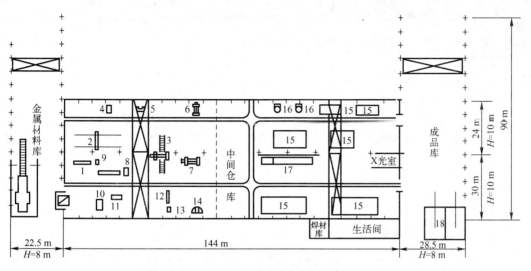

图 5-5　重型机械厂金属结构车间

1—钢板预处理装置；2—气割机；3—钢板矫平机；4—坡口机；5—龙门剪；6—三辊卷板机；7—四辊卷板机；

8—联合冲剪机；9—带锯床；10—油压机；11—平台；12—型钢弯曲机；13—弯管机；14—摇臂钻床；

15—装焊平台；16—变位机；17—筒体焊接装置；18—部件喷丸装置

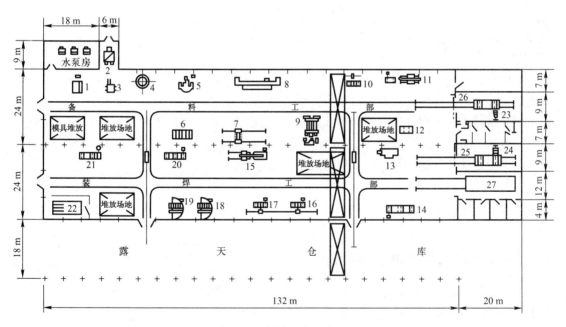

图 5-6　锅炉厂锅筒车间

1—水压机；2—加热炉；3—内燃机叉车；4—封头余量气割机；5—双柱立式车床；6—气割机；7—数控气割机；

8—刨边机；9—四辊卷边机；10—纵缝碳弧气刨装置；11、13、15—焊接操作机；12、14、20、21—滚轮架；

16—焊缝磨锉装置；17—环缝碳弧气刨装置；18、19—摇臂钻床；22—水压试验台；

23、24—X射线探伤机；25、26—专用平板车；27—退火炉及电焊机（若干）

综合练习

一、填空题

1. 焊接车间按生产规模分为_____、_____、_____生产车间。

2. 焊接车间平面布置就是根据_____、_____将各生产工段、库房、辅助设施进行合理的配置。

3. 纵向布置是在同一车间内既有备料或零件制作工段又有装焊工段，车间布置紧凑，空运路程最少，适用于_____、_____的焊接产品的生产。

4. 焊接结构生产车间产品的移动方式可分为_____、_____、_____三种。

二、简答题

1. 焊接车间的类型及其组成内容。

2. 焊接车间设计的基本原则。

任务2　焊接结构生产的组织

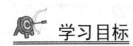 学习目标

掌握焊接车间生产组织的一般原则，能初步进行焊接车间生产过程的空间管理与时间管理。

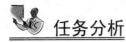 任务分析

为使焊接生产对象在生产过程中尽可能实现生产过程连续、提高劳动生产率、提高设备利用率和缩短生产周期，需要科学合理地组织焊接车间的生产过程。焊接生产组织涉及面广泛，包括空间上和时间上的合理组织、生产能力的核算与合理利用、作业计划编制与执行、劳动工时定额与劳动组织、材料消耗定额、经济核算、工具及设备管理等多方面。本任务仅对焊接生产过程的空间管理与时间管理进行说明。

 相关知识及工作过程

5.2.1　焊接结构生产的空间组织

生产过程的空间组织，包括焊接车间内部由哪些生产单位（组成）及如何布置这些生产单位组成的专业化形式及平面布置等方面的内容。焊接车间的组成及布置参照本项目中的任务1，这里仅对焊接车间内部组成的专业化形式作介绍。

车间生产单位组成的专业化形式，直接影响车间内部各工段之间的分工与协作关系、组织计划的方式及设备、工艺的选择等诸多方面的工作，是合理组织生产过程中的重要问题。车间生产单位的组成有两种专业化形式：即工艺专业化形式和对象专业化形式。

1. 工艺专业化形式

工艺专业化形式就是按工艺工序或工艺设备相同性的原则来建立生产工段。按这种原

则组成的生产工段称工艺专业化生产工段，如材料准备工段、下料加工工段、装配焊接工段、后处理工段等（见图 5-7）。

工艺专业化工段内集中了同类的设备和同工种的工人，加工方法基本相同，但加工对象具有多样化。主要有以下优缺点。

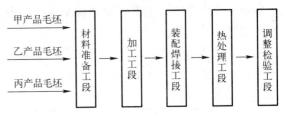

图 5-7　工艺专业化工段示意图

（1）对产品变动有较强的应变能力。当产品发生变动时，生产单位的生产结构、设备布置、工艺流程均不需要重新调整，就可以适应新产品生产过程的加工要求。

（2）设备能得到充分利用。同类或同工种的设备集中在一个工段，便于相互调节使用，提高了设备的负荷率，保证了设备的有效使用。

（3）便于提高工人的技术水平。工段内工种具有工艺上的相同性，有利于工人之间交流操作经验和相互学习工作技巧。

（4）加工路线长。一台焊接制品要经过几个工段才能实现全部生产过程，为此加工路线比较长，造成运输量增加。

（5）生产周期长，在制品增多导致流动资金占用量的增加。

（6）工段之间相互联系比较复杂，增加了管理协调的难度。

基于以上特点，工艺专业化形式适用于单件、小批量产品的生产。

2. 对象专业化形式

对象专业化形式是以加工对象相同性，作为划分生产工段的原则。加工对象可以是整个产品，也可以是产品的一个部件。按这种原则建立起来的工段称为对象专业化工段。如梁柱焊接工段，管道焊接工段，储罐焊接工段等。

对象专业化工段中要完成加工对象的全部或大部分工艺过程。这种工段又称封闭工段，在该工段内，集中了完成焊接对象整个工艺过程的各种类型及不同型号的设备，并集中了不同工种的工人。其主要有以下优缺点。

（1）生产效率高。由于加工对象固定，品种单一，生产批量大，可采用专用的设备和专用的工、卡、量具，便于提高效率。

（2）可以选择先进的生产方式，例如流水线、自动线等。

（3）运输工作量比较少。由于加工对象在一个工段内完成全部或大部分工艺过程，因而加工路线比较短，减少了运输工作量。

（4）加工对象生产周期短。减少了在制品的占用量，加速了流动资金的周转。

（5）不利于设备的充分利用。由于对象专业化工段的设备是封闭在本工段内，为专门的加工对象使用，不与其他工段调配使用，为此设备利用率较低。

（6）对产品变动的应变能力较差。对象专业化工段使用的专用设备及工胎卡具，是按一定的加工对象进行设备的选择及布置，为此很难适应品种的变化。

5.2.2　焊接结构生产的时间组织

焊接车间的生产过程，不仅要求选择恰当的空间组织形式，而且要求在时间组织上尽量科学合理，使焊接生产对象对生产过程中尽可能满足生产过程连续、提高劳动生产率、提高设备利用率和缩短生产周期的要求。

生产过程在时间上的衔接，主要反映在加工对象在生产过程中、各工序之间移动方式这一特点上。生产中，生产对象的移动方式可分为三种，即顺序移动方式、平行移动方式和平行顺序移动方式。

（1）顺序移动方式。顺序移动方式，就是一批制品只有在前道工序全部加工完成之后，才整批地转移到下道工序继续加工。即下道工序于上道工序整批零件加工结束时，开始进行加工（见图5-8）。

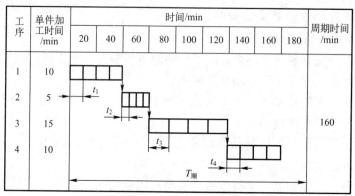

图5-8　顺序移动方式示意图

顺序移动方式时，一批制品经过各道工序加工的时间，即生产周期，其计算公式如下：

$$T_{顺} = n\sum_{i=1}^{m} t_i \tag{5-1}$$

式中　$T_{顺}$——顺序移动方式的生产周期；

　　　　n——加工批量；

　　　　m——工序数；

　　　　t_i——第 i 工序单件工时。

【实例5-1】制品批量 $n = 4$ 时，经过工序数 $m = 4$，各道工序单件的工时分别为：$t_1 = 10\ \text{min}$，$t_2 = 5\ \text{min}$，$t_3 = 15\ \text{min}$，$t_4 = 10\ \text{min}$，设定工序间其他时间，如运输、检查、设备调整及各种停工时间，忽略不计，则生产周期为

$$T_{顺} = n\sum_{i=1}^{m} t_i = 4 \times (10 + 5 + 15 + 10) = 160\ \text{min}$$

从图5-8可以看出，按顺序移动方式进行生产过程组织，就设备开动，工人操作而言是连贯的，不存在间断的时间，各工序是按批次连续进行，但就每一个制品而言，还没有做到立刻向下一工序转移且连续加工，存在着工序等待，因此生产周期较长。

（2）平行移动方式。就是当前道工序加工完成每一制品之后，立即转移到下一道工序继续进行加工，工序间制品的传递不是整批的，而是以单个制品为单位分别进行，从而工序与工序之间形成平行作业状态（如图5-9所示）。

一批制品按平行移动方式进行加工时，生产周期计算公式为

$$T_{平} = \sum_{i=1}^{m} t_i + (n - 1)t_{长} \tag{5-2}$$

式中　$T_{平}$——平行移动方式的生产周期；

t_i——各工序中最长的工序单件工时。

【实例 5-2】 将上例中的数据带入公式（5-2）得出平行移动方式时的生产周期为

$$T_{平} = \sum_{i=1}^{m} t_i + (n-1)t_{长} = (10+5+15+10) + (4-1) \times 15 = 85\ \text{min}$$

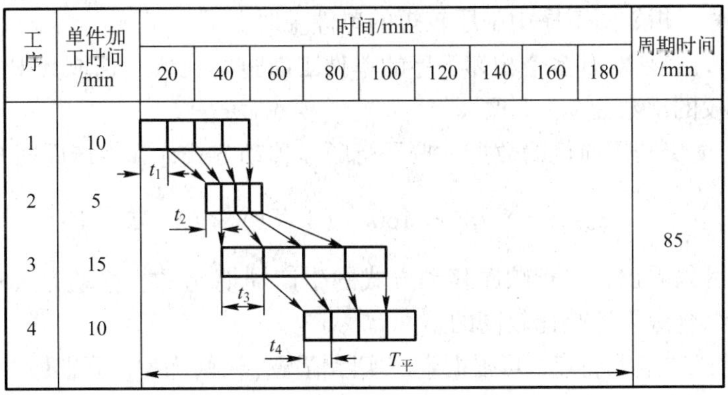
工序
单件加工时间/min
时间/min
20
40
60
80
100
120
140
160
180
周期时间/min
1
10
2
5
3
15
4
10
85
t_1
t_2
t_3
t_4
$T_{平}$

图 5-9　平行移动方式示意图

从图 5-9 可以看出，平行移动方式较顺序移动方式生产周期大为缩短。后者为160 min，而前者为 85 min，共缩短了 75 min。同时也可以看出，由于前后相邻工序的作业时间不等，当后道工序加工时间小于前道工序时，就会出现设备和工人工作中产生停歇时间，因此，不利于设备及工人有效工时的利用。

（3）平行顺序移动方式。平行移动方式虽然缩短了生产周期，但某些工序不能保持连续进行；顺序移动方式虽然可以保持工序的连续性，但生产周期延续得比较长。为了综合两者的优点，并排除两者存在的缺点，在生产过程时间组织方面便产生了第三种移动方式，即平行顺序移动方式。

平行顺序移动方式，就是一批制品的每道工序都必须保持既连续，又与其他工序平行地进行作业的一种移动方式。为了达到这一要求，可分为两种情况加以考虑。第一种情况，当前道工序的单件工时小于后道工序的单件工时时，每个零件在前道工序加工完之后，可立即向下一道工序传递；后道工序开始加工后，便可以保持加工的连续性；第二种情况，当前道工序的单件工时大于后道工序的单件工时时，则要等待前一工序完成的零件足以保证后道工序能连续加工时，后道工序才开始加工（见图 5-10）。

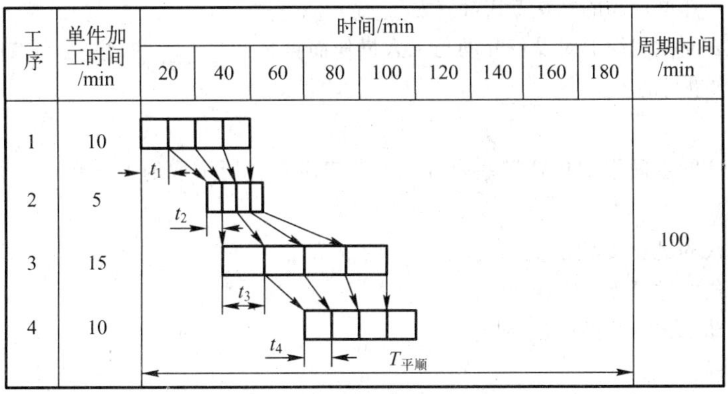
工序
单件加工时间/min
时间/min
20
40
60
80
100
120
140
160
180
周期时间/min
1
10
2
5
3
15
4
10
100
t_1
t_2
t_3
t_4
$T_{平顺}$

图 5-10　平行顺序移动方式示意图

按照平行顺序移动方式进行加工时，生产周期计算公式为：

$$T_{平顺} = n\sum_{i=1}^{m} t_i - (n-1)\sum_{i=1}^{m-1} t_{i短} \tag{5-3}$$

式中　$T_{平顺}$——平行顺序移动方式的生产周期；

　　　$t_{i短}$——每一相邻两工序中工序较短的单件工时。

为了求得 $t_{i短}$，必须对有多个相邻工序的单件工时进行比较，选取其中较短的一道工序的单件工时，比较的次数为 $m-1$ 项。

【实例5-3】现仍利用前例的数据，按平行顺序移动方式计算生产周期 $T_{平顺}$ 为

$$T_{平顺} = n\sum_{i=1}^{m} t_i - (n-1)\sum_{i=1}^{m-1} t_{i短} = 160 - (4-1) \times (5+5+10) = 100\,min$$

从计算结果可以看出，平行顺序移动方式的生产周期比平行移动方式长，比顺序移动方式短，但它的综合效果还是比较高的。

以上三种移动方式各具特点，可根据生产实际情况，权衡优劣，分别加以采用。一般考虑的因素有加工批量多少，加工对象的尺寸及复杂程度，工序时间长短以及生产过程空间组织的专业形式等。凡批量不大、工序时间短、制品尺寸较小及生产单位按工艺专业化形式组织时，以采取顺序移动方式为宜。反之，那些批量大、工序时间长、加工对象尺寸较大或结构较复杂以及生产单位是按对象专业化形式组织时，则以采取平行移动或平行顺序移动方式为好。

为了研究问题方便，在对以上三种移动方式的生产周期计算时忽略了某些影响生产周期的因素。实际生产中，制定生产周期标准时，要全面考虑各种因素。

焊接结构件的制造生产周期 T，是指从原材料投入生产到结构成形出厂的日历时间。周期的长度包括材料准备周期 $T_{准}$、加工周期 $T_{加}$、装配周期 $T_{装}$、焊接周期 $T_{焊}$、修理调整周期 $T_{调}$、自然时效周期 $T_{自}$、检查时间 $T_{检}$、工序运输时间 $T_{运}$、工序间在制品的存放时间 $T_{存}$、油漆时间 $T_{油}$ 和包装时间 $T_{包}$ 等，即

$$T = T_{准} + T_{加} + T_{装} + T_{焊} + T_{调} + T_{自} + T_{检} + T_{运} + T_{存} + T_{油} + T_{包}$$

 综合练习

一、填空题

1. 焊接结构生产车间产品的移动方式可分为＿＿＿、＿＿＿、＿＿＿三种。

2. 顺序移动式在时间组织上对设备开动与工人操作而言是＿＿＿的，并不存在间断的时间，同时各工序也是按批顺次进行的。

二、简答题

1. 焊接结构生产的空间组织包括哪些内容？生产工段布置所采取的专业化形式有哪些？各有何优缺点？

2. 顺序移动方式的过程及其特点。

3. 平行移动方式的过程及其特点。

4. 平行顺序移动方式的过程及其特点。

三、实践题

设计一汽车驾驶室焊装生产线，要求生产纲领为年产 10 000 辆，一班制；厂房规模长 × 宽为 150 m × 24 m；白皮驾驶室从长度中部吊出。

任务3 焊接生产中的安全技术

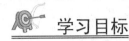 学习目标

了解焊接作业中存在的主要危险因素和有害因素，掌握焊接车间的安全与卫生的防护措施和管理组织措施。

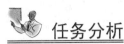 任务分析

焊接工艺种类很多，可产生各种职业性有害因素，因此焊工在作业过程中可能会受到不同程度的危害。为了保护劳动者的人身安全和健康，在焊接结构生产中必须采取可靠的预防措施。本任务通过了解焊接作业中存在的主要危险因素，学习焊接结构生产中的安全技术，掌握焊接生产中的劳动保护及安全管理的相关知识。

 相关知识及工作过程

5.3.1 焊接生产中的危害因素

1. 焊接中的危险因素

焊接操作中主要存在的危险因素有接触化学危险品（如乙炔、压缩纯氧）、接触带电体（如焊接电源、焊钳、焊条、焊件）、明火（如气焊火焰、电弧、熔渣、金属液体飞溅）、水下作业、登高作业、燃料或有毒物质的容器与管道检修补焊、狭小空间作业（如锅炉、船舱、地沟）等。

2. 焊接中的有害因素

金属材料焊接过程中产生的主要有害因素可分为物理因素（如弧光、噪声、高频磁场、热辐射、放射线）和化学因素（如有毒气体、烟尘）。

不同的焊接工艺，其主要的危险因素和有害因素会有所差异，常用焊接工艺的危害因素如表5-1所示。

表5-1 常用焊接工艺的危害因素

名 称	安 全 特 点
焊条电弧焊	带电作业机会多，触电是主要危害，电焊烟尘是主要有害因素。此外，弧光辐射会对眼睛和皮肤造成伤害
氩弧焊	有毒气体臭氧和氮氧化合物是主要有害因素，弧光辐射强度比焊条电弧焊大，钨极氩弧焊有高频电磁辐射，存在触电危险
CO_2焊	有毒气体CO的慢性中毒，弧光辐射强度大于焊条电弧焊，有触电危险
等离子弧焊	弧光辐射、臭氧、氮氧化合物浓度均高于氩弧焊，同时还存在噪声、高频电磁场、热辐射和放射性等有害因素，有触电危险
碳弧气刨	高浓度的金属烟尘是主要有害因素，尤其在容器或舱室内操作，其危害性更大，操作中火花剧烈飞溅，能造成灼烫和火灾
电子束焊	X射线是主要有害因素，同时还存在弧光辐射和噪声
气焊与气割	接触化学危险品机会多，着火和爆炸是主要危害

名　　称	安　全　特　点
登高焊割作业	高处坠落是主要危险，同时存在触电和物体打击危险性。在作业点下方和熔渣飞溅掉落的地点，存在火灾危险性
水下电焊与切割	存在溺水、触电和潜水病等危险性
燃料容器检修补焊	着火爆炸是主要危险。检修补焊装有有毒物质的设备时，有中毒危险

5.3.2　焊接生产中的安全技术

1. 焊接安全用电

1）焊接发生触电的危险性

触电是所有电焊操作共同的主要危险，其危险性主要表现在以下几方面。

（1）所有焊机的电源线电压较高（220/380 V），一旦触及则往往较难摆脱。

（2）弧焊电源的空载电压（60～90 V）已超过安全电压，在潮湿、多汗、登高或水下作业等不利条件，容易发生伤亡事故。

（3）电焊设备和电缆由于超载运行，或风吹、日晒、雨淋、腐蚀性蒸气或粉尘的作用等原因，绝缘材料易老化、硬脆，龟裂而使绝缘性能降低或失效。

（4）焊工带电操作机会多。

2）焊接发生触电的原因分析

焊接时发生电击的原因主要有直接原因和间接原因两种，具体如表5-2所示。

表 5-2　焊接时发生电击的原因

直　接　原　因	间　接　原　因
① 在焊接操作中，手或身体某部接触到焊条、电极、焊枪或焊钳的带电部分，而脚或身体其他部位对地和金属结构之间又无绝缘防护，在金属容器、管道、锅炉、船舱里或金属结构上的焊接，或在阴雨天、潮湿地的焊接，比较容易发生这种触电事故。 ② 在接线或调节焊接电流时，手或身体某部碰触接线柱、极板等带电体。 ③ 登高电焊作业触及或靠近高压网路引起的触电事故	① 人体接触漏电的焊接外壳或绝缘破损的电缆。 ② 电焊变压器的一次绕组对二次绕组之间的绝缘损坏时，变压器反接或错接在高压电源时，手或身体某部触及二次回路的裸导体。 ③ 操作过程中触及绝缘破损的电缆、胶木闸盒破损的开关等。 ④ 由于利用厂房的金属结构、轨道、天车、吊钩或其他金属物体代替焊接电缆而发生的触电事故

3）安全用电操作要点

（1）先安全检查后工作。检查接地或接零装置、绝缘及接触部位是否完好可靠等。

（2）加强个人防护。干燥完好的工作服、皮手套、绝缘鞋等。

（3）更换焊条时，一定要戴皮手套，禁止用手和身体随便接触二次回路的导电体，身体出汗衣服潮湿时，切勿靠在带电的钢板或坐在焊件上工作。

（4）在金属容器内或在金属结构上焊接时，触电的危险性最大，必须穿绝缘鞋、戴皮手套、垫上橡胶板或其他绝缘衬垫，以保障焊工身体与焊件间绝缘。并应设有监护人员，随时注意操作人员的安全动态，遇有危险时立即切断电源进行救护。

（5）下列操作应在切断电源开关后进行：改变焊机接头、改接二次回路线、搬动焊机、更换熔丝、检修焊机。

2. 焊接防火与防爆

火灾和爆炸是焊接操纵中容易发生的事故，特别是在燃料容器（如油罐、气柜）与管道的检修补焊，气焊与气割以及登高焊割等作业中，火灾和爆炸是主要危险。

1）焊接生产时火灾与爆炸事故的主要特点

（1）严重性。火灾和爆炸容易造成重大人员伤亡事故和多人伤亡事故，后果特别严重。

（2）复杂性。发生火灾和爆炸的原因往往是比较复杂的，例如，作为发生火灾和爆炸事故的条件之一的着火源，就有明火、化学反应热、物质的自燃、热辐射、高温表面、撞击或摩擦、绝热压缩、电气火花、静电放电、雷电和日光照射等多种；至于另一条件可燃物，则到处可见，各种可燃气体、可燃液体和可燃固体，种类繁多。

（3）突发性。火灾和爆炸往往是在人们意想不到的时候突然发生。尽管存在事故征兆，但由于对火灾和爆炸的监控、报警等手段不理想以及对火灾和爆炸的规律不够了解等原因，造成事故突发。

2）气焊与气割的一般安全技术要点

（1）不得超过安全规定的压力极限。如中压乙炔发生器的乙炔压力不得超过 0.147 MPa。

（2）禁止使用纯铜、银或铜含量超过 70% 的铜合金制造与乙炔接触的仪表、管子等零件。

（3）乙炔发生器、回火防止器、氧气和液化石油气瓶、减压器等均应采取防止冻结措施，一旦冻结应用热水解冻，禁止采用明火烘烤或敲打解冻。

（4）气瓶、容器、管道、仪表等连接部位应采用涂抹肥皂水方法检漏，严禁使用明火检漏。

（5）气瓶、溶解乙炔瓶等应稳固竖立，或装在专用胶轮的车上使用。禁止使用电磁吸盘、钢绳、链条等吊运各类焊接与切割用气瓶。禁止使用气瓶作为登高支架和去承重物的衬垫。

（6）气瓶、溶解乙炔瓶等，均应避免放在受阳光曝晒，或受热源直接辐射及易受电击的地方。

（7）氧气、溶解乙炔气等气瓶，不应放空，气瓶内必须留有一定压力的余气。

（8）气瓶漆色的标志应符合国家颁发的《气瓶安全监察规程》的规定，禁止改动，严禁充装与气瓶漆色标志不符的气体。

（9）工作完毕、工作间隙、工作点转移之间都应关闭瓶阀，戴上瓶帽。

（10）氧气、乙炔的管道，均应涂上相应气瓶漆色规定的颜色和标明名称，便于识别。

5.3.3　焊接生产中的安全保护

1. 焊接烟尘和有毒气体的防护

焊接电弧的高温将使金属剧烈蒸发，焊条和母材在焊接时也会产生各种金属气体和烟雾，它们在空气中冷凝并氧化成粉尘；电弧产生的辐射作用于空气中的氧和氮，将产生臭氧和氮的氧化物等有害气体。

粉尘与有害气体的多少与焊接参数、焊接材料的种类有关。例如，用碱性焊条焊接时产生的有害气体都比酸性焊条高；气体保护焊时，保护气体在电弧高温作用下能解离出对人体有影响的气体。焊接粉尘和有害气体如果超过一定浓度，而工人又在这些条件下长期工作，又没有良好的保护条件，焊工就容易生产尘肺病、锰中毒、焊工金属热等职业病，影响焊工的身心健康。

减少粉尘及有害气体措施有以下几点：

（1）设法降低焊接材料的发尘量和烟尘毒性，如低氢型焊条内氟石和水玻璃是强烈的发尘致毒物质，就应尽可能采用低尘、低毒低氢型焊条。

（2）从工艺上着手，提高焊接机械化和自动化程度。

（3）加强通风，采用换气装置把新鲜空气输送至厂房或工作场地，并及时把有害物质和被污染的空气排出。通风可自然通风也可机械通风，可全部通风也可局部通风。目前，采用较多的是局部机械通风。

2. 光辐射防护

弧光辐射是所有明弧焊共同具有的有害因素。例如，焊条电弧焊的弧温为 $5\,000\,℃\sim6\,000\,℃$，因而可产生较强的光辐射。CO_2 气体保护焊光辐射强度为焊条电弧焊电弧光辐射强度的 $2\sim3$ 倍。光辐射作用到人体被体内组织吸收，致使人体组织发生急性或慢性的损伤。焊接过程中的光辐射由紫外线、红外线和可见光等组成。

光辐射防护主要是保护焊工的眼睛和皮肤不受伤害。为了防护电弧对眼睛的伤害，焊工在焊接时必须使用镶有特制滤光镜片的面罩，身着有隔热和屏蔽作用的工作服，以保护人体免受热辐射、弧光辐射和飞溅物等伤害。主要防护措施有护目镜、防护工作服、电焊手套、工作鞋等，有条件的车间还可以采用不反光而又能吸收光线的材料作室内墙壁的饰面进行车间弧光防护。

3. 高频电磁辐射防护

氩弧焊和等离子弧焊都广泛采用高频振荡器来激发引弧。焊接中高频振荡器的峰值电压可达 $3\,500\,V$，高频电压在数十微秒内即衰减完毕。这种脉冲高频电，通过焊钳电缆线与人体空间的电容耦合，即有脉冲电流通过人体。人体在高频电磁场的作用下能吸收一定的辐射能量，产生生物学效应，长期接触强度较大的高频电磁场，会引起头晕、头痛、疲劳乏力、心悸、胸闷及神经衰弱及植物神经功能紊乱。

为了防止高频振荡器电磁辐射对作业人员的不良影响与危害，可采取如下措施：

（1）工件良好接地，它能降低高频电流，焊把对地高频电位可大幅度地降低，从而减少高频感应的有害影响。

（2）在不影响使用情况下，降低振荡器频率。脉冲频率越高，通过空间与绝缘体的能力越强，对人体影响越大，因此，降低频率能使情况有所改善。

（3）屏蔽把线及地线。因高频电是通过空间和手把的电容耦合到人，加装屏蔽能使高频电场局限在屏蔽内，可大大减少对人体的影响。其方法为采用细铜线编织软线，套在电缆胶管外面。

（4）降低作业现场的温度、湿度。温度越高，肌体所表现的症状越突出；湿度越大，越不利人体散热。所以，加强通风降温，控制作业场所的温度和湿度，可减少高频电磁场对肌体影响。

4. 噪声防护

噪声存在于一切焊接工艺中，其中以旋转直流电弧焊、等离子弧切割、碳弧气刨、等离子弧喷涂噪声强度为最高，等离子弧切割和喷涂工艺，都要求有一定的冲击力，等离子流的喷射速度可达 $10\,000\,m/min$，噪声强度较高，大多在 $100\,dB$ 以上，喷涂作业可达 $123\,dB$，且噪声的频率均在 $1\,000\,Hz$ 以上。

噪声对人体的影响是多方面的。首先是对听觉器官，强烈噪声可以引起听觉障碍、噪声性外伤、耳聋等症状。此外，噪声对中枢神经系统和血管系统也有不良作用，引起血压升高，心跳过速，还会使人厌倦、烦躁等。

焊接车间的噪声不得超过 $90\,dB$。

控制噪声的方法有以下几种：

（1）采用低噪声工艺及设备。如用热切割代替机械剪切，采用电弧气刨、热切割坡口代替铲坡口，采用整流器、逆变电源代替旋转直流电焊机，采用先进工艺提高零件下料精度，以减少组装锤击等。

（2）采取隔声措施。对分散布置的噪声设备，宜采用隔声罩；对集中布置的高噪声设备，宜采用隔声间；对难以采用隔声罩或隔声间的某些高噪声设备，宜在声源附近或受声处设置隔声屏障。

（3）采取吸声降噪措施，降低室内混响声。

（4）操作者佩戴隔音耳罩或隔音耳塞等个人防护器。

5. 射线防护

焊接工艺过程的放射性危害，主要来自氩弧焊与等离子弧焊时的钍放射性污染和电子束焊接时的 X 射线。氩弧焊和等离子弧焊使用的钍钨电极中的钍，是天然放射性物质，钍蒸发产生放射性气溶胶、钍射气，同时，钍及其蜕变产物产生 α、β、γ 射线。当人体受到的射线辐射剂量不超过允许值时，不会对人体产生危害。但是，人体长期受到超过容许剂量的照射，则可造成中枢神经系统、造血器官和消化系统的疾病。电子束焊接时，产生低能 X 射线，对人体只会造成外照射，危害程度较小，主要引起眼睛晶状体和皮肤损伤。如长期接受较高能量的 X 射线照射，则可出现神经衰弱和白细胞下降等症状。

射线的防护主要采取以下措施：

（1）综合性防护。如对施焊区实行密闭，用薄金属板制成密封罩，将焊枪和焊件置于罩内，在其内部完成施焊，将有毒气体、烟尘及放射性气溶胶等最大限度地控制在一定空间，通过排气、净化装置排到室外。

（2）钍钨极储存点应固定在地下室密封箱内，应配有专用砂轮来磨尖钨棒，砂轮机应安装除尘设备。

（3）对真空电子束焊等反射性强的作业点，应采取屏蔽防护。

6. 焊工个人防护

（1）焊接护目镜和防护面罩。为了防止焊接弧光对焊工身体的伤害，焊接中必须采用护目滤光片来进行防护。焊工用护目滤光片应符合国家标准《职业眼面部防护　焊接防护　第 1 部分：焊接防护具》（GB/T 3609.1—2008）所规定的性能和技术要求。

（2）防护工作服。焊工用防护工作服应符合国家标准《防护服装　阻燃防护　第 2 部分：焊接服》（GB 8965.2—2009）的规定，具有良好的隔热和屏蔽作用，以保护人体免受热辐射、弧光辐射和飞溅物等伤害。

（3）电焊手套和工作鞋。电焊手套宜采用牛绒面革或猪绒面革制作，以保证绝缘性好和耐性不易燃烧。工作鞋应为具有耐热、不易燃、耐磨和防滑性能的绝缘鞋。

（4）防尘口罩。当采用通风除尘措施不能使烟尘浓度降到卫生标准以下时，应佩戴防尘口罩。

5.3.4　焊接生产的安全管理

1. 焊接生产安全管理的基本原则

焊接生产安全管理的任务是在生产施工过程中组织安全生产的全部管理活动，主要通过对生产因素具体的状态进行控制，减少或消除生产因素中的不安全行为和状态。其基本原则主要有以下几点：

（1）生产、安全同时管理。安全与生产虽有时存在矛盾，但管理目标是高度一致的。

（2）坚持安全管理的目的性。安全管理的目的是保护劳动者的安全与健康，实现效益。

（3）必须贯彻以预防为主的方针。在生产过程中，应经常检查、及时发现不安全因素，并采取措施。

（4）坚持"四全"动态管理。即坚持全员、全过程、全方位、全天候的动态管理。

（5）安全管理重在控制。对生产因素的控制与安全管理目的的关系最为直接。

2. 焊接生产安全管理的措施

焊接生产发生工伤的事故很多，一般来说，都是与安全技术措施不完善或安全管理措施不健全有关。实践证明，如果没有安全管理措施和安全技术措施，工伤事故肯定会发生。安全管理措施与安全技术措施之间是互相联系、互相配合的，它们是做好焊接安全工作的两个方面，缺一不可。

（1）焊工安全教育和考试。焊工安全教育是搞好焊接安全生产工作的一项重要内容，它的意义和作用是使广大焊工掌握安全技术和科学知识，提高安全操作技术水平，遵守安全操作规程，避免工伤事故。

焊工刚入厂时，要接受厂、车间和生产小组的三级安全教育。同时，安全教育要坚持经常化和宣传多样化，例如，举办焊工安全培训班、报告会、图片展览、设置安全标志、进行广播等多种形式，这都是行之有效的方法。按照安全规则，焊工必须经过安全技术培训，并经过考核合格后才允许上岗独立操作。

（2）建立焊接安全责任制。安全责任制是把"管生产的必须管安全"的原则从制度上固定下来，是一项重要的安全制度。通过建立焊接安全责任制，对企业中各级领导、职能部门和有关工程技术人员等，在焊接安全工作中应负的责任明确地加以确定。

工程技术人员对焊接安全也负有责任，因为关于焊接安全的问题，需要仔细分析生产过程和焊接工艺、设备、工具及操作中的不安全因素，因此，从某种意义上讲，焊接安全问题也是生产技术问题。工程技术人员在从事产品设计、焊接方法的选择、确定施工方案、焊接工艺规程的制订、工夹具的选用和设计等时，必须同时考虑安全技术要求，并应当有相应的安全措施。

总之，企业各级领导、职能部门和工程技术人员，必须保证与焊接有关的现行劳动保护法令中所规定的安全技术标准和要求得到认真贯彻执行。

（3）焊接安全操作规程。是人们在长期从事焊接操作实践中，为克服各种不安全因素和消除工伤事故的科学经验总结，经多次分析研究事故的原因表明，焊接设备和工具的管理不善以及操作者失误是产生事故的两个主要原因，因此，建立和执行必要的安全操作规程，是保障焊工安全健康和促进安全生产的一项重要措施。

应当根据不同的焊接工艺来建立各类安全操作规程，如气焊与气割的安全操作规程、焊条电弧焊安全操作规程及气体保护焊安全操作规程等。还应当按照企业的专业特点和作业环境，制订相应的安全操作规程，如水下焊接与切割安全操作规程、化工生产或铁路的焊接安全操作规程等。

（4）焊接工作场地的组织。在焊接与气割工作地点上的设备、工具和材料等应排列整齐，不得乱堆乱放，并要保持必要的通道，便于一旦发生事故时的消防、撤离和医务人员的抢救。安全规则中规定，车辆通道的宽度不小于 3 m，人行通道不小于 1.5 m。操作现场的所有气焊胶管、焊接电缆线等，不得相互缠绕。用完的气瓶应及时移出工作场地，不得随便横躺竖放。焊工作业面积不应小于 4 m²，场地应基本干燥。工作地点应有良好的天然采光或局部照明，须保证工作面照度 50 ～ 100 lx。

在焊割操作点周围 10 m 直径的范围内严禁堆放各类可燃易爆物品，诸如母材、油脂、棉丝、保温材料和化工原料等。如果不能清除时，应采取可靠的安全措施，如用水喷湿或用防火盖板、湿麻袋、石棉布等覆盖，以隔绝火星，然后才能开始焊割。若操作现场附近有隔热保温等可燃材料的设备和工程结构，必须预先采取隔绝火星的安全措施，防止在其中隐藏火种，酿成火灾。

室内作业应通风良好，不使可燃易爆气体滞留。

室外作业时，操作现场的地面与登高作业以及与起重设备的吊运工作之间，应密切配合，秩序井然而不得杂乱无章。在地沟、坑道、检查井、管段或半封闭地段等处作业时，应先用仪器判明其中有无爆炸和中毒的危险。用仪器进行检查分析时，禁止用火柴、燃着的纸张及其在不安全的地方进行检查。对施焊现场附近的敞开的孔洞和地沟，应用石棉板盖严，防止焊接时火花进入其内。

 综合练习

一、填空题

1. 在装配时不仅存在_____、_____、_____等不安全因素，同时还存在噪声污染、弧光辐射和焊接烟尘等不卫生因素。

2. 一般电焊机的电弧电压为_____，其焊接电流为_____。

3. 在触电者呼吸停止后采用_____的急救方法，_____是触电者心脏停止跳动后应该采用的急救方法。呼吸和心脏跳动都停止了，应同时进行_____和_____。

4. 电弧辐射主要产生_____、_____和_____三种射线，而不会产生对人体危害较大的_____。

5. 用碱性焊条焊接时产生有害气体比酸性焊条_____。

6. 非熔化极氩弧焊和等离子弧焊为了迅速引燃电弧，需由高频振荡器来激发引弧，故存在_____。

7. 当人体受到的射线辐射剂量不超过允许值时，_____对人体产生危害。

8. 焊接生产安全管理的内容主要包括_____、_____、_____和_____四个方面，分别对生产中的人、物、环境的行为与状态进行具体的管理与控制。

二、简答题

1. 焊接生产过程中的危害因素有哪些？

2. 焊接用电有哪些特点？

3. 对发生触电的工人如何进行急救？

4. 说明手工电弧焊的劳动保护措施。

5. 噪声的危害及其控制措施。

6. 高频电磁场的防护措施有哪些？

7. 电离辐射的防护措施有哪些？

8. 焊接生产中的劳动保护与安全管理。

9. 焊接生产管理的具体措施有哪些？

参 考 文 献

[1] 马文姝. 焊接结构生产 [M]. 大连：大连理工大学出版社，2011.

[2] 李莉. 焊接结构生产 [M]. 北京：机械工业出版社，2009.

[3] 邓洪军. 焊接结构生产 [M]. 2 版. 北京：机械工业出版社，2010.

[4] 王云鹏. 焊接结构生产（焊接专业）[M]. 2 版. 北京：机械工业出版社，2010.

[5] 中国机械工程学会焊接学会. 焊接手册：第三卷 [M]. 北京：机械工业出版社，2001.